알기 쉬운
경관법 해설

알기 쉬운
경관법 해설

1판 1쇄 인쇄 2015년 10월 10일
1판 1쇄 발행 2015년 10월 15일

지은이 | 주신하, 김경인
발행인 | 김병계
발행처 | 도서출판 보문당
등록 | 1990년 6월 15일(제1-1066호)
주소 | 서울시 마포구 토정로 15길 32(신수동)
전화 | 704-7025 / 704-0635
팩스 | 704-2324
홈페이지 | www.bomoondang.co.kr
이메일 | bmdpub@naver.com

값 24,000원

ISBN 978-89-8413-206-1 (93530)

알기 쉬운
경관법 해설

주신하, 김경인 지음

普 文 堂

머리말

우리나라에 처음 경관법이 제정된 것은 지난 2007년이었습니다. 경관법 제정은 국토경관의 보전과 형성을 위한 제도적 토대를 마련한다는 기본적인 의미를 가지고 있으며, 동시에 경제성장과 지방자치제도의 도입 등에 따른 경관에 대한 높은 사회적인 관심을 반영한 조치라고 할 수 있었습니다. 물론 경관법 이전에도 몇몇 제도적인 장치가 있었으나 경관법 시행으로 본격적으로 구체적인 경관계획과 관리가 이루어지게 된 점은 경관법 제정이 가진 가장 큰 의미라고 할 수 있겠습니다.

그 후 이미 잘 아시는 바와 같이 2013년에 경관법은 전면적으로 개정되어서 우리나라 경관분야에 또 다른 국면을 맞게 되었습니다. 그 동안 임의적으로 수립하던 경관계획이 의무화가 되었고, 정부차원에서도 경관정책기본계획을 수립하여 장기적이고 거시적인 차원에서 국토경관에 대한 방침을 가질 수 있게 되었습니다. 또한 주변 경관에 대한 영향이 큰 사회기반시설이나 개발사업, 건축물 등에 대해서도 경관심의가 강화되었습니다. 전반적으로 경관계획과 관리 측면이 보강되는 방향으로 경관법이 개정되었는데, 이러한 변화는 역시 경관에 대한 높아진 사회적 관심을 제도화한 것이라고 볼 수 있겠습니다.

그러나 이러한 변화에 비해서 우리나라의 경관 부문은 아직도 양적, 질적인 측면에서 충분한 토양이 마련되었다고 보기에는 무리가 있는 것 같습니다. 특히 변경된 경관법에 대한 이해는 경관행정 담당자나 경관전문가들 사이에서도 부족하여 경관계획을 수립하고 경관심의를 진행해야 하는 지방자치단체에서는 부족한 점이 많이 있습니다. 경관계획 전문인력의 수도 충분하지 않아 의무수립 대상으로 양적으로 확대되는 지자체 경관계획을 소화하기에는 어려움이 따를 것으로 예상됩니다. 한국경관학회와 국토교통부에서는 여러 차례 각 지자체 경관담당자들을 대상으로 교육을 실시한 바 있으나, 이러한 일회적인 교육으로 경관 전문인력을 양성하기에는 무리가 있는 것 같습니다.

전반적인 경관계획, 경관관리, 경관행정 등의 분야를 효율적으로 진행하기 위해서 가장 중요하고 효과적인 방법은 역시 경관법에 대한 이해를 높이는 것이라고 생각하였고, 그러기 위해서는 가장 우선적으로 경관법 해설서가 필요하다고 판단하였습니다. 그래서 경관법 제정 및 개정 관련 연구 경험과 경관계획 분야의 실무경력을 가진 집필진을 구성하면 법의 취지 전달과 실제 적용과 관련한 사항을 알기 쉽게 전달할 수 있지 않을까 하는 기대로 집필을 시작하게 되었습니다.

이 책은 크게 3편으로 구성되어 있습니다. 제1편은 경관법 개정의 주요 내용을 다루었습니다. 기존 경관법에 익숙하셨던 전문가들은 1편을 읽으시면 경관법 내용이 어떻게 변화되었는지 쉽게 이해하실 수 있으리라 생각합니다. 제2편은 본격적인 경관법 해설 부분입니다. 경관법의 각 조항별로 법의 각 조항별 요지와 해설, 그리고 관련 시행령과 Q&A 등으로 구성하여 법의 취지와 함께 실제 이해를 돕기 위한 구체적인 사항을 설명하고자 하였습니다. Q&A 부분은 국토교통부의 질의회신 자료를 토대로 작성된 것이어서 실제 경관행정에도 도움이 되리라 기대합니다. 그리고 마지막 3편은 경관법, 경관법 시행령과 경관계획 수립 지침, 경관심의 운영 지침 등 관련 지침들을 제공하여 실제 경관계획과 행정 등에서 쉽게 참고할 수 있도록 하였습니다.

집필할 때 가장 중요하게 생각한 부분이 독자분들께서 쉽게 이해하실 수 있도록 하는 것이었습니다. 그래서 최대한 자세한 설명을 하고자 노력하였습니다. 그러나 아직은 부족한 부분이 많이 있을 것으로 생각합니다. 앞으로 지속적으로 보완하여 우리나라 경관계획과 행정 분야에 작으나마 보탬이 될 수 있도록 최대한 노력하겠습니다.

경관법이 본격적으로 작동하여 우리의 주변 경관이 아름답게 변하기까지는 앞으로 많은 과정과 노력이 필요할 것입니다. 비록 이 책에 담은 내용으로 우리의 환경과 경관이 즉각적으로 변화하리라고 기대할 수는 없겠지만, 앞으로 보다 나은 국토경관을 만드는데 작은 기여가 될 수 있기를 희망해 봅니다.

끝으로 이 책의 출판을 쾌히 승낙하고 지원해 주신 보문당의 김병계 사장님과 김태우 실장님, 편집부 여러분과 (사)한국경관학회의 김한배 회장님과 임원진 여러분들께 감사드립니다. 그리고 이 책 내용을 실무적으로 꼼꼼히 살펴봐 주신 용인시 조현제 실무관님, 인천광역시 이민수 실무관님께도 감사의 말씀을 드리고 전반적인 법의 취지와 해석에 많은 도움을 주신 국토교통부의 문봉섭 사무관님께도 큰 감사의 말씀을 드립니다. 이 책이 출판되기까지 여러 가지 궂은 일을 도맡아 준 서울여자대학교 경관계획연구실의 신윤지, 염혜리, 성예리나에게도 진심으로 고마운 마음을 전합니다.

2015년 10월

공동집필 주신하, 김경인

1편
경관법 개정

제1장
경관법 개정의 배경 및 경위

우리나라는 2007년 5월에 경관법을 제정하였다. 종래에 미적인 개념에 머물렀던 '경관'이 실재하는 공공재로서 법과 행정의 구체적 대상이 된 것이다(한국 경관협의회, 2008). 경관법이 제정된 이후 각 지방자치단체들을 중심으로 많은 변화가 일어났다. 가장 큰 변화로는 역시 경관계획을 수립하는 지방자치단체가 늘어난 것을 들 수 있다. 도시경쟁력 확보를 위해서 각 지방자치단체들은 해당 지역의 경관형성 및 관리를 위한 계획을 수립할 필요가 생긴 것이다. 또한 이러한 경관계획을 효과적으로 수행하기 위해서 별도의 조직을 갖춘 지방자치단체도 늘어났으며, 경관정책 운영을 위해 경관조례를 제정하거나, 경관관련 심의나 자문을 위해 경관위원회를 설치하는 지방자치단체도 점차 늘어나게 되었다. 2012년 2월까지 전국 246개 지방자치단체 중에서 경관계획을 완료하였거나 수립 중인 곳은 90개로 약 37% 정도의 지방자치단체가 경관계획을 마련한 것으로 조사되었으며, 경관조례는 11개 지방자치단체에서, 경관위원회는 91개 지방자치단체에서 운영하고 있는 것으로 조사되었다(국토해양부, 2012). 이는 경관계획이 의무사항이 아닌 점을 고려해 볼 때 상당히 높은 관심이라고 할 수 있겠다.

그러나 경관법 제정 이후, 지방자치단체의 경관시책 활성화에도 불구하고 도시경관 향상을 위한 시도에는 여러 가지 한계점도 드러나게 되었다. 경관법 제정 이전의 경관계획과의 상충으로 인한 혼란, 법정계획임에도 불구하고 의무조항이나 벌칙조항 등을 포함하지 못해서 생기는 경관계획의 실행력 미흡에 대한 지적이 많았다. 또한 도로, 철도, 도시철도, 하천 등과 같이 대규모 경관변화가 이루어지는 사회기반시설이나 개발사업에 대해서는 개별법에 의한 경관관리로 인하여 통합적인 경관형성을 어렵게 하는 문제점도 제기되었으며, 장소에 기반하지 않은 시범사업 추진이나 지역적 특성을 반영하지 않는 획일적인 경관계획 등과 같은 경관계획의 제도적인 한계점들도 지적되었다. 아울러 지방자치단체 중심의 경관정책의 한계를 지적하며 국토경관향상을 위한 정책방향과 중앙정부의 역할이 필요하다는 주장도 제기되었다.

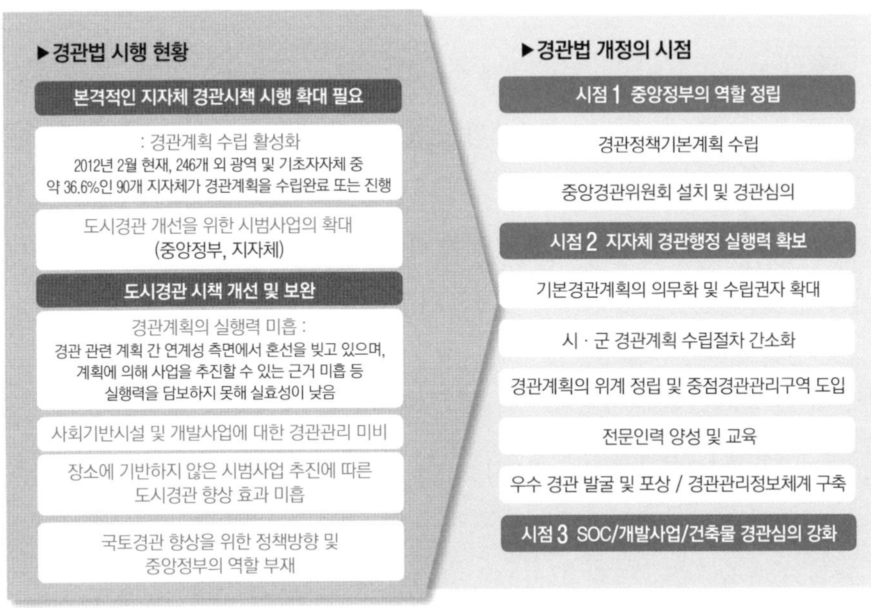

경관법 개정의 배경 (자료: 국토해양부, 2012)

이러한 문제점을 인지하여 국토해양부는 2011년부터 경관법 개정을 위한 연구를 진행하는 등 법 개정 작업을 추진하였다. 그러한 결과로 2013년 8월에 경관법이 개정되고, 2014년 2월에 경관법시행령 개정과 함께 2014년 2월 시행되었다.

경관법 제정 및 개정 과정

2007.5.	**경관법 제정** 경관관리의 기본원칙, 경관계획, 경관사업, 경관협정, 경관위원회 등
2007.11.	**경관법 시행령 제정** 경관계획 수립절차, 경관협정운영회 및 경관위원회의 구성 및 운영 등, 경관사업, 경관협정, 경관위원회 등
2007.12.	**경관계획수립지침 제정** 경관계획의 지위 및 성격, 내용과 작성원칙, 수립절차, 기본경관계획, 특정경관계획, 실행계획 등
2012.12	**경관계획수립지침 전부 개정**
2013.8.	**경관법 전부개정** 규제심사('12.8), 국무회의('12.10), 국회제출('12.10), 국회통과('13.6.25), 공포('13.8.6)
2014.2.	**경관법 시행령 정부개정** 입법예고('13.9), 규제심사('13.11), 국무회의('14.1), 공포('14.2.5)
2014.11.	**경관계획수립지침 일부 개정**

개정된 경관법의 주요 변화는 경관정책기본계획을 수립하는 등 중앙정부의 역할 강화, 경관계획 의무화 및 경관계획 수립권자 확대로 지자체 경관계획 내실화, 사회기반시설, 개발사업 및 건축물 등에 대한 경관심의제도 도입, 우수한 경관형성 유도 및 경관위원회의 원활한 운영을 위한 제도보완 등을 들 수 있겠다. 보다 자세한 경관법 변화 내용은 다음 장에서 다루도록 한다.

경관법 주요 개정사항

중앙정부 역할 강화	• 경관정책기본계획 수립 신설 • 5년마다 수립 시행
지자체 경관계획 내실화	• 인구 10만 이상 지자체 경관계획 의무화 • 경관계획 수립권자 확대(자치구 · 군, 경제자유구역청 등) • 경관계획 내용 보완
경관심의제도 도입	• 사회기반시설, 개발사업, 건축물 등에 대한 경관심의 실시 • 기존 심의절차(도시계획심의, 건축심의 등)과 효율적으로 운영
우수한 경관형성 유도	• 사전경관계획 제도 도입 • 특별건축구역을 활용한 우수 경관 창출
경관위원회 보완	• 중앙정부 차원의 경관위원회 구성 • 원활한 운영을 위한 경관위원회 관련 규정 개정

제2장
경관법 주요 개정사항

1. 경관정책기본계획 수립(경관법 제6조)

기존 경관법은 지방자치단체를 중심으로 경관계획 수립과 이에 따른 경관사업, 경관협정 등 경관정책을 운용하는 내용을 위주로 구성되었다. 이러한 구성은 각 지역의 독특한 경관특성을 반영한 경관계획 및 관리가 기존 경관법의 주요 목적이라는 것을 나타내는 것이라고 할 수 있겠다. 그러나 지방자치단체의 역할을 강조하여 국가차원 경관자원의 발굴, 보존, 지원 등과 같은 중요한 역할과 기능을 다루지 못하는 한계가 드러나기도 하였다.

개정된 경관법에서는 국가 차원에서 적극적이고 체계적으로 경관을 관리하고 유도, 지원의 역할을 강화하기 위해 경관정책기본계획을 5년마다 수립하여 시행하도록 하고 있다. 법 개정 이후 2015년 현재 경관정책기본계획은 수립 중에 있다. 이러한 경관정책기본계획은 경관정책을 추진하는 중앙정부의 역할을 강화하고 지방정부의 경관정책을 지원하여 주민들 스스로 우수경관을 보존하고 관리하는데 적극적으로 참여하도록 유도하는데 기여할 것으로 기대하고 있다.

주요 개정사항

기존 경관법		개정 경관법
별도 규정 없음	➡	〈경관법 제6조〉 쾌적하고 양호한 국토경관을 형성하고 우수한 경관을 발굴 · 지원하기 위해 국토교통부장관이 경관정책기본계획을 관계 중앙행정기관의 장과 협의하고 경관위원회의 심의를 거쳐 5년마다 수립 · 시행하도록 함

2. 경관계획 수립 의무화 및 수립권자 확대(경관법 제7조)

2007년 경관법 제정 이후 경관계획을 실현하는 구속력이 부족함에도 불구하고 많은 지방자치단체들은 해당 지역의 경관향상을 위해 경관계획을 수립하였으며, 그 결과 경관계획 수립을 위한 전문인력이나 기술이 축적되어 경관계획 수립의 의무화를 위한 토대가 마련된 것으로 판단하였다. 이에 따라 개정 경관법에서는 시·도지사 및 인구 10만을 초과하는 시장·군수의 경관계획 수립을 의무화하여 각 지역의 체계적 경관관리를 할 수 있도록 하였다. 이에 따른 경관계획 의무수립 지방자치단체는 시·도 17개와 시·군 68개의 약 85개로 파악하고 있다.

한편, 기존 경관법의 규정으로는 특별시의 자치구, 광역시의 자치군, 경제자유구역, 특별자치도의 행정시 등 일부 지방자치단체의 경우 경관계획 수립권한이 없어 계획을 수립하지 못하였다. 그러나 개정 경관법에서는 이러한 문제점을 개선하고자 경관계획을 수립하고자 하는 특별시의 자치구, 광역시의 자치군, 경제자유구역청 등도 법정계획으로서 경관계획을 수립할 수 있는 지위를 부여하여 더 많은 지방자치단체들의 경관계획 수립이 가능해졌다.

주요 개정사항

기존 경관법		개정 경관법
특 · 광역시장, 도지사 · 특별자치도지사 또는 시장 · 군수는 경관계획 수립 가능	➡	〈경관법 제7조〉 • 시 · 도지사, 인구 10만 초과의 시장 · 군수는 경관계획 수립 의무화 • 인구 10만 이하의 시장 · 군수, 행정시장, 구청장, 경제자유구역청장 등은 경관계획 수립 가능 ※ 행정시장, 구청장은 인구와 무관
경관계획수립제안서 처리, 경관계획 수립을 위한 기초조사, 공청회 등은 시 · 도지사 또는 시장 · 군수가 시행		〈경관법시행령 제2조, 제4조, 제5조 등〉 • 경관계획수립제안서 처리, 기초조사, 공청회 등의 시행주체에 시 · 도지사, 시장 · 군수 및 구청장, 행정시장, 경제자유구역청장을 추가

3. 경관계획의 내용 보완(경관법 제9조제1항)

기존 경관법에 의한 경관계획의 가장 큰 한계점으로는 계획내용의 실행수단이 미흡하다는 점을 들 수 있다. 각 지방자치단체 자발적인 경관관리를 유도하고자 하는 경관법의 기본 취지에도 불구하고 경관계획 내용의 실행력 부재에 대해서는 계속적으로 지적이 있었다. 이를 보완하기 위해 개정 경관법에서는 계획내용의 일부를 보완하는 경관관리의 기본적인 틀을 제시하였다. 계획내용에 경관권역·축·거점 등 경관구조의 설정, 중점경관관리구역의 관리계획, 특정 경관유형·경관요소의 관리계획 등을 보완하였는데, 특히 실질적인 경관관리가 필요한 지역에 대해서는 경관중점경관관리구역을 설정하고 이에 대한 관리를 강화하여 실행력을 높일 수 있도록 방안을 제시하였다.

경관계획내용 보완 사항

기존 경관법		개정 경관법
경관계획의 기본방향 및 목표		경관계획의 기본방향 및 목표
경관자원 조사 · 평가		경관자원 조사 · 평가
경관형성의 전망 및 대책수립		경관구조의 설정
경관지구 및 미관지구의 관리 · 운용		경관지구 및 미관지구의 관리 · 운용
경관관리 행정체계 및 실천방안		경관관리 행정체계 및 실천방안
경관계획 시행을 위한 재원조달 및 단계적 추진 등	➡	경관계획 시행을 위한 재원조달 및 단계적 추진 등
중점적으로 경관을 보존 · 관리 및 형성하여야 할 구역(시행령)		중점적으로 경관을 보전 · 관리 및 형성하여야 할 구역의 관리에 관한 사항
경관사업과 경관협정의 관리 · 운영 (시행령)		경관사업의 추진방안
경관협정의 관리 및 운영방안		경관협정의 관리 및 운영
-		〈신설〉 자연 경관, 시가지 경관 및 농산어촌 경관 등 특정한 경관유형 또는 건축물, 가로, 공원 및 녹지 등 특정한 경관요소의 관리에 관한 사항

4. 도의 시 · 군 경관계획 승인절차 폐지(경관법 제12조, 제8조제2항)

기존 경관법에서는 시·군이 경관계획을 수립할 경우에는 시·도지사의 승인을 받도록 되어 있어서 절차가 복잡해지고 장기간 시간이 소요되는 문제점이 있었다. 특히 시·군 경관위원회의 심의의견과 시·도 경관위원회의 심의의견이 상충되어 혼란을 초래하는 경우도 있었으며, 시·도 경관위원회에서 세부 지역 상황을 정확하게 파악하지 못한 채 의견을 제시하는 경우도 있었다.

지역의 경관적 특성을 최대한 반영하고 시·군 경관계획의 독자성을 확보하기 위해서 개정 경관법에서는 도의 시·군 경관계획 승인절차를 없애고 시·군에서 경관위원회 심의를 거치는 경우에는 직접 경관계획을 수립하도록 절차를 변경하였다. 다만, 상위 지자체와 연계가 중요하다고 판단되는 행정시, 자치구, 경제자유구역 등은 시·도지사의 승인을 받도록 하였는데, 이 경우에도 자체 경관위원회의 자문을 거쳐 시·도 경관위원회의 심의를 받도록 하였다.

이렇게 경관계획 수립절차를 간소화하여 시·군 경관계획이 독자적으로 수립되는 효과를 기대하고 있다. 다만, 시·군 경관계획의 내용과 도 경관계획의 내용이 서로 다를 경우에는 시·도 경관계획이 우선하도록 규정하여 기초지방자치단체와 광역지방자치단체의 경관계획이 연계성을 확보하도록 하였다.

주요 개정사항

기존 경관법		개정 경관법
시장 · 군수는 경관계획 수립 또는 변경시 도지사의 승인을 받아야 함	➡	**〈경관법 제12조, 제8조제2항〉** • 시장 · 군수는 경관계획 수립 또는 변경시 관계 행정기관의 장과 협의한 후 해당 경관위원회의 심의를 거쳐 직접 확정함 • 시 · 군 경관계획은 해당 시 · 도 경관계획에 부합되어야 하며, 내용이 다를 경우 시 · 도 경관계획의 내용이 우선함 **〈경관법 제13조〉** • 행정시장, 구청장등 또는 경제자유구역청장은 경관계획을 수립하거나 변경하려면 관할 시 · 도지사의 승인을 받아야 함

5. 경관심의의 강화(경관법 제26조, 제27조, 제28조)

각 지방자치단체들이 경관계획을 수립하고 경관관리를 시행하고 있으나, 대규모 개발사업이나 토목사업에 의한 경관변화는 각 사업의 추진주체가 달라서 지방자치단체 경관계획에서 관리하기 쉽지 않았다. 물론 80여개 지방자치단체에서는 관할구역 내의 개발사업을 지방자치단체 조례에서 경관심의 대상으로 규정하여 경관위원회에서 계획내용을 검토하고 있지만, 오히려 경관법에서는 이러한 내용을 담고 있지 못하여 개발사업 등에 대한 경관관리가 다소 미약했다고 할 수 있다.

이러한 지적에 따라 개정 경관법에는 국토경관 형성에 큰 영향을 미치는 개발사업이나 사회기반시설, 건축물 등에 대한 경관심의를 포함하였다. 외국에서는 이미 오래 전부터 개발사업에 대한 사전경관협의(일본), Design Review(미국·영국) 등을 통해 적극적으로 도시경관을 관리하고 있는데, 우리나라에서도 이와 같은 제도를 개정된 경관법에 포함하게 된 것이다. 경관심의 도입은 경관계획 의무수립과 함께 경관법이 개정되면서 가장 큰 변화가 예상되는 제도라고 예상된다.

다만, 경관심의가 사업자 입장에서는 또 다른 규제사항으로 여겨져 부담이 될 수 있다. 특히 기존 위원회의 심의에 경관심의가 추가되어 사업기간이 늘어나고 비용이 증가될 수 있는 우려가 있어 이에 대한 보완책도 함께 제시되었다. 예를 들면 경관심의를 도시계획위원회(개발사업), 건축위원회(건축물) 등과 같은 관련 위원회에서 공동심의를 할 수 있게 한다거나, 경관심의를 위한 제출서류를 간소화, 객관적이고 구체적인 심의기준 제시 등의 내용이 이에 해당한다.

◇ 사업자의 부담 최소화 방안

- 도시계획위원회(개발사업), 건축위원회(건축물) 등과 공동심의
- 제출서류 간소화 : 별도 보고서 없이, 경관사항 계획만 제출(A4 30면 이내)
- 객관적 · 구체적인 심의기준 마련 및 심의결과 온라인 공개
- 특별건축구역 지정 및 건축기준 완화 등 인센티브 제공

한편, 환경부에서는 이미 환경성평가제도(자연경관영향협의, 사전환경성검토, 환경영향평가)를 운영하고 있는데, 이러한 제도에서 대규모 사업에 대한 경관 관련 내용을 포함하고 있어서 새로 도입된 경관심의와 중복된다는 지적이 있었다. 그러나 환경성평가제도는 주로 개발사업으로 예상되는 토양, 수질, 소음 등 환경에 미치는 부정적인 영향을 최소화하기 위한 것인 반면에, 경관심의제도는 주변경관에 미치는 부정적 영향뿐만 아니라 지역의 경관을 관리·형성하여 품격있는 국토환경을 창출하기 위해 경관테마, 경관형성전략, 경관권역·축·거점, 건축물·시설물·색채 등 경관요소별 디자인방향 등 다양한 경관적 요소를 종합적으로 검토하는 제도라고 볼 수 있다. 다시 말해서 환경성평가제도는 개발사업으로 인한 부정적 영향을 최소화하기 위한 것이며, 경관심의제도는 개발사업에 대한 종합적인 경관 검토라고 이해하는 것이 바람직하겠다.

주요 개정사항

기존 경관법		개정 경관법
별도 규정 없음	➡	〈경관법 제26조, 제27조, 제28조〉 • 일정규모 이상의 도로 · 철도 · 도시철도 · 하천 등의 사회기반시설, 도시개발사업 등의 각종 개발사업, 경관지구 등의 건축물에 대해 경관위원회 심의를 실시함 • 대규모 개발사업은 사전경관계획을 수립하여 경관위원회 심의를 실시함 • 개발사업 · 건축물 등에 대해 우수경관 창출을 위해 필요시 특별건축구역 지정 및 건축기준 완화를 적용함

경관심의의 구체적인 대상으로는 사회기반시설, 개발사업, 건축물로 구분하였으며, 각 대상별로 경관심의 대상, 심의시기 등의 구체적인 사항은 다음 설명과 같다.

〈사회기반시설〉

사회기반시설은 도로, 철도, 하천 등 대규모 시설로 여러 지방자치단체에 걸쳐 건설되는 경우가 많아 국토경관에 미치는 영향이 상당히 크다고 할 수 있다. 경관법에서는 총 사업비를 기준으로 의무적으로 500억원 이상의 도로·철도 또는 300억원 이상의 하천을 경관심의를 의무적으로 받아야 하는 대상은 정하였다. 하천의 경우 500억 이상의 대규모 사업이 극히 드문 점을 감안하여 사업비 규모를 조금 낮게 조정하였다. 여기에 지방자치단체 시행 사업 중 조례로 정하는 규모 이상의 사업도 경관법에 명기하여서 각 지방자치단체 경관심의의 위상을 높이고 실질적인 관리가 될 수 있도록 하였다.

심의는 사업 초기단계부터 경관을 고려할 수 있도록 기본설계가 완료되기 전에 실시하는 것을 원칙으로 하되, 사업기간이 장기화되거나 사업 진행상 상당한 변경이 진행된 경우 등 사업별 특성에 따라 이후 단계로 조정은 가능하도록 하였다. 심의주체는 원칙적으로 사업승인권을 갖는 주체가 설치하는 경관위원회에서 심의하도록 하였다. 국가 승인사업은 국토교통부 소속으로 설치하는 경관위원회에서 심의하고, 지방자치단체 승인사업은 해당 지방자치단체 소속으로 설치하는 경관위원회에서 심의하는 것으로 하였다. 다만, 국토관리청, 한국철도시설공단, 한국수자원공사, 한국도로공사 등과 같이 해당사업에 대한 전문성을 갖추고 있는 발주청의 경우에는 자체적으로 운영하는 위원회에서 경관전문가가 1/3 이상 참여하여 자체적으로 심의하는 경우에는 경관심의를 한 것으로 인정된다.

〈개발사업〉

개발사업은 계획적 관리의 필요성, 사업자 부담 등을 감안하여 도시지역은 3만제곱미터 이상, 비도시지역은 30만제곱미터 이상의 개발사업을 대상으로 하였다. 규제심사 및 부처협의 결과 비도시지역은 개발사업이 대규모인 점을 감안하여 도시지역과 달리 30만제곱미터 이상으로 하였다. 다만, 농림부 협의결과 "농어촌 생활환경 정비사업"은 농촌지역의 특성을 고려하여 용도지역과 관계없이 20만제곱미터 이상을 심의대상으로 하였다.

심의주체는 사업계획 승인, 지구지정을 하는 기관의 소속 경관위원회가 심의하는 것을 원칙으로 하였다. 중앙행정기관 승인(지구지정)사업은 중앙도시계획위원회(중앙경관위원회 기능 수행) 또는 해당 사업 관련위원회에서 심의(시행령 제22조)하도록 하였으며, 타부처사업(경제자유구역-경제자유구역위원회, 연구개발특구-연구개발특구위원회, 항만재생사업-중앙항만정책심의회 등)의 경우에는 해당 위원회에서, 지방자치단체 승인사업은 해당 지방자치단체 소속의 경관위원회에서 심의하도록 하였다.

심의시기는 구역지정이나 사업계획 승인 전에 하는 것이 원칙이나, 개발사업의 종류에 따라서 조금씩 다르기 때문에 각 개발사업에 대한 구체적인 심의대상, 심의시기, 심의주체 등은 경관법시행령 〈별표1〉을 참고하여야 한다.

〈건축물〉

경관심의 대상 건축물은 경관지구의 건축물(조례로 정하는 건축물 제외), 중점경관관리구역의 건축물로서 조례로 정하는 건축물, 공공건축물, 기타 조례로 정하는 건축물 등이다. 심의시기는 건축물의 디자인, 재질, 배치 등을 실효성 있게 관리하고, 건축위원회와의 공동심의를 위해 건축인·허가 전에 실시하도록 하고 있다. 이 과정에서 건축위원회와 의견을 조율하는 것이 경관심의의 효율성을 높이는데 매우 중요한 점이라고 할 수 있다.

심의주체는 원칙적으로 건축 허가권을 갖는 지방자치단체의 소속 경관위원회에서 심의하되, 도건축위원회 심의대상 건축물(건축법 시행령 제5조의5 : 21층 이상, 연면적 10만제곱미터 이상 등)의 경우에는 심의결과의 통일성을 위해 도지사 소속 경관위원회에서 심의하도록 하고 있다. 이 경우, 기초지방자치단체는 의견을 제시할 수 있다.

6. 사전경관계획 수립 및 건축기준 완화(경관법 제27조제4항, 제28조제3항)

사전경관계획은 아름다운 경관을 만들 수 있도록 일정규모 이상(면적이 30만제곱미터 이상이거나, 건축물 연면적 20만제곱미터 이상)의 개발사업에 대해 의무적으로 수립하는 계획을 말한다. 사전경관계획에는 경관계획의 기본방향 및 목표에 관한 사항, 주변 지역의 경관 현황에 관한 사항, 경관 구조의 설정에 관한 사항, 건축물, 가로, 공원 및 녹지 등 주요 경관 요소를 통한 도시공간구조의 입체적 기본구상에 관한 사항 등을 포함하도록 하고 있다. 즉, 주변경관에 미치는 영향이 큰 개발사업에 대해서는 미리 경관적 영향을 검토할 수 있는 사전경관계획을 수립하도록 하여 아름다운 경관을 유지하고 창출하고자 하는 의도라고 할 수 있겠다.

한편, 사전경관계획을 수립하여 경관심의를 받는 개발사업의 경우에는 우수경관을 위해 필요시 특별건축구역으로 지정을 신청할 수 있다. 특별건축구역으로 지정되면 기존 건축법에서 규정하고 있는 건폐율, 대지안의 공지, 조경, 높이제한, 일조권 등의 디자인 제약 규제를 완화 받을 수 있어서 우수 경관 창출을 위한 설계자의 창의성을 발휘하는데 도움을 줄 수 있을 것으로 기대하고 있다.

◇ 특별건축구역 (건축법 제2조)

특별건축구역이란 조화롭고 창의적인 건축물의 건축을 통하여 도시경관의 창출, 건설기술 수준향상 및 건축 관련 제도개선을 도모하기 위하여 이 법 또는 관계 법령에 따라 일부 규정을 적용하지 아니하거나 완화 또는 통합하여 적용할 수 있도록 특별히 지정하는 구역을 말한다.(건축법 제2조)

주요 개정사항

기존 경관법		개정 경관법
별도 규정 없음	➡	〈경관법 제27조제4항, 제28조제3항〉 • 개발사업의 경우 사전경관계획 수립 시 특별건축구역 지정을 용이하게 하고, 건축물의 경우 경관심의 시 건축기준 완화를 받을 수 있도록 함

7. 경관위원회 관련 사항(시행령 제22조)

개정 경관법에 따르면 일정 규모 이상의 지방자치단체 경관계획 수립이 의무화되고 경관심의가 활성화될 것으로 예상된다. 이에 따라 경관위원회의 역할과 위상도 현재보다 강화될 것으로 보이는데, 이를 위해 경관위원회 관련 규정도 다수 개선되었다. 경관위원회 구성 및 운영관련 기준, 경관 관련위원회의 범위, 공동위원회의 운영 등이 새롭게 변경되었다.

〈경관위원회 구성 및 운영기준의 개선〉

경관위원회를 인력풀(pool)제로 운영하여 다양한 전문가를 확보하고, 위원회 소집도 원활하게 할 수 있도록 하였다. 기존에 10~20인으로 위원회를 구성하던 것을 10~70인 이내에서 조례로 정하도록 하고, 회의소집 시 위원장이 사전에 참석위원을 확정하도록 하여 경관위원회를 보다 효율적으로 운영할 수 있도록 하였다. 이러한 방식은 위원회 참석이 소극적인 위원들로 인하여 위원회가 개의되지 못하는 경우를 방지할 수 있으며, 심의하는 안건에 따라 전문분야별 위원으로 위원회를 구성할 수 있는 등의 장점이 있는 방식이라고 할 수 있다.

주요 개정사항

기존 경관법		개정 경관법
〈경관위원회〉 • 경관위원회의 구성은 10명이상 20명 이내로 구성함 • 경관위원회의 회의는 재적위원 과반수의 출석으로 개의함	➡	〈시행령 제25조, 제26조〉 • 경관위원을 인력풀제(10~70명)로 운영함 • 구성위원 과반수의 출석으로 개의함 • 소위원회 설치(7인이내) 근거를 마련함 • 회의결과 및 위원명단 인터넷에 공개함

〈경관 관련위원회의 범위〉

새로 경관심의가 도입되면서 기존에 진행하던 다른 위원회의 심의내용과 중복될 수 있어 과도한 규제가 될 수 있다는 지적이 있다. 이러한 문제점을 최소화하기 위해 경관과 관련된 위원회에서 경관심의 기능을 수행하거나 경관위원회와 타

위원회 위원 중 일부를 공동위원회로 구성하는 방안을 마련하였다.

중앙행정기관에서는 별도의 경관위원회를 설치하거나 경관과 관련된 위원회에서 경관위원회 기능을 대신할 수 있도록 하고 있다. 지방자치단체의 경우에도 각 지방자치단체 상황에 따라 지방도시계획위원회, 건축위원회 등의 위원회에서 지방자치단체장이 경관위원회 기능을 수행하도록 정할 수 있도록 하고 있다.

주요 개정사항

기존 경관법		개정 경관법
〈경관 관련 위원회 범위〉 • 경관과 관련된 위원회로 지방자치단체장 소속의 지방도시계획위원회, 건축위원회 등을 규정함	➡	〈경관법 시행령 제22조〉 • 중앙행정기관장 소속의 중앙도시계획위원회, 연구개발특구위원회 등을 경관과 관련된 위원회로 추가함

〈공동위원회 구성의 운영기준 완화〉

경관의 특성상 경관위원회에서 다루고 있는 내용은 타 위원회와 관련이 많기 때문에 기존 규정에서도 공동위원회를 통해 의견을 조율하도록 하고 있다. 그러나 기존 규정에서는 공동위원회의 구성요건이 까다롭고, 공동위원회가 경관위원회를 중심으로 규정되어 있어서 타 위원회와의 공동심의가 활성화되지 못하는 실정이었다. 이에 공동위원회를 활성화하기 위해 관련규정을 완화하였다. 공동위원회의 구성 시 경관위원은 1/3 이상(현재 1/2) 참여하고, 위원장은 해당 지방자치단체의 부단체장(현재 경관위원장)으로 하였으며, 의사정족수를 종전 재적 2/3 이상 출석에서 1/2 이상 출석으로 완화하여 공동위원회를 활성화하도록 유도하고 있다.

주요 개정사항

기존 경관법		개정 경관법
〈공동위원회〉 • 경관위원 1/2 이상 참여함 • 공동위원회 위원장은 경관위원장으로 함 • 재적위원 2/3이상 출석으로 개의함	➡	〈시행령 제23조〉 • 경관위원 1/3 이상이 참여함 • 공동위원회 위원장은 부단체장으로 함 • 재적위원 과반수 출석, 출석위원 과반수 찬성으로 의결함

2편
경관법 해설

일러두기

경관법 해설은 경관법을 가급적 쉬운 용어로 알기 쉽게 설명하는 것을 목표로 집필하였다. 경관법조문을 중심으로 구성하였으나, 조문별 요지와 해설, 그리고 시행령과 관련 Q&A 등을 함께 묶어 최대한 이해를 돕도록 하였다. 경관법 해설부분에서는 조항번호와 동일한 번호체계를 사용하여 법 조항을 쉽게 이해할 수 있도록 고려하였으며, 관련 시행령도 법 조문과 함께 배치하여 종합적이고 구체적으로 법 적용에 관한 사항을 설명하고자 하였다. 마지막으로는 Q&A를 통하여 실제 업무에서 접하게 되는 애매한 법 적용에 대해서 관계부처의 해설을 답변형식으로 접할 수 있도록 하였다.

법조문

제8조(경관계획 수립의 제안) ①주민(경관계획의 수립에 따른 이해관계자를 포함한다)은 제7조에 따라 경관계획을 수립할 수 있는 자에게 제안 내용을 첨부하여 경관계획의 수립을 제안할 수 있다.
②제1항에 따라 경관계획의 수립을 제안받은 자는 그 처리 결과를 제안자에게 알려야 한다.
③제1항 및 제2항에서 규정한 사항 외에 경관계획의 제안, 제안서의 처리 등에 필요한 사항은 대통령령으로 정한다.

요지

| 요지 |
주민과 이해관계자의 참여를 활성화하기 위해 경관계획의 수립 제안에 관한 사항을 규정

법조문 해설

| 해설 |
①주민의 경관계획 제안 ◀── **제1항 설명**
- 주민 참여 활성화를 통해 주민과 행정기관 등이 거버넌스 체계를 구축하여 주민이 경관계획을 제안할 수 있도록 한 조항이다.
- 경관계획 내용을 원활히 실행하기 위해서는 주민들의 적극적인 참여가 필수적이므로 주민 제안 경관계획이 바람직하다고 볼 수 있다.
- 그러나 현실적으로는 개인이 경관계획을 제안하기는 쉽지 않을 것으로 판단된다. 다만, 이러한 기업이나 시민단체 등이 이러한 조항을 활용하여 해당 지역의 경관특성을 고려한 경관관리에 참여하는 방식은 관련 전문가들과 함께 고민해야 하는 방식이라고 생각한다.

②주민제안 경관계획의 처리 ◀── **제2항 설명**
- 주민이 경관계획 수립을 제안한 경우에는 지자체장이 그 처리결과를 제안자에게 알리도록 하여 진행 여부에 대해 통보하여야 한다.
- 지자체장은 주민이 제안한 내용을 반드시 경관계획에 반영하거나 별도의 경관계획을 수립해야 하는 의무는 없다. 반영여부에 대해서는 지자체장이 판단하도록 하고 있으나, 반영여부와 관계없이 제안자에게 진행여부는 통보하여야 한다.

③주민제안 경관계획의 수립 ◀── **제3항 설명**
- 경관계획의 제안, 제안서의 처리 등 주민제안 경관계획에 관한 사항은 대통령령에 위임하여 경관법 시행령에서 다루고 있다.
- 경관법 시행령 제2조에서는 경관계획수립제안서 작성, 지자체장의 통보기간, 경관계획 반영 절차 등을 제시하고 있다.

관련 시행령 예시

시행령 제2조(경관계획의 수립에 관한 제안의 처리절차) ①「경관법」(이하 "법"이라 한다) 제8조제1항에 따라 법 제7조제1항에 따른 경관계획(이하 "경관계획"이라 한다)의 수립을 제안하려는 주민 (경관계획의 수립에 따른 이해관계인을 포함한다)은 경관계획수립제안서를 작성하여 다음 각 호의 어느 하나에 해당하는 자에게 제출하여야 한다.

1. 특별시장 · 광역시장 · 특별자치시장 · 도지사 · 특별자치도지사(이하 "시 · 도지사"라 한다)
2. 시장[「제주특별자치도 설치 및 국제자유도시 조성을 위한 특별법」 제15조제2항에 따른 행정시(이하 "행정시"라 한다)의 시장(이하 "행정시장"이라 한다)은 제외한다. 이하 같다] · 군수(광역시의 관할구역에 있는 군의 군수는 제외한다. 이하 같다)
3. 행정시장
4. 구청장(자치구의 구청장을 말한다. 이하 같다) 및 광역시의 군수(이하 "구청장등"이라 한다)
5. 「경제자유구역의 지정 및 운영에 관한 특별법」 제27조의2제1항에 따라 설치되는 행정기구(이하 "경제자유구역청"이라 한다)의 장(이하 "경제자유구역청장"이라 한다)

②제1항에 따라 경관계획의 수립을 제안 받은 시 · 도지사, 시장 · 군수, 행정시장, 구청장등 또는 경제자유구역청장(이하 "시 · 도지사등"이라 한다)은 제안일부터 60일 이내에 그 제안을 경관계획에 반영할 것인지를 제안자에게 알려야 한다. 다만, 부득이한 사정이 있는 경우에는 그 기간을 30일의 범위에서 한차례만 연장할 수 있다.

③시 · 도지사등은 제1항에 따른 제안을 경관계획에 반영할 것인지를 결정하려는 경우 필요하면 법 제29조제1항에 따라 해당 시 · 도지사등 소속으로 설치된 경관위원회에 자문할 수 있다.

④제1항부터 제3항까지에서 규정한 사항 외에 경관계획의 수립 제안에 필요한 세부적인 절차는 해당 지방자치단체의 조례[행정시 및 경제자유구역청의 경우에는 행정시 및 경제자유구역청이 소속한 특별시 · 광역시 · 특별자치시 · 도 · 특별자치도(이하 "시 · 도"라 한다)의 조례를 말한다. 이하 같다]로 정한다.

관련 시행령 조문

◎경관계획수립제안서 작성 ◀── **시행령 중 제1항 설명**

- 경관계획의 수립을 제안하려는 주민은 경관계획수립제안서를 작성하여 해당 지역 지방자치단체장에게 제출하도록 하는 규정이다.
- 이때 지방자치단체장은 시 · 도지사, 시장 · 군수, 행정시장, 구청장 및 광역시의 군수, 경제자유구역청장 등이 해당된다.

◎시 · 도지사등의 통보기간 ◀── **시행령 중 제2항 설명**

- 경관계획의 수립을 제안 받은 시 · 도지사등은 60일 이내에 해당 제안을 경관계획에 반영할 것인지를 알려주어야 한다. 부득이한 사정이 있는 경우에는 1회에 한해서 30일 범위에서 연장할 수 있다.
- 제안자에게 통보한다는 것은 제안된 내용이 반드시 경관계획에 반영해야 한다는 것을 의미하는 것은 아니다.

◎주민제안 경관계획에 대한 자문 ◀── **시행령 중 제3항 설명**

- 주민이 제안한 경관계획 내용을 경관계획에 반영할 것인지 여부는 해당 지방자치단체의 경관위원회의 자문을 통해 정할 수 있다.
- 경관위원회의 의견을 듣는 것은 자문사항으로 의무절차는 아니며, 최종 반영여부 역시 지방자치단체장이 결정할 수 있는 사항이다.

◎주민제안 경관계획의 세부절차 ◀── **시행령 중 제4항 설명**

- 이 밖에 경관계획의 수립제안에 필요한 세부절차는 지방자치단체 조례로 정한다.

시행령 조문 해설

(Q&A) 주민도 경관계획 수립을 제안할 수 있는지요?

☞ 주민참여 활성화를 통해 주민과 행정기관 등이 거버넌스 체계를 구축하고 향후 경관사업 시행을 원활하게 하기 위해서 주민도 경관계획의 수립을 제안할 수 있습니다.

관련 Q&A

본 법조문과 관련 있는 질의 응답 해설

제1장
총칙

경관법 제1장 총칙은 경관법 전체에 대한 제정 의미와 기본원칙을 밝히고 있는 부분이다. 국토의 경관을 체계적으로 관리하기 위해서 필요한 사항을 정하고자 하는 법의 취지를 5개 조항으로 구분하여 제시하고 있다.

구체적으로는 경관법의 목적, 경관과 건축물의 정의, 경관관리의 기본원칙, 국가 및 지방자치단체 등의 책무, 다른 법률과의 관계에 대해서 다루고 있다. 제1조와 제2조에서는 법의 목적과 이 법에서 사용하는 용어의 정의를 다루고 있으며, 제3조에서는 경관관리의 기본원칙을 6개로 제시하고 있다. 제4조에서는 국가와 지방자치단체, 그리고 국민의 의무에 대해서 제시하고 있으며, 제5조에서는 다른 법률과의 관계를 설명한다.

경관법 '제1장 총칙'의 구성

경관법	경관법 시행령	지침
제1조 목적 - 경관법의 취지(경관의 체계적 관리)	**제1조 목적** - 경관법 시행령의 목적	
제2조 정의 - 용어의 정의		
제3조 경관관리의 기본원칙		
제4조 국가 및 지방자치단체 등의 책무 - 국가 및 지방자치단체의 책무 - 국가 및 지방자치단체의 국민인식 제고 의무 - 국민의 의무		
제5조 다른 법률과의 관계		

제1조(목적) 이 법은 국토의 경관을 체계적으로 관리하기 위하여 경관의 보전 · 관리 및 형성에 필요한 사항을 정함으로써 아름답고 쾌적하며 지역특성이 나타나는 국토환경과 지역환경을 조성하는 데 이바지함을 목적으로 한다.

| 요지 |

국토경관의 체계적인 관리를 위한 경관법 제정의 목적에 대해 규정함

| 해설 |

① 경관법의 취지

- 국토 경관을 체계적으로 관리하겠다는 법의 목적을 밝힌 조항이다.
- 기존의 국토 경관관리는 국토의 계획 및 이용에 관한 법률, 건축기본법, 자연환경보전법, 문화재보호법 등 여러 법령들을 통해서 이루어지고 있으나, 각 법에서 다루는 경관관련 내용들은 경관에 대해서 종합적으로 다루지 못하고 산발적이고 비체계적인 한계가 있었다.
- 이러한 문제점을 보완하기 위해 경관법은 경관관련 내용을 체계적으로 종합하고, 관련 조례에 법적 근거를 제공하여, 국토공간의 종합적이고 체계적인 경관관리를 수행하기 위해 제정한 기본법적인 성격의 법이다.

시행령 제1조(목적) 이 영은 「경관법」에서 위임된 사항과 그 시행에 필요한 사항을 규정함을 목적으로 한다.

○ 경관법 시행령의 목적

- 경관법 시행령의 목적은 경관법에서 위임된 사항을 구체적으로 정하는 것이라는 것을 명기한 규정이다.

제2조(정의) 이 법에서 사용하는 용어의 뜻은 다음과 같다.

1. "경관"(景觀)이란 자연, 인공 요소 및 주민의 생활상(生活相) 등으로 이루어진 일단(一團)의 지역환경적 특징을 나타내는 것을 말한다.
2. "건축물"이란 「건축법」 제2조제1항제2호에 따른 건축물을 말한다.

| 요지 |

본 법에서 사용하게 될 주요 용어들의 정의를 규정함

| 해설 |

① 용어의 정의

- 경관이란 시각적인 대상에 그치는 것이 아니라 한 지역의 시각적, 사회문화적 환경이 총체적으로 어우러져 우리에게 느껴지는 모습이다. 경관관리 측면에서는 경관의 속성 중 대상의 물리적인 측면 뿐만 아니라 사람들이 대상을 통해 갖게 되는 심리적인 측면까지 동시에 고려해야 한다. (제1호)
- 건축물은 건축법상 건축물로 규정한다. 건축법상의 건축물은 토지에 정착(定着)하는 공작물 중 지붕과 기둥 또는 벽이 있는 것과 이에 딸린 시설물, 지하나 고가(高架)의 공작물에 설치하는 사무소·공연장·점포·차고·창고, 그 밖에 대통령령으로 정하는 것을 말한다. (제2호)

제3조(경관관리의 기본원칙) 경관은 다음 각 호의 원칙에 따라 계획되고 관리되어야 한다.

1. 국민이 아름답고 쾌적한 경관을 누릴 수 있도록 할 것
2. 지역의 고유한 자연 · 역사 및 문화를 드러내고 지역주민의 생활 및 경제활동과의 긴밀한 관계 속에서 지역주민의 합의를 통하여 양호한 경관이 유지될 것
3. 각 지역의 경관이 고유한 특성과 다양성을 가질 수 있도록 자율적인 경관행정 운영방식을 권장하고, 지역주민이 이에 주체적으로 참여할 수 있도록 할 것
4. 개발과 관련된 행위는 경관과 조화 및 균형을 이루도록 할 것
5. 우수한 경관을 보전하고 훼손된 경관을 개선 · 복원함과 동시에 새롭게 형성되는 경관은 개성있는 요소를 갖도록 유도할 것
6. 국민의 재산권을 과도하게 제한하지 아니하도록 하고, 지역 간 형평성을 고려할 것

| 요지 |

경관법이 지향하는 기본정신과 법제정의 기본방향 및 원칙에 대해 규정함

| 해설 |

① 경관관리의 기본원칙

- 경관은 모든 국민이 누려야 할 공공적인 자원이므로 국민 누구나 아름답고 쾌적한 경관을 누릴 수 있도록 관리하고 보존해야 한다는 것을 밝히고 있다. (제1호)
- 경관은 눈에 보이는 아름다움을 제공하는 기능 외에도 국민의 쾌적한 삶의 기반이 되는 것이므로 그에 관한 정책은 지역주민의 공감과 합의를 바탕으로 지역 특성과 생활특성을 반영하여 추진하여야 한다. (제2호)
- 지역별 경관의 매력은 크게 보아 지역고유성의 표현과 주민생활과의 밀착에 근거하게 된다고 볼 때, 이는 지방자치단체마다의 자율적인 경관행정과 적극적인 시민참여를 통해서 달성될 수 있다. 따라서 경관법은 이러한 자율성을 유도, 신장할 수 있는 유연한 법제와 다양한 시민참여 방식의 도입을 지향하고 있다. (제3호)
- 과거의 무분별한 국토개발행위로 인하여 우수한 경관훼손이 발생하였고,

이는 경관보호에 대한 사회적 관심을 촉발시킨 계기가 되었으므로, 향후의 개발행위는 언제나 기존의 경관에 대하여 조화와 균형을 이룰 수 있도록 제도적으로 통제하고자 한다. (제4호)

- 경관의 관리는 보존위주의 경직된 방식을 넘어서 보다 적극적으로 재생적 이용이나 훼손 우려가 있는 경관자원의 복원, 새로운 시대에 부합되는 경관의 창출까지 전반적인 경관향상을 목적으로 한다. (제5호)
- 공공적인 측면에서 경관을 최대한 보존하고 조망권을 훼손하지 않도록 하되, 과도한 제한으로 국민의 재산권을 침해하지 않도록 균형감 있는 경관정책이 되도록 한다. 또한 지역적으로 경관적 형평성을 고려하여 균형 있는 국토경관이 되도록 관리하고자 한다. (제6호)

제4조(국가 및 지방자치단체 등의 책무) ① 국가 및 지방자치단체는 아름답고 쾌적한 경관을 형성하는 데 필요한 시책을 마련하여야 하며, 우수한 경관을 발굴하여 지원 · 육성하여야 한다.

② 국가 및 지방자치단체는 경관관리의 기본원칙에 대한 국민의 이해를 높이도록 노력하여야 한다.

③ 국민은 아름답고 쾌적한 경관을 보전하고 개선하기 위하여 국가 및 지방자치단체의 시책에 적극적으로 협력하여야 한다.

| 요지 |

법 제1조의 경관법 제정목적과 제3조의 경관관리 기본원칙을 달성하기 위해, 경관관리행정의 실질적 주체인 국가와 지방자치단체의 역할과 의무를 규정하고 국토의 주인인 국민의 자발적인 참여가 국토경관 관리의 필수적인 사항이므로 이를 국민의 책무로 규정함

| 해설 |

① 국가 및 지방자치단체의 책무

- 경관형성 및 관리를 위한 국가와 지방자치단체의 역할과 의무에 대해 서술하고 있다.
- 특히, 국가의 역할은 개정 경관법에서 경관정책기본계획을 5년마다 수립하도록 하는 등 구체적으로 제도화되었다. (경관법 제6조 참조)
- 일정 규모 이상의 지방자치단체의 경우에는 해당 지역의 경관관리를 위해 경관계획을 의무적으로 수립하도록 하고 있다. (경관법 제7조 참조)

② 국가 및 지방자치단체의 국민인식 제고 의무

- 국민의 이해를 도모한다는 것은 국토경관의 공공자원적 가치와 시민참여에 대한 이해를 증진시키기 위해 대국민 홍보와 교육을 시행한다는 것을 말한다.

- 즉, 국가나 지방자치단체는 국민의 경관에 대한 인식을 높이는데 노력해야 한다는 점을 밝히고 있는 조항이다.

③ 국민의 의무

- 국가 및 지방자치단체의 노력과 더불어 국민 스스로도 쾌적한 경관을 보전하기 위해 경관의 공공적 가치에 대한 확고한 인식, 경관법의 기본취지에 대한 이해, 국가와 지방자치단체의 정책과 사업시행에 대해 자발적으로 협조하여야 한다.

제5조(다른 법률과의 관계) 경관의 보전 · 관리 및 형성 등에 관하여 다른 법률에 특별한 규정이 있는 경우를 제외하고는 이 법에서 정하는 바에 따른다.

| 요지 |

기존 관련 법들을 상호 유기적으로 운용하게 하는 기본법적 성격의 법으로 관련법에서 작동하고 있는 대상경관은 해당 법을 우선 적용하도록 규정함

| 해설 |

① 다른 법률과의 관계

- 자연경관의 경우는 자연환경보전법이나 자연공원법을, 농산어촌경관의 경우는 농업농촌기본법, 농림어업인 삶의 질 향상 및 농산어촌 지역개발 촉진에 관한 특별법을, 역사문화경관은 문화재보호법, 고도(古都)보존에 관한 특별법, 전통사찰보존법 상의 해당사항을 적용하여야 한다.
- 예를 들어 경관자원조사 등과 같이 다양한 경관유형을 다룰 때에는 관련법률에서 규정하고 있는 내용을 참조하는 것이 내실 있고 효율적으로 경관계획 및 관리를 할 수 있다.
- 다른 법에 관련규정이 없는 경우에는 경관법에서 규정한 내용을 근거로 경관의 보전, 관리, 형성에 활용할 수 있다.

제2장 경관계획

경관법 제2장 경관계획은 경관계획에 관한 사항을 다루고 있는 부분으로, 2013년 경관법이 개정되면서 국토교통부장관이 수립하는 경관정책기본계획에 관한 사항과 지방자치단체 경관계획의 내용이 추가되었다.

'제6조 경관정책기본계획의 수립 등'은 그 동안 경관정책에서 역할이 없었던 중앙정부의 역할을 담고 있는 경관정책기본계획의 수립시기와 내용에 대해서 다루고 있으며, '제7조 경관계획의 수립권자 및 대상지역'에서는 새롭게 의무수립 대상이 된 지방자치단체를 구체적으로 명시하고 있다. 그 밖에 주민이 제안하는 경관계획과 구체적인 경관계획의 내용은 제8조와 제9조에서 다루고 있으며, 경관계획 수립, 변경, 승인 등과 관련한 절차 등은 제10조부터 제13조에 걸쳐 설명하고 있다.

'제14조 경관지구와 미관지구의 지정 및 관리'에서는 '국토의 계획 및 이용에 관한 법률'에서 지정하는 경관지구와 미관지구의 지정과 관리에 대해서 설명하고 있으며, 마지막으로 '제15조 경관계획의 정비'에서는 5년마다 경관계획을 재검토하여 정비하도록 하는 규정을 담고 있다.

경관법 '제2장 경관계획'의 구성

경관법	경관법 시행령	지침
제6조(경관정책기본계획의 수립 등) - 경관정책기본계획 수립 의무 - 경관정책기본계획의 내용 - 관련법과의 관계 - 경관정책기본계획 수립 및 변경 - 경관정책기본계획 공고 및 고지		
제7조 경관계획의 수립권자 및 대상 지역 - 경관계획 의무수립 대상 - 경관계획 임의수립 대상 - 경관계획의 공동수립 - 광역지방자치단체의 경관계획 수립		경관계획 수립지침
제8조 경관계획 수립의 제안 - 주민 경관계획 제안 - 주민제안 경관계획의 처리 - 주민제안 경관계획의 필요사항 → (대통령령)	**제2조 경관계획의 수립에 관한 제안의 처리절차** - 경관계획 수립제안서의 제출 - 시 · 도지사 등의 통보기간 - 주민제안 경관계획에 대한 자문 - 세부절차 → 지자체조례	경관계획 수립지침
제9조 경관계획의 내용 - 경관계획의 내용 → 지자체조례 - 경관계획의 위계 - 다른 법률에 의한 경관계획과의 관계 - 도시 · 군 기본계획과의 관계 - 경관계획의 수립기준 고시 → (대통령령)	**제3조 경관계획의 수립기준 등** - 경관계획의 수립기준 반영사항 - 관계 중앙행정기관 명시	경관계획 수립지침
제10조 경관계획의 수립 또는 변경을 위한 기초조사 → (대통령령)	**제4조 경관계획의 수립 또는 변경을 위한 기초조사의 대상**	
제11조 공청회 및 지방의회의 의견청취 - 주민 및 전문가 의견수렴 - 공청회 개최 → (대통령령), 지자체조례 - 지방의회 의견청취 - 시장 · 군수 의견 수렴 - 시장 · 군수 의견 제출	**제5조 경관계획의 수립 또는 변경을 위한 공청회** - 공청회 공고 - 공청회 주재자	경관계획 수립지침
제12조 경관계획의 수립절차 - 경관계획 수립을 위한 경관위원회 심의 - 관계 행정기관의 장과 협의 - 경관계획의 공고 → (대통령령)	**제6조 경관계획의 수립절차** - 경관계획 주민 열람 절차	경관계획 수립지침
제13조 경관계획의 승인 - 경관계획의 승인 - 시 · 도지사의 경관계획 승인절차 → (대통령령) - 경관계획 승인의 고지 - 관계 행정기관의 협의	**제7조 경관계획의 승인 등** - 경관계획의 승인 - 경관계획의 고지	경관계획 수립지침
제14조 경관지구와 미관지구의 지정 및 관리 - 국계법과의 관계 - 경관지구와 미관지구의 관리		
제15조 경관계획의 정비		

경관법에서는 여러 가지 유형의 지방자치단체를 정의하고 있는데, 특히 이들에 대해 경관계획의 의무수립이나 경관계획의 고지대상 등에서 세심하게 구분할 필요가 있다. 경관법에서 사용하고 있는 지방자치단체의 정의는 다음과 같다.

표 2-1_ 경관법에서 사용하는 지방자치단체장의 정의

구분	설명	사례
시 · 도지사	• 특별시장, 광역시장, 특별자치시장, 도지사, 특별자치도지사	• 서울특별시장 • 부산광역시장, 대구광역시장 등 • 세종특별자치시장 • 경기도지사, 강원도지사 등 • 제주특별자치도지사
시장 · 군수	• 도에 소속된 시와 군의 장 • 행정시장(제주시, 서귀포시) 및 광역시의 군수는 제외	• 수원시장, 시흥시장, 안산시장 등 도에 소속된 시의 장 • 강진군수, 고흥군수, 곡성군수 등 도에 소속된 군의 군수
행정시장	• 제주특별자치도 소속의 제주시와 서귀포시의 시장	• 제주시장, 서귀포시장
구청장등	• 특별시 및 광역시에 소속된 구청장(자치구청장을 말함) 및 광역시의 군수 • 일반시 소속의 일반구는 해당되지 않음 (예, 성남시 분당구는 제외)	• 강남구청장, 강동구청장, 강북구청장 등 특별시와 광역시에 소속된 구의 구청장 • 부산광역시 기장군수, 대구광역시 달성군수, 인천광역시 강화군수, 옹진군수, 울산광역시 울진군수 (광역시에 소속된 군의 군수)
경제자유 구역청장	• 광양만권, 대구경북, 동해안권, 부산진해, 새만금군산, 인천, 충북, 황해 이상의 8개 경제자유구역청장	
시 · 도지사 등	• 시 · 도지사 + 시장 · 군수 + 구청장등 + 행정시장 + 경제자유구역청장 • 일반적으로 모든 지방자치단체장을 말함	

제6조(경관정책기본계획의 수립 등) ① 국토교통부장관은 아름답고 쾌적한 국토경관을 형성하고 우수한 경관을 발굴하여 지원 · 육성하기 위하여 경관정책기본계획을 5년마다 수립 · 시행하여야 한다.

② 경관정책기본계획에는 다음 각 호의 사항이 포함되어야 한다.

1. 국토경관의 현황 및 여건 변화 전망에 관한 사항
2. 경관정책의 기본목표와 바람직한 국토경관의 미래상 정립에 관한 사항
3. 국토경관의 종합적 · 체계적 관리에 관한 사항
4. 사회기반시설의 통합적 경관관리에 관한 사항
5. 우수한 경관의 보전 및 그 지원에 관한 사항
6. 경관 분야의 전문인력 육성에 관한 사항
7. 지역주민의 참여에 관한 사항
8. 그 밖에 경관에 관한 중요 사항

③ 국토교통부장관은 경관정책기본계획을 수립할 때 「농어업인 삶의 질 향상 및 농어촌지역개발촉진에 관한 특별법」 제5조제1항에 따른 농어업인 삶의 질 향상 및 농어촌 지역개발기본계획 등 경관과 관련된 계획과 연계되도록 하여야 한다.

④ 국토교통부장관은 경관정책기본계획을 수립하거나 변경하려는 경우에는 환경부장관 등 관계 중앙행정기관의 장과 협의하고, 공청회 등을 거쳐 의견을 수렴한 후 제29조제1항에 따라 국토교통부장관 소속으로 설치하는 경관위원회의 심의를 거쳐야 한다.

⑤ 국토교통부장관은 경관정책기본계획을 수립하면 이를 관보 또는 국토교통부의 인터넷 홈페이지에 공고하고, 관계 중앙행정기관의 장과 다음 각 호의 어느 하나에 해당하는 자에게 알려야 한다.

1. 특별시장 · 광역시장 · 특별자치시장 · 도지사 · 특별자치도지사(이하 "시 · 도지사"라 한다)
2. 시장[「제주특별자치도 설치 및 국제자유도시 조성을 위한 특별법」 제15조제2항에 따른 행정시의 시장(이하 "행정시장"이라 한다)은 제외한다. 이하 같다] · 군수(광역시 관할구역에 있는 군의 군수는 제외한다. 이하 같다)
3. 행정시장
4. 구청장(자치구의 구청장을 말한다. 이하 같다) 및 광역시의 군수(이하 "구청장등"이라 한다)
5. 「경제자유구역의 지정 및 운영에 관한 특별법」 제27조의2제1항에 따라 설치되는 행정기구(이하 "경제자유구역청"이라 한다)의 장(이하 "경제자유구역청장"이라 한다)

| 요지 |

국토경관의 품격향상을 위한 중앙정부차원의 적극적·체계적 관리 및 유도·지원 역할을 위해서 경관정책기본계획을 수립하도록 규정함

| 해설 |

① 경관정책기본계획 수립 의무

- 쾌적하고 양호한 경관을 형성하고 우수경관자원을 발굴하고 육성하기 위해서 중앙정부차원에서 국토교통부장관이 5년마다 경관정책기본계획을 수립하여 시행하도록 하고 있다.

② 경관정책기본계획의 내용

- 경관정책기본계획의 주요 내용을 제시하는 규정이다. 구체적이고 물리적인 계획이라기보다는 중앙정부가 경관 관련 정책을 시행할 때 필요한 사항을 중심으로 내용을 작성하도록 함.
- 특히, 경관관련 인식제고, 경관관련 기반마련, 관련제도 개선사항 등을 위한 연구, 실천, 지원 등의 내용을 포함하고 있다.
- 경관정책기본계획은 2015년 현재 수립 중이며, 2015년 상반기에 수립 완료 예정이다.

③ 관련법과의 관계

- 국토경관은 자연경관, 농촌경관, 역사문화경관 등 다양한 유형의 경관이 종합되어 이루어진 대상이므로 관련부처와의 협의, 관련계획과의 연계성이 매우 중요한 사항이다.
- 특히 농어촌경관과 관련하여서는 「농어업인 삶의 질 향상 및 농어촌지역 개발촉진에 관한 특별법」 제5조제1항에 따른 농어업인 삶의 질 향상 및 농어촌 지역개발 기본계획 등 경관과 관련된 계획과 연계되도록 하여야 한다는 것을 밝히고 있다.

④ 경관정책기본계획의 수립 및 변경

- 국토경관의 복합적인 대상을 고려해 볼 때 경관정책기본계획은 국토교통

부 외에도 다양한 부처와 관련이 있다. 따라서 경관정책기본계획을 수립하거나 변경하고자 할 때에는 환경부장관 등 관계 중앙행정기관의 장과 협의하고, 공청회 등을 통한 의견수렴을 하여야 한다.

- 최종적인 경관정책기본계획의 수립 및 변경은 국토교통부장관 소속 경관위원회의 심의를 거쳐야 한다. 현재 국토교통부장관 소속 경관위원회는 별도로 구성되어 있지 않고, 관련된 위원회인 중앙도시계획위원회가 경관위원회의 기능을 대신하고 있다.

⑤ 경관정책기본계획 공고 및 고지

- 경관정책기본계획의 내용은 각 지방자치단체의 경관계획 및 경관관리 사항과 관련성이 많으므로 국토교통부장관은 계획을 수립한 이후에는 여러 가지 매체를 통해 각 지방자치단체에게 알릴 의무가 있다.
- 구체적으로 고지할 의무대상은 시·도지사, 시장·군수, 행정시장, 구청장등, 경제자유구역청장이다. (구체적인 대상은 앞의 표 2-1 참조)

제7조(경관계획의 수립권자 및 대상 지역) ① 다음 각 호의 자는 관할구역에 대하여 경관을 보전 · 관리 및 형성하기 위한 계획(이하 "경관계획"이라 한다)을 수립하여야 한다.

1. 시 · 도지사
2. 인구 10만명을 초과하는 시[「제주특별자치도 설치 및 국제자유도시 조성을 위한 특별법」 제15조제2항에 따른 행정시(이하 "행정시"라 한다)는 제외한다. 이하 같다]의 시장
3. 인구 10만명을 초과하는 군(광역시 관할구역에 있는 군은 제외한다. 이하 이 조 제2항 및 제4항에서 같다)의 군수

② 인구 10만명 이하인 시 · 군의 시장 · 군수, 행정시장, 구청장등 또는 경제자유구역청장은 관할구역에 대하여 경관계획을 수립할 수 있다.

③ 특별시장 · 광역시장 · 특별자치시장 · 도지사, 시장 · 군수, 행정시장, 구청장등 또는 경제자유구역청장은 둘 이상의 특별시 · 광역시 · 특별자치시 · 도, 시 · 군 · 구(자치구를 말한다. 이하 같다), 행정시 또는 경제자유구역청의 관할구역에 걸쳐 있는 지역을 대상으로 공동으로 경관계획을 수립할 수 있다.

④ 도지사는 시장 · 군수가 요청하거나 그 밖에 필요하다고 인정하는 경우에는 둘 이상의 시 또는 군의 관할구역에 걸쳐 있는 지역을 대상으로 경관계획을 수립할 수 있다.

| 요지 |

경관계획 수립권자 및 대상지역에 관한 사항으로 경관계획 의무대상 지방자치단체와 경관계획 수립 가능 지방자치단체에 관한 사항을 규정함

| 해설 |

① 경관계획 의무수립 대상

- 기존 경관법 상에서는 경관계획의 수립을 각 지방자치단체 필요에 의해서 결정하도록 하였다. 이는 제도 초기에 올 수 있는 혼란을 막기 위한 조치였다고 볼 수 있다. 그러나 경관법 제정 이후 경관계획을 자발적으로 수립하는 지방자치단체가 늘어나면서 점차 경관계획 전문인력과 관련기술 등이 쌓여 경관계획 수립을 위한 토대가 마련되었다고 판단된다.
- 이러한 사회적 여건을 감안하여 시·도지사 및 인구 10만 초과 시장·군수의 경관계획 수립을 의무화하였다. 단, 제주특별자치도의 제주시와 서귀포시

는 인구가 10만을 초과하지만 행정시로 분류되어 경관계획의 의무수립 대상은 아니다.

- 법 개정에 따른 경관계획의 의무수립 지방자치단체는 시·도 17개(8개 특·광역시, 8개 도, 1개 특별자치도)와 약 시·군 60개로 총 77개인 것으로 보고 있다. (표 2-2 및 표 2-3 참조)

② 경관계획 임의수립 대상

- 지역별 특색을 반영한 경관계획 수립을 위해 경관법에서는 경관계획 수립권자를 기존의 시·도지사, 시장·군수에서 구청장, 행정시장, 경제자유구역청장 등으로 확대하였다.
- 기존 경관법에서는 경관계획 수립권자를 특·광역시장, 도지사·특별자치도지사 또는 시장·군수로 한정하여 특·광역시의 자치구, 경제자유구역 등은 경관계획 수립의지가 있어도 법적인 제한으로 경관계획을 수립하지 못하는 지방자치단체가 있었다.
- 이러한 한계를 개선하기 위해서 개정 경관법에서는 인구 10만명 이하인 시·군의 시장·군수, 행정시장, 구청장등 또는 경제자유구역청장도 해당지역 경관의 보존, 형성, 관리가 필요하다고 판단하는 경우 경관계획을 임의적으로 수립할 수 있도록 하였다.

표 2-2_ 경관계획 수립대상 지방자치단체 (특 · 광역시 및 경제자유구역)

특 · 광역시	자치구	관할구역 군
★서울특별시	강남구, 강동구, 강북구, 강서구, 관악구, 광진구, 구로구, 금천구, 노원구, 도봉구, 동대문구, 동작구, 마포구, 서대문구, 서초구, 성동구, 성북구, 송파구, 양천구, 영등포구, 용산구, 은평구, 종로구, 중구, 중랑구 / 25개 구	
★부산광역시	강서구, 금정구, 남구, 동구, 동래구, 부산진구, 북구, 사상구, 사하구, 서구, 수영구, 연제구, 영도구, 중구, 해운대구 / 15개 구	기장군 / 1개 군
★대구광역시	남구, 달서구, 동구, 북구, 서구, 수성구, 중구 / 7개 구	달성군 / 1개 군
★인천광역시	계양구, 남구, 남동구, 동구, 부평구, 서구, 연수구, 중구 / 8개 구	강화군, 옹진군 / 2개 군
★광주광역시	광산구, 남구, 동구, 북구, 서구 / 5개 구	
★대전광역시	대덕구, 동구, 서구, 유성구, 중구 / 5개 구	
★울산광역시	남구, 동구, 북구, 중구 / 4개 구	울주군 / 1개 군
★세종특별자치시		
경제자유구역	광양만권, 대구경북, 동해안권, 부산진해, 새만금군산, 인천, 충북, 황해 / 8개 경제자유구역	

★ : 인구수에 무관하게 의무 수립 대상인 지방자치단체 (특광역시 8개, 도 8개, 특별자치도 1개)

OOO시 : 인구 10만 초과로 의무 수립 대상인 지방자치단체 (75개 시 중 60개 시 *2010년 통계기준)

(빈칸) : 임의 수립 대상인 지방자치단체

- 인구 10만 이하 지방자치단체 : 75개 시 중 15개 시 및 77개 군
- 행정시 : 2개
- 경제자유구역 : 8개
- 특광역시 소속의 자치구 : 69개 (단, 일반시 소속의 일반구는 경관계획수립 불가능함)
- 광역시 소속의 군 : 5개

표 2-3_ 경관계획 수립대상 지방자치단체 (도)

도	시	군
★경기도	과천시, 고양시, 광명시, 광주시, 구리시, 군포시, 김포시, 남양주시, 동두천시, 부천시, 성남시, 수원시, 시흥시, 안산시, 안성시, 안양시, 양주시, 여주시, 오산시, 용인시, 의왕시, 의정부시, 이천시, 파주시, 평택시, 포천시, 하남시, 화성시 / 28개 시	가평군, 양평군, 연천군 / 3개 군
★강원도	강릉시, 동해시, 삼척시, 속초시, 원주시, 춘천시, 태백시 / 7개 시	고성군, 양구군, 양양군, 영월군, 인제군, 정선군, 철원군, 평창군, 홍천군, 화천군, 횡성군 / 11개 군
★충청북도	제천시, 청주시, 충주시 / 3개 시	괴산군, 단양군, 보은군, 영동군, 옥천군, 음성군, 증평군, 진천군 / 8개 군
★충청남도	계룡시, 공주시, 논산시, 당진시, 보령시, 서산시, 아산시, 천안시 / 8개 시	금산군, 부여군, 서천군, 예산군, 청양군, 태안군, 홍성군 / 7개 군
★전라북도	군산시, 김제시, 남원시, 익산시, 전주시, 정읍시 / 6개 시, 2개 일반구	고창군, 무주군, 부안군, 순창군, 완주군, 임실군, 장수군, 진안군 / 8개 군
★전라남도	광양시, 나주시, 목포시, 순천시, 여수시 / 5개 시	강진군, 고흥군, 곡성군, 구례군, 담양군, 무안군, 보성군, 신안군, 영광군, 영암군, 완도군, 장성군, 장흥군, 진도군, 함평군, 해남군, 화순군 / 17개 군
★경상북도	경산시, 경주시, 구미시, 김천시, 문경시, 상주시, 안동시, 영주시, 영천시, 포항시 / 10개 시	고령군, 군위군, 봉화군, 성주군, 영덕군, 영양군, 예천군, 울릉군, 울진군, 의성군, 청도군, 청송군, 칠곡군 / 13개 군
★경상남도	거제시, 김해시, 밀양시, 사천시, 양산시, 진주시, 창원시, 통영시 / 8개 시, 5개 일반구	거창군, 고성군, 남해군, 산청군, 의령군, 창녕군, 하동군, 함안군, 함양군, 합천군 / 10개 군
★제주특별자치도	(행정시) 제주시, 서귀포시 / 2개 행정시	

★ : 인구수에 무관하게 의무 수립 대상인 지방자치단체 (특광역시 8개, 도 8개, 특별자치도 1개)

OOO시 : 인구 10만 초과로 의무 수립 대상인 지방자치단체 (75개 시 중 60개 시 *2010년 통계기준)

□ : 임의 수립 대상인 지방자치단체

- 인구 10만 이하 지방자치단체 : 75개 시 중 15개 시 및 77개 군
- 행정시 : 2개
- 경제자유구역 : 8개
- 특광역시 소속의 자치구 : 69개 (단, 일반시 소속의 일반구는 경관계획수립 불가능함)
- 광역시 소속의 군 : 5개

③ 경관계획의 공동수립

- 경관특성상 주요 산, 강, 도로, 해안선, 국립공원 등과 같이 경관자원의 면적이 넓거나 길이가 길어 2개 이상의 지방자치단체에 걸쳐있을 수 있다.
- 이러한 경우에는 해당 지방자치단체장이 각자 경관계획을 수립할 수도 있으나, 경관관리의 일관성, 효율성 등을 고려해 볼 때 해당 지방자치단체 장들이 공동으로 경관계획을 수립하는 것이 바람직하다고 판단하여, 해당 지방자치단체장들이 협의하여 공동으로 경관계획을 수립할 수 있도록 하였다.
- 그러나 현실적으로는 이와 같은 공동수립 경관계획이 원활히 진행되기는 쉽지 않아 보인다. 경관계획의 수립, 실행, 조직 등이 현재까지는 하나의 지방자치단체를 기준으로 운영되기 때문이다. 장기적으로는 이러한 대상에 대한 경관계획 수립을 위한 보완적인 조치가 필요하리라 생각한다.

④ 광역지방자치단체의 경관계획 수립

- 광역지방자치단체장은 시장·군수가 요청하거나 그 밖에 필요하다고 인정하는 경우에는 둘 이상의 시 또는 군의 관할구역에 걸쳐 있는 지역을 대상으로 경관계획을 수립할 수 있다.
- 이는 광역적으로는 중요한 경관관리 대상이지만 개별 기초지방자치단체의 이해관계로 인하여 조정이 필요한 경우에 광역지방자치단체장이 이에 대한 경관계획을 수립할 수 있도록 한 조항이다.

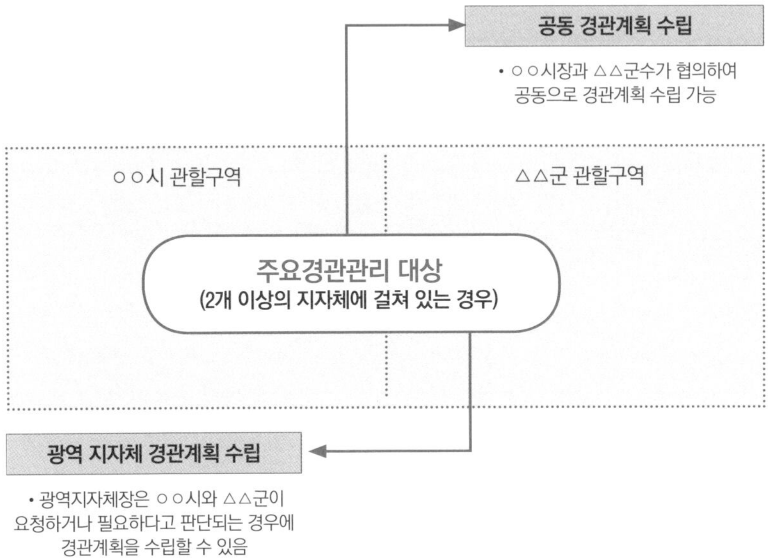

그림 2-1_ 여러 지자체에 걸친 지역의 경관계획 수립 방법

| Q&A |

▶경관계획은 누가 수립하나요?

경관계획의 수립권자는 특별시장·광역시장·도지사 뿐 만 아니라 지역성을 최대한 구현할 수 있도록 시장·군수도 경관계획을 수립할 수 있습니다.

또한 경관계획의 대상이 2개 이상의 기초자치단체 관할구역에 해당되는 경우에는 공동으로 수립하도록 하여 광역적 규모의 경관형성과 관리가 가능하도록 되었습니다.

제8조(경관계획 수립의 제안) ① 주민(경관계획의 수립에 따른 이해관계자를 포함한다)은 제7조에 따라 경관계획을 수립할 수 있는 자에게 제안 내용을 첨부하여 경관계획의 수립을 제안할 수 있다.
② 제1항에 따라 경관계획의 수립을 제안받은 자는 그 처리 결과를 제안자에게 알려야 한다.
③ 제1항 및 제2항에서 규정한 사항 외에 경관계획의 제안, 제안서의 처리 등에 필요한 사항은 대통령령으로 정한다.

| 요지 |

주민과 이해관계자의 참여를 활성화하기 위해 경관계획의 수립 제안에 관한 사항을 규정함

| 해설 |

① 주민 경관계획 제안

- 주민 참여 활성화를 통해 주민과 행정기관 등이 거버넌스 체계를 구축하여 주민이 경관계획을 제안할 수 있도록 한 조항이다.
- 경관계획 내용을 원활히 실행하기 위해서는 주민들의 적극적인 참여가 필수적이므로 주민 제안 경관계획이 바람직하다고 볼 수 있다.
- 그러나 현실적으로는 개인이나 민간이 경관계획을 제안하기는 쉽지 않을 것으로 판단된다. 다만, 기업이나 시민단체 등이 이러한 조항을 활용하여 해당 지역의 경관특성을 고려한 경관관리에 참여하는 방식은 관련 전문가들과 함께 고민해야 하는 방식이라고 생각한다.

② 주민제안 경관계획의 처리

- 주민이 경관계획 수립을 제안한 경우에는 지방자치단체장이 그 처리결과를 제안자에게 알려서 진행여부에 대해 통보하여야 한다.
- 지방자치단체장은 주민이 제안한 경관계획의 내용을 반드시 지방자치단

체의 경관계획에 반영하거나 별도의 경관계획을 수립해야 하는 의무는 없다. 반영여부에 대해서는 지방자치단체장이 판단하도록 하고 있으나, 반영여부와 관계없이 제안자에게 진행여부는 통보하여야 한다.

③ 주민제안 경관계획의 필요사항

- 경관계획의 제안, 제안서의 처리 등 주민제안 경관계획에 필요한 사항은 대통령령에 위임하여 경관법 시행령에서 다루고 있다.
- 경관법 시행령 제2조에서는 경관계획 수립제안서 작성, 지방자치단체장의 통보기간, 경관계획의 반영 절차 등을 제시하고 있다.

시행령 제2조(경관계획의 수립에 관한 제안의 처리절차) ① 「경관법」(이하 "법"이라 한다) 제8조제1항에 따라 법 제7조제1항에 따른 경관계획(이하 "경관계획"이라 한다)의 수립을 제안하려는 주민(경관계획의 수립에 따른 이해관계인을 포함한다)은 경관계획수립제안서를 작성하여 다음 각 호의 어느 하나에 해당하는 자에게 제출하여야 한다.

1. 특별시장 · 광역시장 · 특별자치시장 · 도지사 · 특별자치도지사(이하 "시 · 도지사"라 한다)
2. 시장[「제주특별자치도 설치 및 국제자유도시 조성을 위한 특별법」 제15조제2항에 따른 행정시(이하 "행정시"라 한다)의 시장(이하 "행정시장"이라 한다)은 제외한다. 이하 같다] · 군수(광역시의 관할구역에 있는 군의 군수는 제외한다. 이하 같다)
3. 행정시장
4. 구청장(자치구의 구청장을 말한다. 이하 같다) 및 광역시의 군수(이하 "구청장등"이라 한다)
5. 「경제자유구역의 지정 및 운영에 관한 특별법」 제27조의2제1항에 따라 설치되는 행정기구(이하 "경제자유구역청"이라 한다)의 장(이하 "경제자유구역청장"이라 한다)

② 제1항에 따라 경관계획의 수립을 제안 받은 시 · 도지사, 시장 · 군수, 행정시장, 구청장등 또는 경제자유구역청장(이하 "시 · 도지사등"이라 한다)은 제안일부터 60일 이내에 그 제안을 경관계획에 반영할 것인지를 제안자에게 알려야 한다. 다만, 부득이한 사정이 있는 경우에는 그 기간을 30일의 범위에서 한차례만 연장할 수 있다.

③ 시 · 도지사등은 제1항에 따른 제안을 경관계획에 반영할 것인지를 결정하려는 경우 필요하면 법 제29조제1항에 따라 해당 시 · 도지사등 소속으로 설치된 경관위원회에 자문할 수 있다.

④ 제1항부터 제3항까지에서 규정한 사항 외에 경관계획의 수립 제안에 필요한 세부적인 절차는 해당 지방자치단체의 조례[행정시 및 경제자유구역청의 경우에는 행정시 및 경제자유구역청이 소속한 특별시 · 광역시 · 특별자치시 · 도 · 특별자치도(이하 "시 · 도"라 한다)의 조례를 말한다. 이하 같다]로 정한다.

○ **경관계획 수립제안서의 제출**

- 경관계획을 제안하려는 주민은 경관계획 수립제안서를 작성하여 해당 지역의 지방자치단체장에게 제출하도록 하는 규정이다.
- 이때 지방자치단체장은 시 · 도지사, 시장 · 군수, 행정시장, 구청장 및 광역시의 군수, 경제자유구역청장 등이 해당된다.

○ **시 · 도지사등*의 통보기간**

*시 · 도지사등 = 시 · 도지사+시장 · 군수+구청장등+행정시장+경제자유구역청장, 일반적으로 모든 지방자치단체장을 말함

- 경관계획의 수립을 제안 받은 시 · 도지사등은 60일 이내에 해당 제안을 경관계획에 반영할 것인지를 알려주어야 한다. 부득이한 사정이 있는 경우에는 1회에 한해서 30일 범위에서 연장할 수 있다.
- 제안자에게 통보한다는 것은 제안된 내용이 반드시 경관계획에 반영해야 한다는 것을 의미하는 것은 아니다.

○ **주민제안 경관계획에 대한 자문**

- 주민이 제안한 경관계획 내용을 경관계획에 반영할 것인지 여부는 해당 지방자치단체의 경관위원회의 자문을 통해 정할 수 있다.
- 다만, 경관위원회의 의견을 듣는 것은 자문사항으로 의무절차는 아니며, 최종 반영여부 역시 지방자치단체장이 결정할 수 있는 사항이다.

○ **세부절차**

- 이 밖에 경관계획의 수립제안에 필요한 세부절차는 지방자치단체 조례로 정한다.

| Q&A |

▶주민도 경관계획 수립을 제안할 수 있는지요?

주민참여 활성화를 통해 주민과 행정기관 등이 거버넌스 체계를 구축하고 향후 경관사업 시행을 원활하게 하기 위해서 주민도 경관계획의 수립을 제안할 수 있습니다.

제9조(경관계획의 내용) ① 경관계획에는 다음 각 호의 사항이 포함되어야 한다. 다만, 도지사가 수립하는 경관계획에는 제4호부터 제11호까지의 사항을 생략할 수 있고, 특별시장 · 광역시장 · 특별자치시장 · 특별자치도지사, 시장 · 군수, 행정시장, 구청장등 또는 경제자유구역청장이 수립하는 경관계획에는 제5호부터 제9호까지 및 제11호의 사항을 생략할 수 있다.

1. 경관계획의 기본방향 및 목표에 관한 사항
2. 경관자원의 조사 및 평가에 관한 사항
3. 경관구조의 설정에 관한 사항
4. 중점적으로 경관을 보전 · 관리 및 형성하여야 할 구역(이하 "중점경관관리구역"이라 한다)의 관리에 관한 사항
5. 「국토의 계획 및 이용에 관한 법률」 제37조제1항제1호에 따른 경관지구(이하 "경관지구"라 한다)와 같은 항 제2호에 따른 미관지구(이하 "미관지구"라 한다)의 관리 및 운용에 관한 사항
6. 제16조에 따른 경관사업의 추진에 관한 사항
7. 제19조에 따른 경관협정의 관리 및 운영에 관한 사항
8. 경관관리의 행정체계 및 실천방안에 관한 사항
9. 자연 경관, 시가지 경관 및 농산어촌 경관 등 특정한 경관 유형 또는 건축물, 가로(街路), 공원 및 녹지 등 특정한 경관 요소의 관리에 관한 사항
10. 경관계획의 시행을 위한 재원조달 및 단계적 추진에 관한 사항
11. 그 밖에 경관의 보전 · 관리 및 형성에 관한 사항으로서 해당 지방자치단체의 조례로 정하는 사항

② 경관계획이 이미 수립된 특별시 · 광역시 · 특별자치시 · 도 · 특별자치도(이하 "시 · 도"라 한다)의 관할구역에서 수립하는 시 · 군 · 구 · 행정시 · 경제자유구역청의 경관계획은 해당 시 · 도의 경관계획에 부합되어야 하며, 시 · 군 · 구 · 행정시 · 경제자유구역청의 경관계획 내용과 시 · 도의 경관계획의 내용이 다른 경우 시 · 도의 경관계획이 우선한다.

③ 시 · 도지사, 시장 · 군수, 행정시장, 구청장등 또는 경제자유구역청장(이하 "시 · 도지사등"이라 한다)은 경관계획을 수립하는 경우에는 이미 수립된 다른 법률에 따른 경관 관련 계획에 부합되게 하여야 하고, 경관계획이 수립된 이후 다른 법률에 따른 경관 관련 계획을 수립하는 경우에는 이미 수립된 경관계획에 부합되게 하여야 한다.

④ 경관계획은 도시 · 군기본계획(「국토의 계획 및 이용에 관한 법률」 제2조제3호에 따른 도시 · 군기본계획을 말한다. 이하 같다)에 부합되어야 하며, 경관계획의 내용과 도시 · 군기본계획의 내용이 다른 경우 도시 · 군기본계획이 우선한다.

⑤ 국토교통부장관은 경관계획의 수립기준 등에 관하여 대통령령으로 정하는 바에 따라 관계 중앙행정기관의 장과 공동으로 정하여 고시하여야 한다.

| 요지 |

경관계획의 수립내용, 경관계획의 수립기준, 기초조사 등에 관한 사항을 규정함

| 해설 |

① 경관계획의 내용

- 지금까지의 지방자치단체 경관계획이 갖는 가장 큰 한계점으로는 계획내용의 실행수단이 미흡하여 경관관리의 실행력이 부족하다는 점을 들 수 있었다. 이를 보완하기 위해 개정 경관법에서는 계획내용의 일부를 보완하여 경관관리의 기본적인 틀을 제시하였다.
- 경관계획의 내용으로 모두 11개 항목을 제시하였는데, 도 경관계획과 '특별시장·광역시장·특별자치시장·특별자치도지사, 시장·군수, 행정시장, 구청장등 또는 경제자유구역청장이 수립하는 경관계획'으로 구분하여 제시하고 있다.
- 이때 '특별시장·광역시장·특별자치시장·특별자치도지사, 시장·군수, 행정시장, 구청장등 또는 경제자유구역청장이 수립하는 경관계획'을 지칭하는 정확한 용어는 경관법에서 제시되어 있지 않으나, 경관계획수립지침 1-5-1에서 제시한 "시·군경관계획"이 이와 가장 유사하여 우리 책에서는 이를 "시·군경관계획"이라고 지칭하였다.
- 현재 경관계획수립지침 상에서는 특별자치도와 행정시, 자치구, 경제자유구역에 대해서는 명확한 언급이 없으나, 의무 경관계획 수립 대상을 기준으로 구분하였다는 점을 고려해 볼 때 특별자치도와 행정시, 자치구, 경제자유구역을 "시·군경관계획"으로 구분하는 것이 타당하다고 판단하였다.

표 2-4_ 경관계획 유형별 필수 경관계획의 내용

경관계획 내용	필수 경관계획 내용	
	도 경관계획	시 · 군 경관계획*
경관계획의 기본방향 및 목표에 관한 사항	●	●
경관자원의 조사 및 평가에 관한 사항	●	●
경관구조의 설정에 관한 사항	●	●
중점경관관리구역의 관리에 관한 사항		●
경관지구와 미관지구의 관리 및 운용에 관한 사항		
경관사업의 추진에 관한 사항		
경관협정의 관리 및 운영에 관한 사항		
경관관리의 행정체계 및 실천방안에 관한 사항		
특정 경관유형 또는 경관 요소의 관리에 관한 사항		
재원조달 및 단계적 추진에 관한 사항		●
해당 지방자치단체의 조례로 정하는 사항		

*'시 · 군 경관계획'은 특별시장 · 광역시장 · 특별자치시장 · 특별자치도지사, 시장 · 군수, 행정시장, 구청장등 또는 경제자유구역청장이 수립하는 경관계획을 지칭함

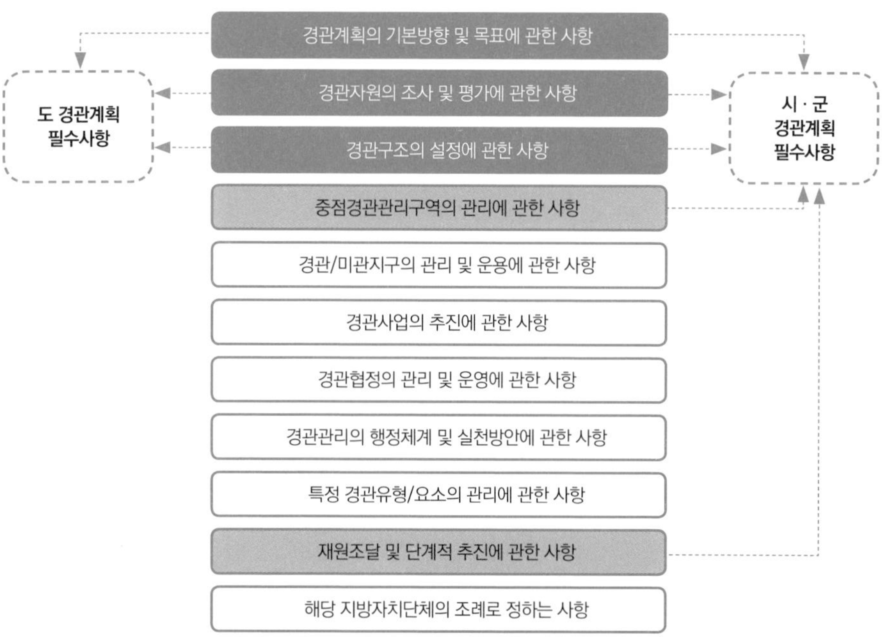

그림 2-2_ 경관계획 유형별 필수 경관계획의 내용

- 기타 경관계획에서는 필수사항이지만 도 경관계획에서는 필수사항이 아닌 항목으로는 중점경관관리구역의 관리에 관한 사항과 재원조달 및 단계적 추진에 관한 사항이 있다. 이는 도 경관계획은 실행계획보다는 관할구역 내의 기초지방자치단체 경관계획의 기본방향과 방침을 제시하는 내용으로 작성되기를 바라는 것으로 판단된다.

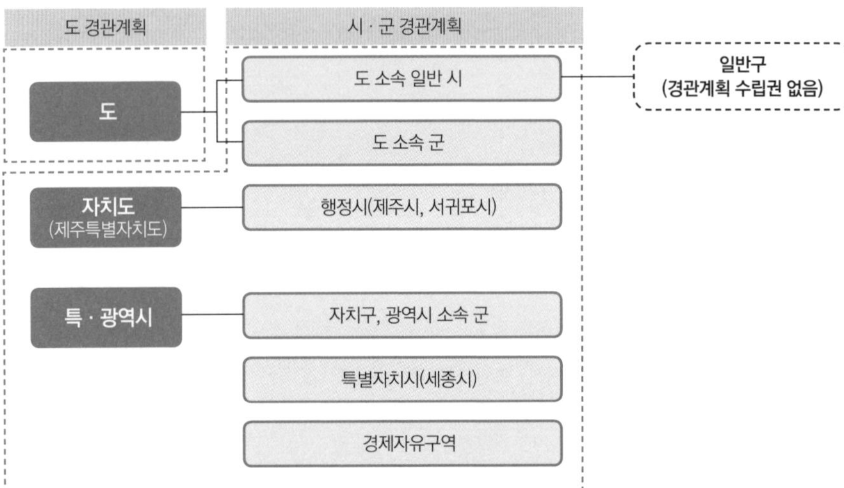

그림 2-3_ 경관계획의 유형 구분

- 제주특별자치도와 특·광역시의 경관계획은 해당 지방자치단체 속한 기초지방자치단체, 즉 행정시와 자치구 또는 광역시 소속의 군의 경관계획과 연계가 되어야하기 때문에 내용적으로는 도 경관계획에 준하는 수준으로 작성되는 것이 바람직하다.
- 그러나, 행정시나 자치구, 광역시 소속의 군의 경우는 경관계획 의무수립 대상이 아니므로 자치도나 특·광역시 경관계획에 구체적인 수준의 경관계획 내용을 포함하는 것이 바람직한 것으로 판단하여 자치도와 특·광역시 경관계획을 시·군경관계획으로 구분하게 되었다.
- 그러나 향후 행정시나 자치구, 광역시 소속의 군의 경관계획 수립이 활성화된다면 경관계획의 위계상 자치도와 특·광역시 경관계획은 "도 경관계

획"으로 구분하는 것이 바람직하다고 판단한다.

② 경관계획의 위계

- 앞서 언급한 바와 같이 도 경관계획은 광역지방자치단체 차원에서 경관계획의 방향과 방침을 제시하는 내용으로 작성하고, 시·군 경관계획은 기초지방자치단체 차원에서 실행을 전제로 하는 구체적인 내용으로 작성되는 것이 바람직하다.
- 도에서 이미 경관계획이 수립된 경우, 관할구역 내 기초지방자치단체의 경관계획 내용은 상위 지방자치단체의 경관계획 내용과 부합되도록 도 경관계획의 기조를 따르도록 한다.
- 만일 도 경관계획의 내용과 시·군 경관계획의 내용이 다른 경우에는 도 경관계획이 우선하도록 하여 광역지방자치단체의 경관계획과 일관성을 유지하도록 하고 있다.
- 특·광역시와 자치도의 경관계획은 시·군 경관계획으로 구분되어 있으나 내용적으로는 전체 지역에 대한 계획의 방향과 방침을 제시한 이후 구체적인 관리가 필요한 대상에 대한 계획내용을 작성하는 것이 바람직하다.

③ 다른 법률에 의한 경관계획과의 관계

- 시·도지사등은 경관계획을 수립하고자 할 때, 이미 수립된 다른 법률에 따른 경관관련계획이 수립되어 있는 경우에는 이미 수립된 경관계획에 부합되도록 하는 규정이다.
- 예를 들어 「농어업인 삶의 질 향상 및 농어촌지역 개발촉진에 관한 특별법」 제5조제1항에 따른 농어업인 삶의 질 향상 및 농어촌 지역개발 기본계획 등이 수립되어 있는 경우에는 경관법에 의한 경관계획의 내용에 이러한 사항이 반영되어야 한다는 것이다.
- 이러한 규정은 경관의 다양한 측면을 고려하고 관련된 여러 부처의 의견을

종합한 결과라고 판단된다. 지방자치단체 차원에서 일관된 경관계획을 수립하고자 할 때에는 다소 부정적으로 영향을 줄 수도 있겠으나, 대부분 다른 법률에 따른 경관계획은 특정 경관유형이나 경관요소에 관한 사항이 많으므로 이를 종합하여 균형잡힌 경관계획을 수립하는 것이 바람직할 것이다.

④ 도시 · 군 기본계획와의 관계

- 경관계획은 「국토의 계획 및 이용에 관한 법률」 제2조제3호에 따른 도시·군기본계획에 부합하여야 하며, 경관계획의 내용과 도시·군기본계획의 내용이 다른 경우 도시·군기본계획이 우선한다는 규정이다.
- 물리적인 대상으로서 국토와 관련된 가장 종합적인 체계는 「국토의 계획 및 이용에 관한 법률」이므로 경관계획도 이에 부합하여야 한다는 취지이다.
- 다만, 경관계획에서는 경관적인 측면에서 향후 도시·군기본계획에 반영될 수 있는 사항을 제안하여 각 계획의 연계성을 높이는 노력을 계속하는 것이 바람직하다.

⑤ 경관계획의 수립기준 고시

- 경관계획의 구체적인 수립기준은 국토교통부장관이 관계 중앙행정기관의 장과 공동으로 정하도록 하는 규정(경관법 시행령 제3조)에 의해 '경관계획 수립지침'을 마련하여 경관계획 수립의 틀과 방법, 계획수립에 대해 객관성 및 일관성을 확보하였다.

> **시행령 제3조(경관계획의 수립기준 등)** ① 국토교통부장관은 법 제9조제5항에 따라 관계 중앙행정기관의 장과 경관계획의 수립기준 등을 공동으로 정하여 고시하려는 경우에는 다음 각 호의 사항을 고려하여야 한다.
> 1. 자연경관, 역사 · 문화 경관, 농촌 · 산촌 · 어촌 경관 및 시가지 경관에 대한 장기적 방향을 제시하고 삶의 질을 향상시키기 위한 내용이 반영되도록 할 것
> 2. 지역적 특성과 요구를 충분히 반영하여 경관계획의 독창성과 다양성이 확보되도록 할 것
> 3. 경관계획이 실질적으로 추진될 수 있도록 상세하고 구체적으로 수립되도록 할 것
>
> ② 법 제9조제5항에 따른 관계 중앙행정기관의 장은 안전행정부장관, 문화체육관광부장관, 농림축산식품부장관, 환경부장관 및 산림청장으로 한다.

○ **경관계획의 수립기준 반영사항**
- 경관계획 수립기준을 작성할 때에는 다양한 경관유형을 고려하도록 관계 중앙행정기관의 장과 공동으로 수립기준을 작성하도록 하는 규정이다.
- 수립기준은 지역적 특성을 잘 반영할 수 있도록 상세하고 구체적으로 작성하도록 하고 있다.

○ **관계 중앙행정기관 명시**
- 경관계획 수립기준 등을 공동으로 협의해야 하는 관계 중앙행정기관의 장은 안전행정부장관, 문화체육관광부장관, 농림축산식품부장관, 환경부장관 및 산림청장으로 명기한다.

| Q&A |

▶ 경관계획에 포함될 내용은 무엇인가요?

광역도시계획이나 도시기본계획에서 경관에 대해 미흡하게 다루고 있는 사항을 구체적으로 제시하여 경관계획에서 반드시 다루어야 하는 중요 사항이 포함되었으며, 경관계획의 수립 또는 변경시 경관자원의 조사를 의무화하여 과학적이고 체계적인 접근이 이루어지도록 하였습니다.

제10조(경관계획의 수립 또는 변경을 위한 기초조사) 시 · 도지사등은 경관계획을 수립하거나 변경하려는 경우에는 대통령령으로 정하는 바에 따라 경관계획의 수립 또는 변경에 필요한 사항을 조사하여야 한다. 다만, 경관계획의 수립 또는 변경에 필요한 사항에 대하여 다른 법령에 따라 조사한 결과가 있는 경우에는 그 조사한 결과를 활용할 수 있다.

| 요지 |

경관계획의 수립 및 변경을 위한 기초조사에 관한 사항을 규정함

| 해설 |

① 경관계획 수립 또는 변경을 위한 기초조사

- 경관계획의 수립 또는 변경에 따른 조사를 의무화하여 과학적이고 체계적인 접근이 이루어질 수 있도록 조사 대상 등을 규정하였다.
- 단, 도시기본계획, 농촌어메니티자원조사 등과 같이 다른 법령에 따른 조사결과가 있는 경우에는 그 결과를 활용하여 기초조사가 효율적으로 이루어 질 수 있도록 하였다.
- 현재까지는 이러한 기초조사가 경관계획을 수립할 때 계획의 일부로 진행되는 경우가 많으나, 지역 전문가가 참여하여 심도있는 지역 경관현황을 실시하여 경관계획 수립자에게 자원조사 부담을 덜어주는 것도 경관계획 내실화에 도움이 되리라 생각한다.
- 따라서 장기적으로는 이러한 조항을 근거로 하여 경관계획과는 별도로 경관계획 수립을 위한 기초조사, 또는 경관자원 현황조사 등을 진행하는 것이 효율적일 것이다.

시행령 제4조(경관계획의 수립 또는 변경을 위한 기초조사의 대상) 시 · 도지사등이 법 제10조에 따라 기초조사를 하는 경우에는 다음 각 호의 사항을 대상으로 한다.

1. 지형, 지세(地勢), 수계(水界) 및 식생(植生) 등 자연적 여건
2. 인구, 토지 이용, 산업, 교통 및 문화 등 인문 · 사회적 여건
3. 경관과 관련된 다른 계획 및 사업의 내용
4. 그 밖에 경관계획의 수립 또는 변경에 필요한 사항

○ **경관계획 수립 및 변경을 위한 기초조사**

- 경관계획 수립 및 변경을 위해서 자연적 여건, 인문사회적 여건, 경관 관련계획과 관련사업, 그 밖에 필요한 사항을 포함한 기초조사를 하여야 한다는 것을 규정하였다.

제11조(공청회 및 지방의회의 의견청취) ① 시 · 도지사등은 경관계획을 수립하거나 변경하려는 경우에는 미리 공청회를 개최하여 주민 및 관계 전문가 등의 의견을 들어야 하며, 공청회에서 제시된 의견이 타당하다고 인정할 때에는 경관계획에 반영하여야 한다.

② 제1항에 따른 공청회 개최에 필요한 사항은 대통령령으로 정하는 바에 따라 해당 지방자치단체의 조례로 정한다.

③ 시 · 도지사등은 경관계획을 수립하거나 변경하려는 경우에는 해당 지방의회(행정시 및 경제자유구역청의 경우에는 행정시 및 경제자유구역청이 소속한 지방자치단체의 의회를 말한다. 이하 이 항에서 같다)의 의견을 들어야 한다. 이 경우 지방의회는 특별한 사유가 없으면 30일 이내에 의견을 제시하여야 하며, 그 기한 내에 의견을 제출하지 아니하면 의견이 없는 것으로 본다.

④ 도지사는 제7조제4항에 따라 경관계획을 수립하거나 변경하려는 경우에는 관계 시장 · 군수의 의견을 듣기 위하여 기한을 명시하여 경관계획안을 관계 시장 · 군수에게 보내야 한다.

⑤ 제4항에 따라 경관계획안을 받은 시장 · 군수는 명시된 기한까지 그 경관계획안에 대한 의견을 도지사에게 제출하여야 하며, 그 기한 내에 의견을 제출하지 아니하면 의견이 없는 것으로 본다.

| 요지 |

경관계획 수립절차에 필요한 주민 및 지방의회 의견청취에 대한 사항을 규정함

| 해설 |

① 주민 및 전문가 의견수렴

- 경관계획을 수립하거나 변경하고자 할 때에는 공청회를 개최하여 주민과 관계전문가의 의견을 수렴하여 경관계획에 반영하도록 하는 규정이다.

② 공청회 개최

- 공청회 개최를 위해 대통령령(경관법 시행령 제5조)에 따라 진행하도록 하였다.
- 그 밖에 공청회 개최에 필요한 사항은 지방자치단체 상황에 맞추어 조례로 정하도록 한다.

> **시행령 제5조(경관계획의 수립 또는 변경을 위한 공청회)** ① 시 · 도지사등은 법 제11조제1항에 따라 공청회를 개최하려면 다음 각 호의 사항을 해당 경관계획의 수립 지역을 주된 보급지역으로 하는 일반일간신문에 공청회 개최예정일 14일 전까지 1회 이상 공고하여야 한다.
> 1. 공청회의 개최목적
> 2. 공청회의 개최예정 일시 및 장소
> 3. 수립하거나 변경하려는 경관계획의 개요
> 4. 그 밖에 공청회 개최에 필요한 사항
>
> ② 법 제11조제1항에 따른 공청회는 시 · 도지사등이 지명하는 사람이 주재한다.

○ 공청회 공고

- 공청회는 개최목적, 개최예정 일시 및 장소, 수립하거나 변경하려는 경관계획의 개요 등을 경관계획의 수립 지역을 주된 보급지역으로 하는 일반일간신문에 공청회 개최예정일 14일 전까지 1회 이상 공고하여야 한다.

○ 공청회 주재자

- 공청회의 주재자는 지방자치단체장이 지명한다는 규정이다.

③ 지방의회 의견청취

- 경관계획 수립이나 변경을 위해서는 해당 지방자치단체의 지방의회의 의견을 들어야 한다. 일반적으로 의회에서 경관계획 내용을 보고하고 관련 내용에 대한 의견을 듣는 방식으로 진행된다.
- 해당 지방의회는 경관계획과 관련한 의견을 특별한 사유가 없으면 30일 이내에 제시하도록 규정하였다. 30일 이내에 의견이 제시되지 않는 경우에는 의견이 없는 것으로 본다. 이는 경관계획 수립절차를 효율적으로 운영할 수 있도록 하기 위한 방안이다.

④ 시장 · 군수 의견 수렴

- 광역지방자치단체의 경관계획은 해당 지역 시군에 미치는 영향이 크기 때문에 경관계획을 수립하거나 변경할 때에는 관계 경관계획안을 시장군수에게 보내어 의견을 듣도록 하는 규정이다.

⑤ 시장 · 군수 의견제출

- 도지사가 둘 이상의 시 또는 군에 걸쳐 있는 지역을 대상으로 경관계획을 수립하고자 할 때에는 해당 구역의 시장군수의 의견을 청취하여야 한다.
- 이때에 의견청취를 위해 도지사가 보낸 경관계획안을 받은 시장군수는 명시된 기한까지 그 경관계획안에 대한 의견을 도지사에게 제출하여야 한다.
- 역시 원활한 경관계획 수립을 위하여, 그 기한 내에 의견을 제출하지 아니하면 의견이 없는 것으로 본다.

제12조(경관계획의 수립절차) ① 시 · 도지사 또는 시장 · 군수는 경관계획을 수립하거나 변경하는 경우에는 환경부장관 등 관계 행정기관의 장과 미리 협의한 후 제29조제1항에 따라 해당 시 · 도지사 또는 시장 · 군수 소속으로 설치하는 경관위원회의 심의를 거쳐야 한다.

② 제1항에 따라 협의를 요청받은 관계 행정기관의 장은 특별한 사유가 없으면 그 요청을 받은 날부터 30일 이내에 의견을 제출하여야 하며, 그 기간 내에 의견을 제출하지 아니하면 협의가 이루어진 것으로 본다.

③ 시 · 도지사 또는 시장 · 군수는 경관계획을 수립하거나 변경하였을 경우에는 관계 행정기관의 장에게 관계 서류를 보내야 하며, 대통령령으로 정하는 바에 따라 공고하고 주민이 열람할 수 있도록 하여야 한다.

| 요지 |

경관계획에 수립에 관한 승인절차에 관한 사항을 규정함

| 해설 |

① 경관계획 수립을 위한 경관위원회 심의

- 시·도지사 또는 시장·군수가 경관계획을 수립하거나 변경하는 경우에는 환경부장관 등 관계 행정기관의 장과 협의를 거쳐야 하며, 해당 지방자치단체 소속 경관위원회의 심의를 거치도록 하는 규정하고 있다.

② 관계 행정기관의 장과 협의

- 협의를 요청받은 관계 행정기관의 장은 특별한 사유가 없는 한 30일 이내에 의견을 제출하도록 하여 경관계획 수립과정이 지체되는 것을 방지하고자 하였다.

③ 경관계획의 공고

- 경관계획을 수립하거나 변경했을 때에도 관계 행정기관의 장에게 관계서류를 보내어 경관계획 내용을 알리고 해당 지역의 주민들에게도 열람할 수

있도록 규정하였다.

- 해당 주민들에게는 시행령제6조에서 정한 절차에 따라 주민들이 열람할 수 있도록 하여야 한다.

> **시행령 제6조(경관계획의 수립절차)** 경관계획을 수립하거나 변경한 시 · 도지사 또는 시장 · 군수는 법 제12조제3항에 따라 그 내용을 해당 지방자치단체의 공보에 공고하고, 관계 서류를 30일 이상 주민이 열람할 수 있도록 하여야 한다.

○ **경관계획 주민 열람 절차**

- 해당 주민들에게는 지방자치단체의 공보에 공고하고, 관계 서류를 30일 이상 주민이 열람할 수 있도록 하고 있다.

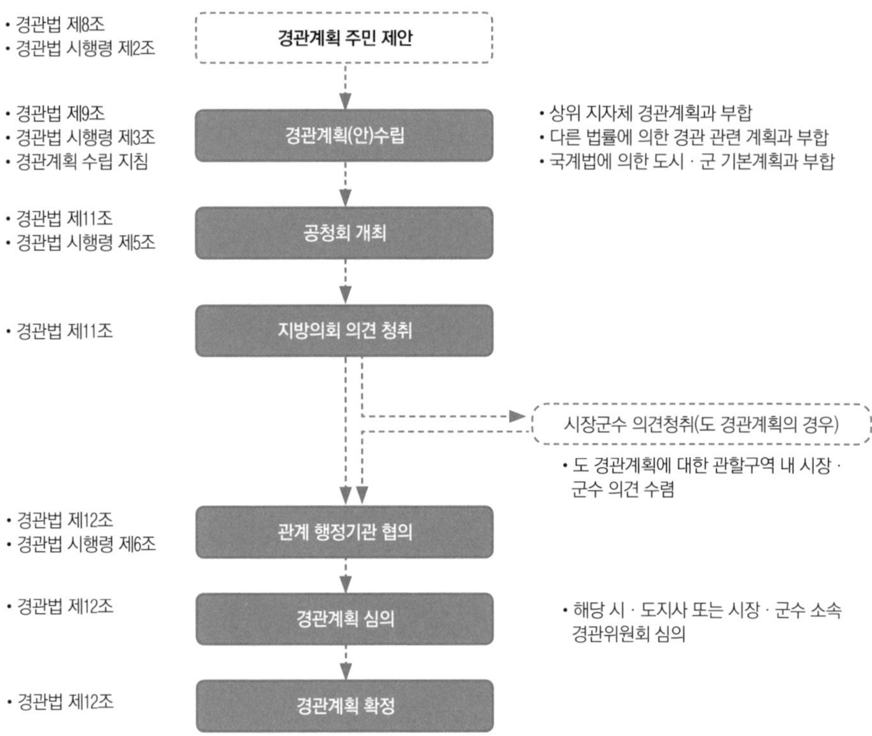

그림 2-4_ 경관계획 수립절차 (직접 확정하는 경우)

| Q&A |

▶경관계획의 수립 시 협의대상 관계 행정기관의 장은 누구인가요?(법 제12조제1항)

관계 행정기관의 범위는 경관계획을 수립하고자 하는 지역의 특성, 상위계획 및 이미 수립된 다른 법률에 따른 관련계획의 부합 여부 등을 고려하여 수립권자가 판단할 사항입니다.(국토부, 환경부 등)

▶시 · 군 경관계획 수립 시 협의대상의 범위는 어디인가요?

경관법 제12조(경관계획의 수립절차)에 따르면 시·도지사 또는 시장·군수는 경관계획을 수립하거나 변경하는 경우에는 환경부장관 등 관계 행정기관의 장과 미리 협의 후 경관위원회의 심의를 거치도록 하고 있으며, 여기서 관계 행정기관의 범위는 경관계획을 수립하고자 하는 지역의 특성, 경관과 관련된 상위계획 및 이미 수립된 다른 법률에 따른 경관 관련 계획의 부합 여부 등을 고려하여 수립권자가 판단할 사항입니다.

제13조(경관계획의 승인) ① 행정시장, 구청장등 또는 경제자유구역청장은 제7조제2항에 따라 경관계획을 수립하거나 변경하려면 대통령령으로 정하는 바에 따라 관할 시 · 도지사의 승인을 받아야 한다.

② 시 · 도지사는 제1항에 따라 경관계획을 승인하려면 환경부장관 등 관계 행정기관의 장과 미리 협의한 후 제29조제1항에 따라 해당 시 · 도지사 소속으로 설치하는 경관위원회의 심의를 거쳐야 한다.

③ 시 · 도지사는 경관계획을 승인하면 관계 행정기관의 장 및 해당 행정시장, 구청장등 또는 경제자유구역청장에게 관계 서류를 보내야 하며, 관계 서류를 받은 행정시장, 구청장등 또는 경제자유구역청장은 대통령령으로 정하는 바에 따라 공고하고 주민이 열람할 수 있도록 하여야 한다.

④ 제2항에 따른 협의에 관하여는 제12조제2항을 준용한다.

| 요지 |

행정시장, 구청장등 또는 경제자유구역청장의 경관계획의 승인절차를 규정함

| 해설 |

① 경관계획의 승인

- 기존 경관법에서는 시장·군수가 경관계획을 수립 또는 변경할 때에는 상위 광역지자체장인 시·도지사의 승인을 얻도록 규정되어 있었다. 그러나 절차가 복잡하고 계획수립에 장기간 소요되며 지방자치단체 특성에 부합되지 못한 획일적인 경관계획을 초래한다는 지적에 따라 도의 시·군 경관계획의 승인절차를 폐지하고 시·군 소속의 경관위원회 심의를 거쳐 직접 수립토록 변경하였다.
- 그러나 행정시(제주시, 서귀포시), 자치구 및 광역시의 군, 경제자유구역의 경관계획과 같이 상위 지방자치단체 경관계획과 연계성이 중요한 경우에 한하여 관할 시·도지사의 승인을 받도록 규정하고 있다.
- 행정시장, 구청장등(자치구청장 및 광역시의 군수), 경제자유구역청장이 경관계획을 승인받기 위해서는 기초조사 결과, 공청회 개최 결과, 해당 지방의

회 의견, 해당 경관위원회의 심의 또는 자문결과를 첨부하여 시·도지사에게 제출하여야 한다(경관법 시행령 제7조 제1항).

- 다만, 이때 해당 경관위원회의 심의를 거치게 되는 경우에는 경관계획 승인을 위해서 시·도 경관위원회에서 다시 심의를 받게 되어 2중 심의라는 부담이 발생할 수 있으므로 해당 경관위원회에서는 자문으로 처리하는 것이 바람직할 것으로 판단한다.

② 시 · 도지사의 경관계획 승인절차

- 시·도지사는 경관계획을 승인하기 위해서는 환경부장관 등 관계 행정기관의 장과 협의하여야 한다. 이때 관계 행정기관은 30일 이내에 의견을 제출하여야 한다(경관법 제12조 제2항).
- 행정기관과의 협의한 이후에는 시·도지사 소속으로 설치하는 경관위원회의 심의를 거쳐 승인절차를 완료한다.

③ 경관계획 승인의 고지

- 시·도지사가 경관계획을 승인하면 관계 행정기관 및 해당 지방자치단체에 관계서류를 보내, 해당 지역의 주민에게 열람할 수 있도록 하여야 한다.
- 주민 열람은 해당 지방자치단체의 공보에 공고하고, 관계 서류를 30일 이상 주민이 열람할 수 있도록 하여야 한다(경관법 시행령 제7조 제2항).

④ 관계 행정기관의 협의

- 경관계획을 승인하기 위해 시·도지사에게 협의를 요청받은 관계 행정기관의 장은 특별한 사유가 없으면 요청받은 날부터 30일 이내에 의견을 제출하여야 한다.

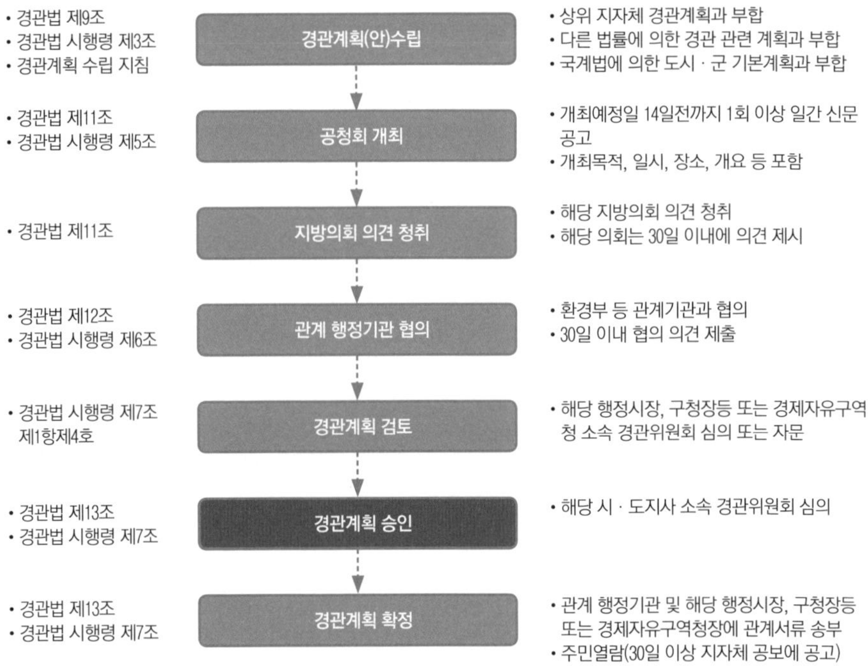

그림 2-5_ 경관계획 수립절차 (상위 지방자치단체가 승인하는 경우)

시행령 제7조(경관계획의 승인 등) ① 행정시장, 구청장등 또는 경제자유구역청장은 법 제13조제1항에 따라 경관계획의 승인을 받으려면 경관계획안에 다음 각 호의 서류를 첨부하여 관할 시 · 도지사에게 제출하여야 한다.

1. 법 제10조에 따른 기초조사 결과
2. 법 제11조제1항에 따른 공청회 개최 결과
3. 법 제11조제3항에 따른 해당 지방의회의 의견
4. 법 제29조제1항에 따라 행정시장, 구청장등 또는 경제자유구역청장 소속으로 설치하는 경관위원회의 심의(법 제29조제3항에 따라 다른 법률에 따라 설치된 경관과 관련된 위원회와 공동으로 하는 심의를 포함한다) 또는 자문을 거친 경우에는 그 결과

② 법 제13조제3항에 따라 관계 서류를 받은 행정시장, 구청장등 또는 경제자유구역청장은 그 내용을 해당 지방자치단체의 공보(행정시 및 경제자유구역청의 경우에는 행정시 및 경제자유구역청이 소속한 시 · 도의 공보를 말한다. 이하 같다)에 공고하고, 관계 서류를 30일 이상 주민이 열람할 수 있도록 하여야 한다.

○ **경관계획의 승인**

- 행정시장, 구청장등 또는 경제자유구역청장이 경관계획을 승인받기 위해서는 기초조사결

과, 공청회 개최결과, 지방의회의 의견, 경관위원회 심의 또는 자문결과를 포함한 서류를 시도지사에게 제출하여야 한다.

○ **경관계획의 고지**

- 경관계획을 승인받은 후에는 행정시장, 구청장등 또는 경제자유구역청장은 그 내용을 주민에게 알려야 한다.
- 주민에게 알리는 방식은 해당 지방자치단체 공보에 공고하고 관계서류를 30일 이상 주민이 열람할 수 있도록 하여야 한다.

제14조(경관지구와 미관지구의 지정 및 관리) ① 시 · 도지사등은 경관계획에 따라 경관지구와 미관지구를 지정하거나 지정을 요청할 수 있다. 이 경우 경관지구와 미관지구의 지정절차 등은 「국토의 계획 및 이용에 관한 법률」 제37조에 따른다.

② 경관계획을 수립한 시 · 도지사등은 경관지구와 미관지구를 경관계획에 따라 관리하여야 한다.

| 요지 |

도시관리계획에서 결정된 경관·미관지구에 관한 관리원칙과 신규지정을 규정함

| 해설 |

① 국계법과의 관계

- 경관지구 및 미관지구는 도시관리계획으로 지정되는 용도지구로 지구지정은 국토의 계획 및 이용에 관한 법률에 의해 이루어지고 있다.
- 그러나 지구지정은 경관의 보존, 관리, 형성 등을 목적으로 하여 경관계획 내용과 매우 밀접한 관계를 갖고 있으므로 경관계획의 수립 시 지구지정을 요청할 수 있도록 하는 규정이다.
- 해당 지역에 대한 경관계획 수립에 의해 새로운 경관지구나 미관지구를 지정하는 것이 필요하다고 판단되는 경우 경관계획에서 지구지정 등의 내용을 제안할 수 있다.
- 그러나 이러한 제안이 반드시 지구지정으로 이어지는 것은 아니고, 도시관리계획의 수립에 참고사항으로 활용된다.

② 경관지구와 미관지구의 관리

- 경관법 제9조제1항제1조에서 '경관지구와 미관지구의 관리 및 운용에 관한 사항'을 경관계획의 내용에 포함되어 있으므로, 여기서 제시한 내용에 따라 경관지구 및 미관지구를 관리하는 규정이다.

- 경관지구와 미관지구의 지정절차는 국토의 계획 및 이용에 관한 법률에 의해 진행되고, 운영관리는 경관법에 의해 이루어지는 이원적인 구조로 관리되고 있다.

| Q&A |

▶국토의 계획 및 이용에 관한 법률에 규정된 경관 · 미관지구와 경관법에 규정된 경관계획의 관계는?

경관·미관지구가 도시관리계획으로 지정된 후에는 경관계획에 의거한 경관지구, 미관지구의 관리를 의무화시킴으로써 명목상의 경관지구로 남지 않도록 하였으며, 경관계획 수립기준에 각종 계획기법을 활용하여 경관·미관지구의 행위제한을 보완하고 지구단위계획을 비롯하여 경관협정, 경관사업 등으로 다양화시켜 각각의 특성에 맞도록 선택적으로 운영하는 것이 가능합니다.

제15조(경관계획의 정비) 제7조에 따라 경관계획을 수립한 자는 5년마다 같은 조에 따른 경관계획에 대하여 그 타당성을 재검토하여 정비하여야 한다.

| 요지 |

경관계획을 5년마다 재검토하여 정비하도록 규정함

| 해설 |

① 경관계획의 정비

- 해당 지역의 일관된 경관계획 및 관리를 위해서 경관계획을 5년마다 지속적으로 수립하도록 하는 규정이다.
- 특히 경관자원, 중점경관관리구역, 지역 이미지 형성 등과 같이 지속적인 관리가 필요한 사항이거나, 경관모니터링, 경관기록화사업, 긴 시간이 필요한 경관사업 등은 주기적인 경관계획 수립과 관리가 필요한 사항이라고 할 수 있다.
- 다만, 의무수립대상이 아닌 지자체가 경관계획을 수립한 경우에 5년 이후 재정비를 하는 것이 의무사항인지 아닌지는 명확하지 않다. 그러나 의무수립대상 구분의 취지를 고려해 볼 때 임의적으로 수립한 경우에는 재정비도 의무사항이 아닌 것으로 보는 것이 타당할 것이다.

경관계획의 유형

경관계획의 내용은 경관법 제9조에서 명기하고 있다. 기본방향 및 목표에서부터 재원조달 및 단계적 추진에 관한 사항까지 상세하게 제시하고 있다. 이 중 경관법 제9조 제5항에서 자세한 경관계획의 수립기준은 대통령령으로 정하는 바에 따라 관계 중앙행정기관의 장과 공동으로 정하여 고시하도록 하고 있는데, 이 규정을 근거로 '경관계획 수립지침'을 작성하여 운용하고 있다. 따라서 경관계획을 수립할 때에 구체적인 사항에 대해서는 경관계획 수립지침을 기준으로 작성하여야 한다. 경관계획 수립지침은 2007년 12월에 제정되어 2008년과 2009년에 일부 개정을 거쳐 2012년 12월에 전부 개정을 하게 되었다. 현재는 2014년 일부 개정을 거친 지침이 적용 중에 있다.

경관법에서는 경관계획의 유형에 대한 언급은 없으나 경관계획 수립지침에는 경관계획을 몇 가지 유형으로 구분하고 있다. 2007년 제정된 경관계획 수립지침에서는 경관계획 유형으로 '기본경관계획'과 '특정경관계획'으로 구분하였으나, 현재 변경된 기준에 따르면 도 경관계획, 시·군경관계획, 특정경관계획으로 구분하고 있다. 각 유형별 경관계획의 내용은 아래 그림과 같다.

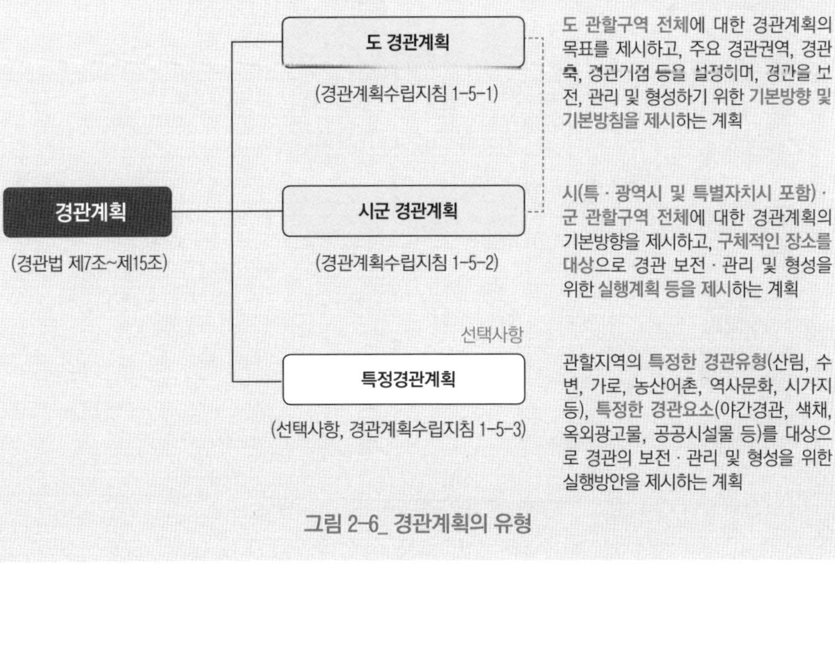

그림 2-6_ 경관계획의 유형

도 경관계획과 시·군경관계획의 구분은 대상지의 위계와 규모에 따른 구분이라고 할 수 있다. 초기의 지침에서는 이러한 위계별 구분이 없었는데, 실제 각 지방자치단체별로 경관계획을 수립하면서 도 단위의 경관계획과 시·군 단위의 경관계획 간의 정합성 문제가 대두되어 지침을 개정하게 되었다. 현재의 지침에는 도 경관계획과 시·군경관계획의 내용을 서로 다르게 구성하도록 하고 있다.

도 경관계획은 도 관할구역 전체에 대한 경관의 기본방향과 기본방침을 정하는 것으로 구체적인 실행관련 사항보다는 관할구역 내의 시·군에서 공통으

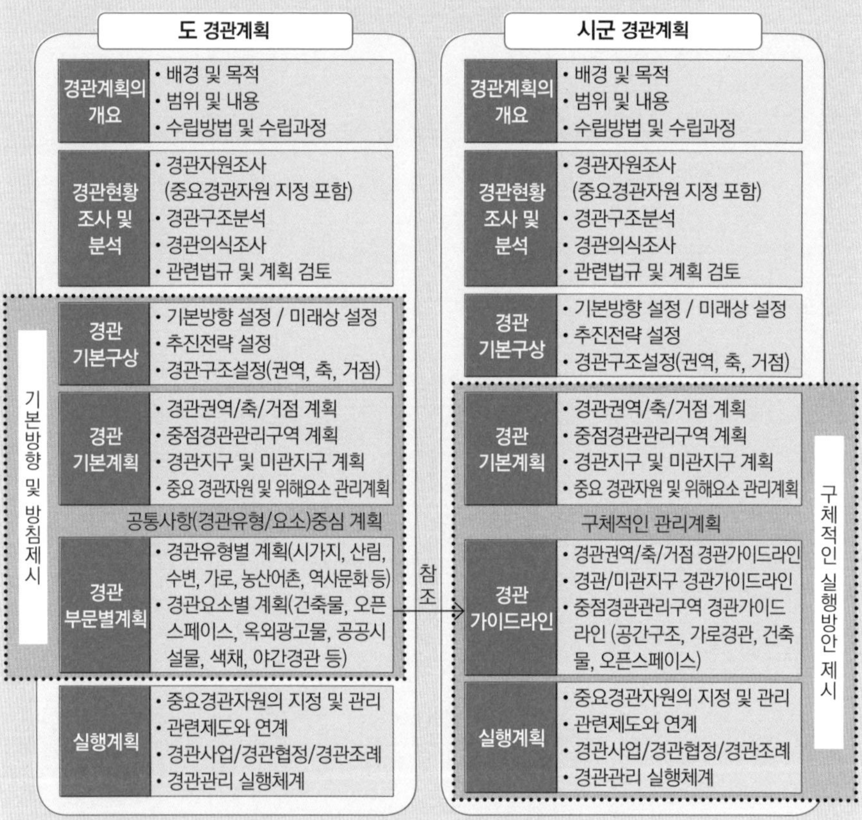

그림 12_ 유형별 경관계획의 주요 내용

로 참조할 수 있는 내용으로 작성하여야 한다. 시·군 경관계획은 시·군 관할 구역 전체에 대한 경관계획을 근거로 하여 경관의 구체적인 실행방안을 제시하도록 하고 있다. 도 경관계획과 시·군 경관계획의 관계는 아래 그림과 같다.

한편, 특정경관계획은 관할지역의 특정한 경관유형(산림, 수변, 가로, 농산어촌, 역사문화, 시가지 등)이나 특정한 경관요소(야간경관, 색채, 옥외광고물, 공공시설물 등)를 대상으로 경관의 보전·관리 및 형성을 위한 실행방안을 제시하는 계획이다. 특정경관계획 역시 계획의 개요, 경관자원조사 및 분석, 기본구상, 특정경관계획의 수립, 경관설계지침, 실행계획의 단계로 구성되는데, 이 중 경관설계지침을 건축물, 오픈스페이스, 옥외광고물, 공공시설물, 색채, 야간경관 등으로 구분하여 제시하고 구체적인 실행계획을 함께 작성하여 실제적으로 관리할 수 있도록 한다.

초기 경관계획수립지침에서는 특정경관계획을 기본경관계획과 별도로 작성하도록 하고 있었으나, 현 지침에서는 특정경관계획의 수립이 필요할 때에는 도경관계획 또는 시·군경관계획의 수립시 포함하여 수립하도록 변경되었다.

제3장
경관사업

경관법 제3장 경관사업은 경관을 향상시키고 경관의식을 높이기 위한 경관사업에 관한 내용을 다루고 있는 부분으로, 경관사업의 대상과 이를 추진하기 위한 협의체 등과 관련한 내용을 다루고 있다.

'제16조 경관사업의 대상 등'은 경관사업의 대상을 유형별로 나열하고 있으며 지방자치단체장 외에도 경관사업을 시행하기 위한 절차 등에 관해서 제시하고 있다. '제17조 경관사업추진협의체'는 경관사업을 원활하게 추진하기 위한 조직체인 경관사업추진협의체를 조직, 운영, 업무 등에 관한 내용을 다루고 있으며, '제18조 경관사업에 대한 재정지원 등'은 국가나 지방자치단체가 경관사업에 필요한 자금을 지원할 수 있는 근거를 마련하고 있다.

경관법 '제3장 경관사업'의 구성

경관법	경관법 시행령	지침
제16조 경관사업의 대상 등 - 경관사업의 유형 → 지자체조례 - 경관사업 승인신청 및 사업계획서 - 경관사업 승인 절차 → 대통령령	**제8조 경관사업 사업계획서 등** - 경관사업 사업계획서의 내용 → 지자체조례 - 경관사업 심의 고려사항 → 지자체조례	
제17조 경관사업추진협의체 - 경관사업추진협의체의 조직 - 경관사업추진협의체의 업무 - 경관사업추진협의체의 운영 → 대통령령	**제9조 경관사업추진협의체의 조직 등** - 경관사업추진협의체의 구성 - 경관사업추진협의체의 수행업무 - 기타 지방자치단체 조례 위임사항 → 지자체조례	
제18조 경관사업에 대한 재정지원 등 - 경관사업에 대한 재정지원 - 경관사업의 관리 및 감독		

제16조(경관사업의 대상 등) ① 중앙행정기관의 장 또는 시 · 도지사등은 지역의 경관을 향상시키고 경관의식을 높이기 위하여 경관계획이 수립된 지역에서 다음 각 호의 사업(이하 "경관사업"이라 한다)을 시행할 수 있다.

1. 가로환경의 정비 및 개선을 위한 사업
2. 지역의 녹화(綠化)와 관련된 사업
3. 야간경관의 형성 및 정비를 위한 사업
4. 지역의 역사적 · 문화적 특성을 지닌 경관을 살리는 사업
5. 농산어촌의 자연경관 및 생활환경을 개선하는 사업
6. 그 밖에 경관의 보전 · 관리 및 형성을 위한 사업으로서 해당 지방자치단체의 조례로 정하는 사업

② 제1항에 따라 경관사업을 시행할 수 있는 자 외의 자는 경관계획이 수립된 지역에서 관계 중앙행정기관의 장 또는 그 경관계획을 수립한 시 · 도지사등의 승인을 받아 경관사업을 시행할 수 있다. 이 경우 경관사업의 시행을 승인받으려는 자는 대통령령으로 정하는 바에 따라 중앙행정기관의 장 또는 시 · 도지사등에게 사업계획서를 제출하여야 한다.

③ 제2항에 따른 승인신청을 받은 중앙행정기관의 장은 경관사업의 시행을 승인하기 전에 대통령령으로 정하는 바에 따라 제29조제1항에 따라 국토교통부장관 소속으로 설치하는 경관위원회 또는 승인신청을 받은 중앙행정기관의 장 소속으로 설치하는 경관과 관련된 위원회의 심의를 거쳐야 하고, 시 · 도지사등이 경관사업의 승인신청을 받은 경우에는 경관사업의 시행을 승인하기 전에 제29조제1항에 따라 해당 시 · 도지사등 소속으로 설치하는 경관위원회의 심의를 거쳐야 한다.

| 요지 |

경관형성 모델사업으로서 경관사업의 대상과 경관사업의 승인제도 등을 규정함

| 해설 |

① 경관사업의 유형

- 경관사업은 지방자치단체가 다른 지역과 비교하여 차별화되는 경관형성을 통해 개성적인 국토경관을 만들어나갈 수 있도록 지원하기 위한 사업으로, 기존의 도시개발사업이나 도시정비사업과 차별화되고 있다.
- 경관사업은 경관계획이 수립된 지역에서 시행할 수 있다.
- 경관사업은 원칙적으로 해당 지역의 경관을 향상시킬 수 있는 모든 사업이

포함될 수 있겠지만, 경관법에서는 다양한 조건 및 특성을 가진 지방자치단체에서 공통적으로 적용시킬 수 있는 사업유형으로 가로환경의 정비 및 개선 사업, 지역녹화 사업, 야간경관 형성 및 정비 사업, 지역 역사적·문화적 경관 사업, 농산어촌의 자연경관 및 생활환경 개선사업 등을 제시하고 있다.

- 이 외에 각 지역별 경관특성을 고려하여 지방자치단체 조례로 경관사업의 유형을 추가할 수 있도록 하고 있다.

② 경관사업승인신청 및 사업계획서

- 중앙행정기관의 장 또는 지방자치단체장이 아닌 주체도 경관사업을 시행할 수 있도록 규정하고 있다. 다만, 이 경우에는 경관계획을 수립한 중앙행정기관의 장 또는 지방자치단체장의 승인을 받아야 한다.
- 현실적으로 볼 때 중앙행정기관의 장 또는 지방자치단체장이 아닌 주체가 경관사업을 시행하는 경우는 적다고 볼 수 있지만 기업이나 시민단체 등이 기금을 조성하거나, 특정 주제를 가지고 민관 거버넌스의 형태로 경관사업을 추진할 가능성을 배제할 수는 없을 것이다. 단, 경관계획이 수립되지 않은 지역에서는 경관사업 시행을 승인받을 수 없다.
- 경관계획을 수립한 중앙행정기관의 장 또는 지방자치단체장의 승인을 받기 위해서는 경관법시행령제8조에 따라 경관사업 사업계획서를 제출하고 해당 경관위원회의 심의를 받아야 한다.

③ 경관사업 승인 절차

- 경관사업의 승인요청을 받은 중앙행정기관의 장이나 지방자치단체장은 사업의 시행을 승인하기 전에 해당 경관위원회의 심의를 거쳐 승인하도록 해야 한다.
- 중앙행정기관이 승인신청을 받은 경우에는 국토교통부장관 소속으로 설

치하는 경관위원회 또는 승인신청을 받은 중앙행정기관의 장 소속으로 설치하는 경관과 관련된 위원회의 심의를 거치도록 하고 있다. 지방자치단체장이 승인신청을 받은 경우에는 해당 지방자치단체 경관위원회의 심의를 거쳐 경관사업을 승인하도록 하고 있다.

- 국토교통부에는 별도의 경관위원회를 설치하지 않고 중앙도시계획위원회가 경관위원회의 기능을 대신하도록 하고 있으며, 산업통산자원부에서는 경제자유구역위원회, 농림축산식품부에서는 농업농촌및식품산업정책심의회, 미래창조과학부에서는 연구개발특구위원회, 해양수산부에서는 중앙항만정책심의회가 경관 관련 심의를 하고 있다.

시행령 제8조(경관사업 사업계획서 등) ① 법 제16조제2항에 따라 경관계획이 수립된 지역에서 경관사업의 시행을 승인받으려는 자는 다음 각 호의 사항이 포함된 사업계획서를 관계 중앙행정기관의 장 또는 그 경관계획을 수립한 시 · 도지사등에게 제출하여야 한다. 다만, 관계 중앙행정기관의 장에게 제출하는 경우 제7호의 사항은 제외한다.

1. 사업의 목표
2. 사업주체
3. 사업 내용 및 추진방법
4. 경관계획과의 연계성
5. 유지관리 방안
6. 사업비용
7. 그 밖에 해당 지방자치단체의 조례로 정하는 사항

② 법 제16조제3항에 따라 법 제29조제1항에 따른 경관위원회(이하 "경관위원회"라 한다) 또는 중앙행정기관의 장 소속으로 설치하는 경관과 관련된 위원회에서 경관사업을 심의하는 경우에는 다음 각 호의 사항을 고려하여야 한다.

1. 경관사업의 효과 및 필요성
2. 경관사업 대상지역의 경관계획
3. 주변지역의 경관에 미치는 영향 및 주변지역 경관과의 조화
4. 그 밖에 국토교통부장관이 정하여 고시하거나 해당 지방자치단체의 조례로 정하는 사항

○ **경관사업 사업계획서의 내용**

- 중앙행정기관의 장 또는 시 · 도지사등이 아닌 주체가 경관계획이 수립된 지역에서 경관사업을 시행하려고 할 때에는 관계 중앙행정기관의 장 또는 해당 지역 경관계획을 수립한 지

방자치단체장에게 경관사업 사업계획서를 제출하여야 한다.

- 예를 들어 경관계획이 수립된 지역 내에서 경관 향상을 위한 사업을 기업이나 시민단체가 추진하고자 한다면, 이러한 사업목표, 사업주체, 사업내용 및 추진방법, 경관계획과의 연계성, 유지관리방안, 사업비용을 포함한 경관사업 사업계획서를 국토교통부장관에게 제출하여 경관사업으로 승인받을 수 있다. 이 경우에는 경관법제18조에 의해 중앙정부로부터 경관사업비의 전부 또는 일부를 지원받을 수 있는 근거가 된다.
- 경관사업 사업계획서를 지방자치단체장에게 제출하고자 할 때에는 사업계획서에 지방자치단체 조례로 정하는 내용을 포함하여 사업계획서를 작성하여야 하며, 경관사업으로 승인이 되면 지방자치단체로부터 사업비의 전부 또는 일부를 지원받을 수 있는 근거가 된다.

○ **경관사업 심의 고려사항**

- 경관사업을 승인하려는 경관위원회 또는 경관관련 위원회는 경관사업의 효과 및 필요성, 경관사업 대상지역의 경관계획, 주변지역의 경관에 미치는 영향 및 주변지역 경관과의 조화, 그 밖에 국토교통부장관이 정하여 고시하거나 해당 지방자치단체의 조례로 정하는 사항 등을 고려하여 승인하여야 한다.
- 따라서 경관사업 사업계획서를 작성하는 입장에서는 이상의 사항을 사업계획서에 포함하는 것이 경관사업의 시행을 승인받는데 필요하므로, 주변지역의 경관에 미치는 영향과 조화에 대한 사항을 충분히 고려하여야 한다.

제17조(경관사업추진협의체) ① 중앙행정기관의 장 또는 시 · 도지사등은 경관사업을 원활하게 추진하기 위하여 필요한 경우 지역주민, 시민단체, 관계 전문가 등으로 구성된 경관사업추진협의체를 설치할 수 있다.

② 경관사업추진협의체는 경관사업의 계획 수립, 경관사업의 추진 및 사후관리 등 경관사업의 각 단계에 참여하여 경관사업이 일관성을 유지하도록 노력하여야 한다.

③ 경관사업추진협의체의 조직 · 운영 및 업무 등에 관하여 필요한 사항은 대통령령으로 정한다.

| 요지 |

경관사업 추진과 관련하여 부서간의 협조체제와 주민과의 협력 등을 위해 관민의 경관사업추진협의체의 조직, 운영, 업무 등에 관한 사항을 규정함

| 해설 |

① 경관사업추진협의체의 조직

- 경관사업은 지방자치단체 내에서도 여러 부서에 걸쳐 이루어지게 되며, 관련 주체들의 다양한 의견수렴과 참여가 전제되어야 바람직한 성과를 얻을 수 있다.
- 따라서 경관사업을 수행하는 부서 외에 경관업무를 담당하는 관련부서간의 주민협의체 구성을 법제화하고, 관련전문가, 시민단체, 지역주민 등을 포함한 별도의 경관사업추진협의체를 구성할 수 있도록 하는 근거를 마련하였다.

② 경관사업추진협의체의 업무

- 경관사업은 사업의 초기단계에서 유지관리에 이르기까지 관련부서 및 사업주체, 주민들의 일관된 업무의 연계가 중요하다.
- 따라서 경관사업추진협의체의 업무범위를 정하여, 경관사업의 계획수립부터 추진, 조성, 관리에 이르기까지 지속적으로 업무의 협력관계를 유지하도록 역할을 규정하였다.

③ 경관사업추진협의체의 운영

- 경관사업추진협의체는 지방자치단체별, 경관사업별로 만들어져야 하므로, 각 협의체별로 별도의 인원구성, 업무범위, 운영, 관리 등에 관하여 경관법 시행령 제9조에 규정하였으며, 각 지방자치단체 상황을 고려하여 지방자치단체 조례로 정할 수 있도록 하고 있다.

> **시행령 제9조(경관사업추진협의체의 조직 등)** ① 법 제17조제1항에 따른 경관사업추진협의체(이하 "경관사업추진협의체"라 한다)는 경관사업 대상지역의 주민 및 이해관계인, 시민단체가 추천하는 사람, 경관 관련 전문가 또는 공무원 등을 포함하여 20명 이내로 구성한다.
> ② 경관사업추진협의체는 다음 각 호의 업무를 수행한다.
> 1. 경관사업에 관한 의견수렴 및 개선사항의 건의
> 2. 경관사업에 대한 교육 및 홍보
> 3. 경관사업 추진에 따른 이해관계의 조정
>
> ③ 제1항 및 제2항에서 규정한 사항 외에 경관사업추진협의체의 조직 · 운영 및 업무 등에 관하여 필요한 사항은 해당 중앙행정기관의 장이 정하여 고시하거나 해당 지방자치단체의 조례로 정한다.

○ 경관사업추진협의체의 구성

- 경관사업추진협의체는 해당 사업에 관련된 다양한 주체를 모두 포함하도록 하고 있는데, 경관사업 대상지역의 지역주민 및 이해관계인(토지주, 건물주, 임대인 등), 시민단체가 추천하는 사람, 경관 전문가, 공무원 등을 포함하도록 하고 있다.
- 경관사업추진협의체의 구성인원은 20인 이내로 제한하고 있다.

○ 경관사업추진협의체의 수행업무

- 경관사업추진협의체의 주요 업무는 사업에 관한 의견수렴 및 개선사항 건의, 사업의 교육 및 홍보, 이해관계의 조정 등으로, 사업을 원활하게 추진할 수 있도록 하는 다양한 내용이 포함된다.

○ 기타 지방자치단체 조례 위임사항

- 경관사업 역시 각 지역의 특성에 따라 다양한 양상으로 전개될 수 있으므로 이에 관하여 필요한 사항은 지방자치단체 조례로 정할 수 있도록 규정하고 있다.
- 경관사업추진협의체와 관련하여 중앙행정기관의 장이 정하여 고시할 수 있도록 경관법시행령에는 규정되어 있으나, 현재까지는 관련 지침이나 규정은 마련되어 있지 않다.

제18조(경관사업에 대한 재정지원 등) ① 국가 및 지방자치단체는 제16조제1항 및 제2항에 따른 경관사업에 필요한 자금의 전부 또는 일부를 보조하거나 융자할 수 있으며, 경관사업에 필요한 기술적 지원을 할 수 있다.

② 중앙행정기관의 장 또는 시 · 도지사등이 필요하다고 인정할 때에는 경관사업을 시행하는 자로 하여금 감독에 필요한 보고를 하게 하거나 자료를 제출하도록 명령할 수 있다.

| 요지 |

경관사업의 추진에 필요한 각종 지원 등을 할 수 있도록 근거를 규정함

| 해설 |

① 경관사업에 대한 재정지원

- 경관사업은 해당 지역의 경관을 개선하기 위해 실질적인 예산이 소요되는 사업이다. 이러한 예산은 해당 지방자치단체의 자체 예산으로 충당할 수도 있지만, 상위 지방자치단체와 국가에 예산을 신청할 수도 있으며, 본 조항은 국가 및 지방자치단체의 재정지원에 관한 근거 조항이다.
- 재정여건이 충분하지 않은 지방자치단체의 경우에는 이러한 조항을 잘 활용하여 상위 지방자치단체나 국가의 재정지원을 요청할 수 있을 것으로 예상된다. 다만, 상위 지방자치단체나 중앙행정기관도 관련 예산을 미리 편성하지 않는 경우에는 재정지원을 하기 어렵기 때문에 재정지원을 받고자 하는 지방자치단체는 상위 지방자치단체나 중앙행정기관에서 추진하고 있는 경관정책을 면밀히 검토하여 이와 관련성이 높으며 해당 지역의 경관 향상이 높은 경관사업을 발굴하고 추진하는 것이 바람직할 것으로 보인다.
- 한편, 경관사업은 공공적 성격으로 주로 지방자치단체를 중심으로 추진되는 경우가 많으나, 경관법제16조제2항 규정에 따라 민간이나 시민단체가 추진할 수도 있다. 이 경우에도 본 조항은 국가 및 지방자치단체가 자금의 일부 또는 전부를 보조하거나 융자할 수 있도록 하고 있다.

- 재정적인 지원 이외에도 기술적인 지원도 가능한데, 예를 들면 경관사업을 원활히 진행하기 위해 전문가의 자문을 받거나 사업 진행을 의뢰하는 등의 방법도 가능하다.

② 경관사업의 관리 및 감독

- 해당 중앙부처가 경관사업을 관리·감독을 할 수 있도록 필요한 경우에는 경관사업 시행자로 하여금 보고를 하거나 자료를 제출하도록 요청하는 규정을 두고 있다.

제4장
경관협정

경관법 '제4장 경관협정'은 아름다운 경관형성을 위하여 일정지역 안에서 주민 스스로 체결하는 경관협정에 관한 사항을 다루고 있으며, 2007년 경관법이 제정된 이후에 추가된 사항이나 변경된 사항이 거의 없다.

'제19조 경관협정의 체결'은 경관협정의 체결조건, 체결자, 협정내용, 협정서 작성 등에 대해 다루고 있으며, '제20조 경관협정운영회의 설립'에서는 경관협정 체결자 간의 자율적으로 운영기구인 경관협정운영회의 설립과 신고에 관한 사항을 구체적으로 명시하고 있다. '제21조 경관협정의 인가'에서는 경관협정의 적합성을 판단하는 인가절차와 경관협정의 인가내용을 공고하고 열람하는 방법에 대해 설명하고 있으며, '제22조 경관협정의 변경'에서는 변화하는 경관특성을 반영하기 위하여 경관협정을 변경할 때의 절차규정을 담고 있으며, '제23조 경관협정의 폐지'에서는 경관협정의 폐지절차와 경관협정의 폐지내용을 공고하고 열람하는 사항을 규정하고 있다. '제24조 경관협정의 준수 및 승계'에서는 경관협정의 대상구역에서 협정내용의 준수의무와 협정체결자의 지위승계를 규정하고 있으며, 마지막으로 '제25조 경관협정에 관한 지원'에서는 경관협정운영회와 경관협정체결자가 경관협정에 관한 지원을 받을 수 있고, 지원을 받을 때 필요한 서류를 규정하고 있다.

경관법 '제4장 경관협정'의 구성

경관법	경관법 시행령	지침
제19조 경관협정의 체결 - 경관협정의 체결조건 → 대통령령 - 1인 경관협정 체결자 - 경관협정의 준수 - 경관협정의 내용 → 대통령령 - 경관협정서의 작성 → 지자체조례	**제10조 경관협정 체결자의 범위** - 경관협정체결자의 범위 → 지자체조례 **제11조 경관협정의 내용** - 경관협정의 내용 → 지자체조례	
제20조 경관협정운영회의 설립 - 경관협정운영회의 설립 - 경관협정운영회의 신고 → 대통령령	**제12조 경관협정운영회의 설립신고** - 경관협정운영회 설립신고 → 지자체조례 - 경관협정운영회 설립신고대상	
제21조 경관협정의 인가 - 경관협정의 인가 → 대통령령 - 경관협정의 공고 및 열람 → 대통령령	**제13조 경관협정의 인가 및 폐지인가** - 경관협정의 인가 및 폐지인가 **제14조 경관협정의 공고 등** - 경관협정의 공고 - 기초지방자치단체의 경관협정 열람 - 광역지방자치단체의 경관협정 열람	
제22조 경관협정의 변경 - 경관협정의 변경 → 대통령령	**제15조 경관협정의 변경** - 경관협정의 경미한 변경	
제23조 경관협정의 폐지 - 경관협정의 폐지 → 대통령령 - 경관협정의 폐지공고		
제24조 경관협정의 준수 및 승계 - 경관협정의 준수 - 경관협정의 승계 → 대통령령	**제16조 경관협정의 승계자** - 경관협정의 승계자 → 지자체조례	
제25조 경관협정에 관한 지원 - 경관협정에 관한 지원 - 경관협정에 관한 지원서류 → 대통령령	**제17조 경관협정 지원대상 사업계획서** - 경관협정 지원대상 사업계획서 → 지자체조례	

제19조(경관협정의 체결) ① 토지소유자와 그 밖에 대통령령으로 정하는 자(이하 "토지소유자등"이라 한다)는 전원의 합의로 쾌적한 환경과 아름다운 경관을 형성하기 위한 협정(이하 "경관협정"이라 한다)을 체결할 수 있다. 이 경우 경관협정의 효력은 경관협정을 체결한 토지소유자등에게만 미친다.

② 일단의 토지 또는 하나의 토지의 소유자가 1인인 경우에도 그 토지의 소유자는 해당 토지의 구역을 경관협정 대상지역으로 하는 경관협정을 정할 수 있다. 이 경우 그 토지소유자 1인을 경관협정 체결자로 본다.

③ 토지소유자등은 제1항에 따라 경관협정을 체결(제2항에 따라 토지소유자 1인이 경관협정을 정하는 경우를 포함한다. 이하 같다)하는 경우 다음 각 호의 사항을 준수하여야 한다.

1. 이 법 및 관계 법령을 위반하지 아니할 것
2. 「국토의 계획 및 이용에 관한 법률」 제2조제6호에 따른 기반시설의 입지를 제한하는 내용을 포함하지 아니할 것

④ 경관협정은 다음 각 호의 사항을 포함할 수 있다.

1. 건축물의 의장(意匠) · 색채 및 옥외광고물(「옥외광고물 등 관리법」 제2조제1호에 따른 옥외광고물을 말한다)에 관한 사항
2. 공작물[「건축법」 제83조제1항에 따라 특별자치도지사 또는 시장 · 군수(광역시 관할구역에 있는 군의 군수를 포함한다. 이하 제27조제4항 및 제28조제3항에서 같다) · 구청장에게 신고하여 축조하는 공작물을 말한다. 이하 같다] 및 건축설비(「건축법」 제2조제1항제4호에 따른 건축설비를 말한다)의 위치에 관한 사항
3. 건축물 및 공작물 등의 외부 공간에 관한 사항
4. 토지의 보전 및 이용에 관한 사항
5. 역사 · 문화 경관의 관리 및 조성에 관한 사항
6. 그 밖에 대통령령으로 정하는 사항

⑤ 토지소유자등이 경관협정을 체결하는 경우에는 경관협정서를 작성하여야 하며, 경관협정서에는 다음 각 호의 사항이 명시되어야 한다.

1. 경관협정의 명칭
2. 경관협정 대상지역의 위치 및 범위
3. 경관협정의 목적
4. 경관협정의 내용
5. 제1항에 따라 경관협정을 체결하는 자(이하 "협정체결자"라 한다) 및 제20조제1항에 따른 경관협정운영회의 성명 · 명칭과 주소
6. 경관협정의 유효기간
7. 경관협정 위반 시 제재에 관한 사항
8. 그 밖에 경관협정에 필요한 사항으로서 해당 지방자치단체의 조례로 정하는 사항

| 요지 |

주민이 자발적으로 체결하는 경관협정의 체결조건, 체결자, 준수사항을 명시하고, 경관협정 내용 및 경관협정서 작성 등을 규정함

| 해설 |

① 경관협정의 체결조건

- 경관협정은 쾌적한 환경과 아름다운 경관을 형성하기 위하여, 주민참여를 통해 지역의 경관을 보전·관리·형성할 수 있도록 주민 스스로가 체결하는 것으로, 본 조항은 이러한 경관협정의 체결조건, 체결자, 준수사항, 협정내용, 협정서 작성 등을 밝힌 조항이다.
- 또한 경관협정은 주민의 자발적이고 적극적인 참여를 유도하고, 모두에게 동등한 경관가치를 제공하기 위하여, 협정체결자의 전원합의에 의해서만 가능하다. 이는 협정체결을 원하지 않는 소수의 주민이 다수의 주민으로 인하여 불이익을 받지 않도록 하고, 원만하고 효율적인 경관협정을 추진하기 위한 것이다.
- 경관협정을 체결할 수 있는 사람은 경관협정을 체결하기 위해 설정한 일정 지역 안의 건축물 소유자와 지상권자, 그리고 토지소유자 및 건축물소유자의 동의를 받은 이해관계자로 제한된다. 이것은 경관협정이 체결되면 사유재산이라 하더라도 협정내용을 따라야 하기 때문이다. 따라서 경관협정의 효력 역시 경관협정을 체결한 건축물소유자, 지상권자, 이해관계자에게만 미친다.
- 경관협정을 합리적으로 운영하기 위해서는 소유자의 경관협정과 사용권자의 경관협정으로 구분하는 등 협정의 체결주체를 명확하게 규정하여 적용할 필요도 있다.
- 경관협정은 주민자치적으로 운영되는 제도이지만 지방자치단체의 경관사업과 연계하여 경관협정을 체결할 경우에는 경관계획이 수립된 지역에 한

해서 경관사업을 시행할 수 있다.

- 또한 인센티브를 부여하는 조건으로 경관협정을 체결할 경우에 경관협정의 관리나 승계를 강제하기 위해서는 경관법에 근거한 지방자치단체 조례에 이들에 대한 내용을 명시할 필요가 있다.

시행령 제10조(경관협정 체결자의 범위) 법 제19조제1항 전단에서 "대통령령으로 정하는 자"란 다음 각 호의 자를 말한다.
1. 건축물소유자
2. 지상권자
3. 그 밖에 해당 토지 또는 건축물에 이해관계가 있는 자로서 해당 지방자치단체의 조례로 정하는 자 중 그 토지소유자 및 건축물소유자의 동의를 받은 자

○ **경관협정 체결자의 범위**

- 경관협정을 체결할 수 있는 사람은 토지소유자 이외에 건축물소유자, 지상권자, 그리고 토지소유자 및 건축물소유자의 동의를 받은 이해관계자로 규정하고 있다. 경관협정을 체결할 수 있는 사람에 소유자와 사용자 등을 모두 포함하고 있다.
- 경관협정을 체결할 수 있는 사람에 해당 토지 및 건축물의 이해관계가 있는 자를 포함하는 이유는 토지소유자와 건축물소유자가 다를 수 있고, 토지나 건축물의 소유자 이외에 다른 사람이 임대하여 사용할 수 있기 때문이다.
- 해당 토지 또는 건축물에 이해관계가 있는 자에는 해당 토지 및 건축물의 관리자 · 점유자 · 전세권자 및 임차인 등 토지 또는 건축물을 사용할 권리를 가진 자를 포함하는 경우도 있다.

② 1인 경관협정 체결자

- 일정지역의 토지소유자 또는 하나의 토지소유자가 1인이라고 하더라도 경관협정 체결자가 될 수 있음을 밝히고 있는 조항이다. 즉 1인의 토지소유자도 해당 토지를 대상지역으로 하는 경관협정을 체결할 수 있다. 해당 지방자치단체에서는 경관협정의 승인절차를 거쳐 1인 경관협정을 승인할 수 있다.
- 1인 경관협정은 기성시가지에서 일정규모 이상의 토지를 소유한 사람이 경관의 보전·관리·형성을 위해 스스로 체결할 수 있고, 신규로 개발되는

토지의 경관을 보전·관리·형성하기 위해서도 체결할 수 있으며, 신규 개발지에 주로 사용하는 방법이다. 신규 개발지역의 경관미래상을 실현하기 위하여 토지소유자가 토지나 주택을 분할하여 분양 또는 매매하기 전에 경관협정을 체결할 수 있다. 이때 매입자에게 경관협정 준수의무를 부가함으로서 지속적인 경관관리를 유도할 수 있다.

③ 경관협정의 준수

- 1인 경관협정을 포함한 건축물소유자, 지상권자, 이해관계자 등이 경관협정을 체결할 때 반드시 준수해야하는 내용을 밝히고 있는 조항이다.
- 경관협정 시 준수사항은 먼저 경관협정의 내용이 경관법 및 관련법령에 위배되지 않아야 하며, 국토의 계획 및 이용에 관한 법률 제2조제6호에 명기된 교통시설, 공간시설, 유통·공급시설, 공공·문화체육시설, 방재시설, 보건위생시설, 환경기초시설 등의 기반시설(주1) 입지를 제한하는 내용이 포함되지 않도록 해야 한다. 물론 관련법령의 위배여부는 경관위원회에서 최종적으로 검토하여 결정한다.
- 주민, 사업자, 지방자치단체 등의 경관협정 체결자는 경관협정 내용에 부합하는 건축행위 또는 개발행위가 이루어지도록 해야 하고, 주민은 경관협정 내용을 준수해야 하며, 지방자치단체는 경관협정과 연계된 경관사업을 추진할 경우 적극적으로 협조해야 한다.

(주1) 「국토의 계획 및 이용에 관한 법률」 제2조제6호에 따른 기반시설은 교통시설(도로 · 철도 · 항만 · 공항 · 주차장 등), 공간시설(광장 · 공원 · 녹지 등), 유통 · 공급시설(유통업무설비, 수도 · 전기 · 가스공급설비, 방송 · 통신시설, 공동구 등), 공공 · 문화체육시설(학교 · 운동장 · 공공청사 · 문화시설 및 공공필요성이 인정되는 체육시설 등), 방재시설(하천 · 유수지(遊水池) · 방화설비 등), 보건위생시설(화장시설 · 공동묘지 · 봉안시설 등), 환경기초시설(하수도 · 폐기물처리시설 등)을 말한다.

④ 경관협정의 내용

- 경관협정은 주민이 자율적으로 체결하지만 경관협정으로 체결할 수 있는

내용을 밝히고 있다.

- 경관협정을 체결할 때는 일정지역의 지역성을 반영하고, 경관의 보전·관리·형성을 실천할 수 있는 내용을 담아야 한다. 경관협정은 주민 간에 자율적으로 체결할 수 있기 때문에 경관협정 체결내용은 지구단위계획 등에 비해 포괄적일 수 있다.
- 경관협정에는 해당 지역의 아름다운 경관형성을 위해서는 모든 내용이 포함될 수 있지만, 경관법에서 다양한 조건과 특성을 가진 지역에 공통적으로 적용시킬 수 있는 협정내용으로, 건축물의 의장·색채 및 옥외광고물에 관한 사항, 공작물 및 건축설비의 위치에 관한 사항, 건축물 및 공작물 등의 외부공간에 관한 사항, 토지의 보전 및 이용에 관한 사항, 역사·문화 경관의 관리 및 조성에 관한 사항 등을 포함할 수 있다고 제시하고 있다. 이외에도 관련법에 위배되지 않는 범위 내에서 협정내용에 추가할 수 있다.
- 경관협정은 민간부문에서 주민이 자율적으로 운영하는 점을 고려하여 건축물, 건축물의 외부공간 등과 관련된 시설 및 디자인에 관한 사항으로 규정하는 것이 바람직하다.
- 또한, 경관협정은 주민과 주민이 체결하는 것으로, 주민과 지방자치단체가 체결하는 녹화협정, 경관협약, 보전협약 등과 차이가 있다. 경관협정은 다양하게 체결할 수 있으나, 녹화협정, 경관협약, 보전협약 등은 협약내용이 녹지나 역사문화 등에 한정되어 있어서 경관협정에 비해 내용적 범위가 좁다.
- 경관협정으로 체결할 수 있는 내용에 대한 세부사항은 다음과 같으며, 제시된 경관협정 체결내용 중에서 지역에 꼭 필요한 내용을 중심으로 경관협정을 체결하는 것이 바람직하다.

표4-1_ 경관협정 체결내용

경관협정 체결내용	세부사항의 예시
건축물의 의장 · 색채 및 옥외광고물에 관한 사항	건축물의 규모 · 형태 · 재료 · 색채 · 배치 · 창문위치 · 출입문위치 · 지붕형태 · 차양막 · 부속시설 · 부대시설 등을 규정할 수 있고, 옥외광고물의 수량 · 배치 · 크기 · 형태 · 재료 · 색채 · 설치방법 · 설치위치 등을 규정할 수 있다.
공작물 및 건축설비의 위치에 관한 사항	공작물의 최소화 · 차폐화 · 미관처리 등과 건축설비의 차폐화, 건축외관과 일체화 등을 규정할 수 있다.
건축물(주2) 및 공작물(주3) 등의 외부공간에 관한 사항	부지 내에서 건축물이나 공작물 등을 제외한 주차장, 오픈스페이스, 대지 내 조경, 경계부 등을 규정할 수 있다.
토지의 보전 및 이용에 관한 사항	토지용도, 건폐율, 용적율, 토지형질변경, 획지의 규모, 건축한계선 등에 관해 규정할 수 있다.
역사 · 문화 경관의 관리 및 조성에 관한 사항	문화재, 전통마을 등의 역사 · 문화경관의 관리에 필요한 사항을 규정할 수 있다.
대통령령으로 정하는 사항	녹지, 가로, 수변공간, 야간조명 등의 관리 및 조성에 관한 사항, 경관적으로 가치가 있는 수목이나 구조물 등의 관리 및 조성에 관한 사항, 지방자치단체 조례로 정하는 사항을 규정할 수 있다.

(주2) 공작물은 대지를 조성하기 위한 옹벽, 굴뚝, 광고탑, 고가수조(高架水槽), 지하 대피호, 그 밖에 이와 유사한 것으로서 신고하여 축조하는 대상은 다음과 같다. ①높이 6미터를 넘는 굴뚝, ②높이 6미터를 넘는 장식탑, 기념탑, 그 밖에 이와 비슷한 것, ③높이 4미터를 넘는 광고탑, 광고판, 그 밖에 이와 비슷한 것, ④높이 8미터를 넘는 고가수조나 그 밖에 이와 비슷한 것, ⑤높이 2미터를 넘는 옹벽 또는 담장, ⑥바닥면적 30제곱미터를 넘는 지하대피호, ⑦높이 6미터를 넘는 골프연습장 등의 운동시설을 위한 철탑, 주거지역 · 상업지역에 설치하는 통신용 철탑, 그 밖에 이와 비슷한 것. ⑧높이 8미터(위험을 방지하기 위한 난간의 높이는 제외한다) 이하의 기계식 주차장 및 철골 조립식 주차장(바닥면이 조립식이 아닌 것을 포함한다)으로서 외벽이 없는 것, ⑨건축조례로 정하는 제조시설, 저장시설(시멘트사일로를 포함한다), 유희시설, 그 밖에 이와 비슷한 것, ⓛ건축물의 구조에 심대한 영향을 줄 수 있는 중량물로서 건축조례로 정하는 것

(주3) "건축설비"란 건축물에 설치하는 전기 · 전화 설비, 초고속 정보통신 설비, 지능형 홈네트워크 설비, 가스 · 급수 · 배수(配水) · 배수(排水) · 환기 · 난방 · 소화(消火) · 배연(排煙) 및 오물처리의 설비, 굴뚝, 승강기, 피뢰침, 국기 게양대, 공동시청 안테나, 유선방송 수신시설, 우편함, 저수조(貯水槽), 방범시설, 그 밖에 국토교통부령으로 정하는 설비를 말한다.

시행령 제11조(경관협정의 내용) 법 제19조제4항제6호에서 "대통령령으로 정하는 사항"이란 다음 각 호의 사항을 말한다.

1. 녹지, 가로, 수변공간(水邊空間) 및 야간조명 등의 관리 및 조성에 관한 사항
2. 경관적으로 가치가 있는 수목(樹木)이나 구조물 등의 관리 및 조성에 관한 사항
3. 그 밖에 해당 지방자치단체의 조례로 정하는 사항

○ **경관협정의 내용**

- 경관협정으로 체결할 수 있는 내용을 규정하고 있다.
- 일정지역 안에서 개별 건축물이나 공작물, 외부공간, 토지이용, 역사경관 이외에 경관협정으로 체결하는 내용으로는 선적 요소인 녹지, 가로, 수변공간 및 야간조명 등의 관리 및 조성에 관한 사항, 또는 점적 요소인 경관적으로 가치가 있는 수목이나 구조물 등의 관리 및 조성에 관한 사항, 해당 지방자치단체의 특징이나 상황에 따라 조례로 정하는 사항이 있다.
- 해당 지방자치단체의 조례에서는 해당 지역에 대해 다른 법령에 따라 수립된 경관과 관련된 계획에 관한 사항, 경관협정 운영기금에 관한 사항 등을 정할 수 있다.

경관협정서(제19조 제5항 관련)

① 명칭		
② 대상지역 위치 및 범위		위치도(1/1,000~1/5,000), 범위 별지 작성
③ 목적		
④ 협정의 주요 내용		세부내용은 별지 작성
경관협정	⑤ 명칭	
	⑥ 주소	
	⑦ 규약	별지작성
⑧ 유효기간		
⑨ 협정 위반 시 제제사항		
⑩ 승계에 관한 사항		
⑪ 변경 및 폐지사항		
⑫ 비용에 관한 조치사항		
⑬ 그 밖에 경관 협정을 도모하기 위해 필요한 사항		

「000 경관조례」 제00조 및 「000 경관조례 시행규칙」 제00조에 따라 경관협정서를 작성 체결합니다.

년 월 일

협정대표자 주소
성명 (인)
협정체결자 주소
성명 (인)

- 해당 경관협정의 명칭을 명시한다. ‘OO마을 경관협정’, ‘OO가로 경관협정’, ‘OO가로 광고물 협정’ 등 협정지역과 협정성격을 나타낼 수 있는 명칭 등을 사용할 수 있다.
- 경관협정의 대상지역은 경관형성을 도모할 필요가 있다고 인정되는 일정규모의 토지로 한다. 협정체결에 동의한 소유자들이 소유하고 있는 지역을 대상지역이라고 할 수 있으며, 대상지역의 위치를 확인하기 위해 1/1,000~1/5,000 지도 등에 위치도를 작성할 수 있다.
- 해당 협정이 추구하는 목적 및 방향을 명시하도록 한다.
- 경관협정의 구체적인 내용을 수록한다. 협정내용은 체결자 전원의 동의를 얻은 사항에 한한다. 경관협정의 내용은 경관법 제19조 제4항에서 규정한 6가지 항목을 위주로 작성하고, 협정지역의 특성을 나타낼 수 있는 내용 등이 담기도록 한다.
- 경관협정의 체결에 동의한 체결자의 성명, 주소, 날인을 첨부하고, 체결된 협정을 운영할 경관협정 운영회의 명칭 및 주소 등을 명시한다.
- 경관협정의 효력이 유지되는 유효기간을 명시한다. 지방자치단체 보조금 등 경관협정에 대한 재정적 지원 등을 받을 경우, 보조금 지급기관 등과 협의하여 경관협정의 유효기간을 설정한다. 유효기간의 표시는 “OOOO년 OO월 OO일부터 OOOO년 OO월 OO일 까지” 등으로 한다.
- 경관협정 위반 시 제재에 관한 사항을 명시하고, 경관협정 위반 시 제재 등의 업무는 경관협정운영회에서 담당하도록 한다.
- 기타 지방자치단체 조례에서 추가로 규정한 사항에 대한 내용을 명시하도록 한다.

그림 4-1_ 경관협정서 작성 방법

⑤ 경관협정서의 작성

- 경관협정 체결자가 경관협정을 체결할 때 경관협정의 절차와 내용 등을 문서화하는 경관협정서를 작성해야 함을 규정하고, 경관협정서에 담겨야 할 내용을 밝히고 있는 조항이다.
- 경관협정을 체결할 경우에는 지역적 특성을 충분히 고려해야 하고, 경관협정 체결자 전원이 합의한 내용으로 경관협정서를 작성하여야 한다. 경관협정서에는 경관협정의 명칭, 경관협정 대상지역의 위치 및 범위, 경관협정의 목적, 경관협정의 내용, 경관협정체결자 및 경관협정운영회의 성명·명칭과 주소, 경관협정의 유효기간, 경관협정 위반 시 제재사항, 지방자치단체의 조례로 정한 협정에 필요한 사항 등이 명시되어야 한다.
- 지방자치단체의 조례에 경관협정서의 작성기준 및 제출에 필요한 경관협정의 승계에 관한 사항, 경관협정의 변경 및 폐지에 관한 사항, 경관협정 관련 도서, 경관협정 이행계획 등에 관한 사항을 정하여 경관협정서에 명기하도록 한다.
- 그림4-1은 인천시 경관조례에 따른 경관협정서 양식에 의거한 경관협정서 작성방법을 예시로 제시하였다.

제20조(경관협정운영회의 설립) ① 협정체결자는 경관협정서의 작성 및 경관협정의 관리 등을 위하여 필요한 경우 협정체결자 간의 자율적 기구로서 운영회(이하 "경관협정운영회"라 한다)를 설립할 수 있다.

② 경관협정운영회를 설립하려면 협정체결자 과반수의 동의를 받아 경관협정운영회의 대표자 및 위원을 선임하고, 대통령령으로 정하는 바에 따라 해당 시 · 도지사등에게 신고하여야 한다.

| 요지 |

경관협정체결자 간의 자율적 기구인 경관협정운영회를 설립할 수 있도록 하고, 경관협정운영회 설립에 관한 사항을 규정함

| 해설 |

① 경관협정운영회의 설립

- 경관협정 체결자가 경관협정운영회를 설립할 수 있음을 밝히고 있는 조항이다.
- 경관협정운영회는 경관협정서를 작성하고 협정내용을 관리하는 데 필요한 자율적 운영기구로서, 경관협정 체결자의 합의에 의해 설립할 수 있다. 또한 '경관법 제25조의 경관협정에 관한 지원'에 의거하여 경관협정의 원활한 정착을 위해서는 경관협정운영회를 설립할 때 기술적 또는 재정적 지원을 받을 수 있다.
- 경관협정운영회는 경관협정의 방향을 건의하고 지방자치단체의 의견을 조정하는 기능을 수행하는 기구로서, 주민의 입장에서 의견을 청취하여 경관관리에 참여한다.

② 경관협정운영회의 신고

- 경관협정운영회를 설립하기 위한 구성과 신고에 관한 규정을 밝히고 있는 조항이다.

- 경관협정운영회가 주민대표의 권한을 부여받기 위해서는 경관협정 체결자의 과반수 동의를 얻어 경관협정운영회의 대표 및 위원을 선임하여 경관협정운영회를 구성한다.
- 경관협정운영회가 구성되면 운영회의 역할·구성·운영·기능, 조례로 정하는 사항 등이 포함된 경관협정운영회 설립신고서를 작성하여 시·도지사등에게 신고하여야 하고, 이를 통해 경관협정을 추진할 수 있도록 한다.
- 경관협정 체결자는 경관협정운영회를 설립하여 경관협정서를 작성하고, 이를 지방자치단체의 전담부서와 경관위원회의 검토를 거쳐 시·도지사등에게 승인받도록 한다. 또한 시·도지사등은 경관협정의 체결 및 실행을 위한 기술 및 재정적 지원체계를 마련하도록 한다.

시행령 제12조(경관협정운영회의 설립신고) ① 법 제20조제1항에 따른 경관협정운영회(이하 "경관협정운영회"라 한다)의 대표자는 법 제20조제2항에 따라 경관협정운영회의 설립신고를 하려면 다음 각 호의 사항이 포함된 경관협정운영회 설립신고서를 설립한 날부터 15일 이내에 제2항에 따른 해당 시 · 도지사등에게 제출하여야 한다.

1. 명칭 및 소재지
2. 대표자 및 회원명단
3. 운영 목적 및 방법
4. 기능과 역할
5. 그 밖에 해당 지방자치단체의 조례로 정하는 사항

② 제1항에 따른 경관협정운영회의 설립신고는 다음 각 호의 구분에 따른 시 · 도지사등에게 한다.

1. 경관협정 대상지역이 하나의 특별자치시, 시(행정시는 제외한다) · 군 · 행정시 · 자치구(이하 "시 · 군등"이라 한다) 또는 「경제자유구역의 지정 및 운영에 관한 특별법」 제2조제1호에 따른 경제자유구역(이하 "경제자유구역"이라 한다)에 속하는 경우: 해당 특별자치시장 · 시장 · 군수 · 행정시장 · 구청장등 또는 경제자유구역청장
2. 경관협정 대상지역이 하나의 특별시 · 광역시 · 도 또는 특별자치도 내에서 둘 이상의 시 · 군등에 걸쳐 있는 경우 또는 시 · 군등과 경제자유구역에 걸쳐 있는 경우: 해당 특별시장 · 광역시장 · 도지사 또는 특별자치도지사
3. 경관협정 대상지역이 둘 이상의 특별시 · 광역시 · 특별자치시 또는 도에 걸쳐 있는 경우: 해당 경관협정 대상지역이 속한 각각의 특별시장 · 광역시장 · 특별자치시장 또는 도지사

○ **경관협정운영회의 설립신고**

- 경관협정 체결자가 경관협정운영회를 설립하여 신고를 할 때에는, 경관협정운영회의 대표자가 경관협정운영회를 설립한 날부터 15일 이내에 경관협정운영회 설립신고서를 작성하여 시 · 도지사등에게 제출하도록 규정하고 있다.
- 경관협정운영회의 설립신고서에는 경관협정운영회의 명칭 및 소재지, 대표자 및 회원명단, 운영 목적 및 방법, 기능과 역할, 지방자치단체의 조례로 정하는 사항이 포함되어야 함을 명시하고 있다.
- 지방자치단체의 조례로 경관협정운영회의 대표자 및 위원 선임방법 등 경관협정운영회 운영에 필요한 사항을 정할 수 있다.

○ **경관협정운영회의 설립신고대상**

- 경관협정운영회의 설립신고는 경관협정운영회를 설립한 날부터 15일 이내에 경관협정운영회 설립신고서를 시 · 도지사등에게 제출하도록 하였으나 경관협정 대상지역의 위치에 따라 신고하는 대상이 달라질 수 있음을 규정하고 있다.
- 경관협정운영회의 설립신고는 경관협정 대상지역의 위치에 따라 하나의 기초지방자치단체에 속해 있는 경우, 두 개의 기초지방자치단체에 속해 있는 경우, 두 개의 광역지방자치단체에 속해 있는 경우의 3가지로 분류할 수 있다.

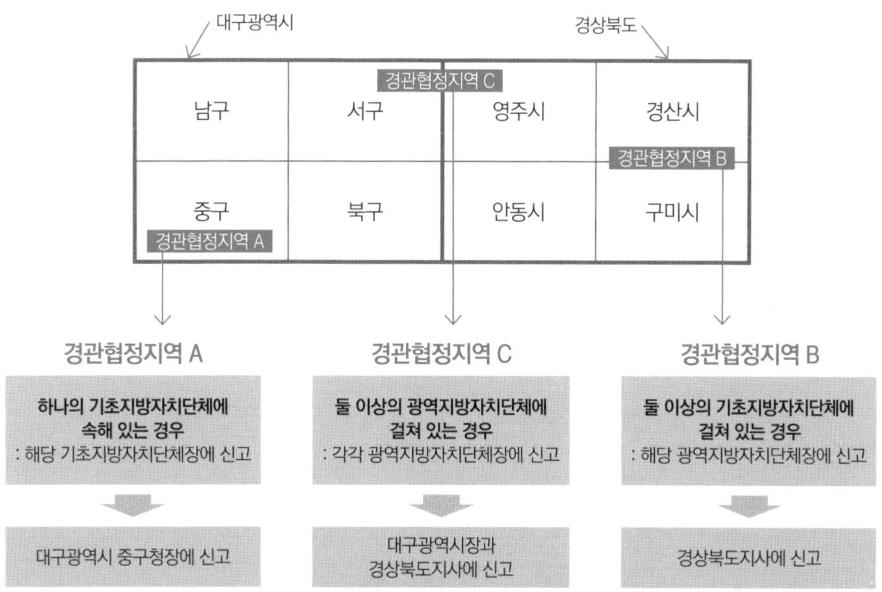

그림 4-2_ 경관협정운영회의 설립 신고

- 첫째, 경관협정 대상지역이 하나의 기초지방자치단체에 속하는 경우에는 해당 기초지방자치단체장에게 신고한다. 예를 들어 경관협정 대상지역이 경기도 용인시에 속해 있으면 용인시장에게 신고한다.
- 둘째, 경관협정 대상지역이 하나의 광역지방자치단체 내에서 둘 이상의 기초지방자치단체에 걸쳐 있는 경우에는 기초지방자치단체가 속해 있는 상위 광역지방자치단체장에게 신고한다. 예를 들어 경관협정 대상지역이 경기도 용인시와 수원시에 걸쳐 있으면 경기도지사에게 신고한다.
- 셋째, 경관협정 대상지역이 둘 이상의 광역지방자치단체에 걸쳐 있는 경우에는 경관협정 대상지역이 속한 각각의 광역지방자치단체장에게 신고한다. 예를 들어 경관협정 대상지역이 강원도 삼척시와 경상북도 울진군에 걸쳐 있으면 강원도지사와 경상북도지사에게 신고한다.

| Q&A |

▶경관협정을 체결할 때에 경관협정운영회를 꼭 설립해야 하나요?

경관협정을 체결할 때 경관협정운영회를 꼭 설립해야 하는 것은 아닙니다. 경관협정운영회는 필요여부에 따라 설립할 수도 있고 설립하지 않을 수도 있습니다. 경관협정운영회를 설립하는 경우에는 사무실과 운영비 등이 발생할 수 있기 때문에 신중해야 합니다.

▶경관협정운영회는 몇 명으로 구성하나요?

경관협정운영회를 설립하는 경우에 운영회 구성인원은 정해진 바가 없습니다. 상호견제와 의견조정 및 협력이 가능하도록 적정수 이상으로 구성하는 것이 좋습니다. 경관협정운영회의 구성인원을 정할 수 없는 이유는 경관협정운영회의 구성인원을 5명이하로 설정할 경우, 경관협정 체결자의 수가 1명, 10명, 20명 등과 같이 적을 경우에는 5명 이하로 했을 때 가능하지만 경관협정 체결자의 수가 10,000명 등과 같이 많은 경우에는 5명 이하로 했을 때 불합리할 수 있습니다. 따라서 경관협정운영회의 구성인원은 경관협정 체결자의 상황에 맞춰 판단할 수 있도록 하는 것이 좋습니다.

제21조(경관협정의 인가) ① 협정체결자 또는 경관협정운영회의 대표자는 경관협정서를 작성하여 대통령령으로 정하는 바에 따라 해당 시 · 도지사등의 인가를 받아야 한다. 이 경우 인가신청을 받은 시 · 도지사등은 인가를 하기 전에 제29조제1항에 따라 해당 시 · 도지사등 소속으로 설치하는 경관위원회의 심의를 거쳐야 한다.
② 시 · 도지사등은 제1항에 따라 경관협정을 인가하였을 때에는 대통령령으로 정하는 바에 따라 그 내용을 공고하고 주민이 열람할 수 있게 하여야 한다.

| 요지 |

경관협정을 인가하는 절차, 경관협정의 인가내용을 공고하고 열람하는 절차, 경관협정의 폐지를 인가하는 절차를 규정함

| 해설 |

① 경관협정의 인가

- 경관협정은 경관위원회의 심의를 거쳐 인가받아야 한다는 것을 밝히고 있는 조항이다.
- 경관협정체결자 또는 경관협정운영회 대표자는 경관협정서와 함께 경관협정지역의 위치도, 토지소유자 및 건축물소유자의 동의서, 경관협정의 주요내용, 경관협정운영회의 규약, 경관협정 체결자 명단, 기타 시장이 필요하다고 인정하는 서류를 첨부하여 특별시장·광역시장·특별자치도지사·시장 또는 군수에게 경관협정을 인가받아야한다. 이때 경관과 관련된 사항에 대한 심의 또는 자문을 위하여 시·도지사등의 소속으로 설치하는 경관위원회의 심의를 거쳐야한다. 물론 경관위원회에서는 경관협정의 인가 외에 경관협정의 변경 및 폐지의 업무도 담당한다.
- 경관협정의 인가를 위한 경관위원회의 심의 시에는 경관협정의 목적, 협정내용의 타당성, 대상지 규모의 적정성, 유효기간의 적합성 등을 검토한다. 경관협정은 주민 스스로가 체결하는 것이기 때문에 경관협정 체결내용의 기준이 모호한 부분이나 악용될 소지가 있는 부분 등에 대한 적합여부를

판단하기 위해 경관위원회의 심의를 거치도록 하는 것이다.

시행령 제13조(경관협정의 인가 및 폐지인가) 법 제21조제1항 및 제23조제1항에 따른 경관협정의 인가 및 폐지인가를 받아야 하는 시 · 도지사등의 구분에 관하여는 제12조제2항을 준용한다. 이 경우 "경관협정운영회의 설립신고"는 "경관협정의 인가 신청" 또는 "경관협정의 폐지인가 신청"으로 본다.

○ **경관협정의 인가 및 폐지인가**

- 경관협정의 인가절차와 폐지인가절차가 동일하다는 것을 규정하고 있다.
- 경관협정의 인가 및 폐지인가는 경관협정서를 작성하여 시 · 도지사등의 소속으로 설치하는 경관위원회의 심의를 거쳐 인가 및 폐지인가를 받아야 한다는 것을 밝히고 있다. 여기서 시 · 도지사등은 시 · 도지사, 시장 · 군수, 구청장등, 행정시장, 경제자유구역청장을 말한다.
- 경관협정운영회를 설립신고할 때와 마찬가지로 경관협정 대상지역의 위치에 따라 신고대상이 달라질 수 있으며, 경관협정 대상지역의 위치에 따라 3가지로 분류할 수 있다. 경관협정 대상지역이 하나의 기초지방자치단체에 속하는 경우에는 해당 기초지방자치단체장에게 신고한다. 경관협정 대상지역이 하나의 광역지방자치단체 내에서 둘 이상의 기초지방자치단체에 걸쳐 있는 경우에는 상위 광역지방자치단체장에게 신고한다. 경관협정 대상지역이 둘 이상의 광역지방자치단체에 걸쳐 있는 경우에는 경관협정 대상지역이 속한 각각의 광역지방자치단체장에게 신고한다. 시행령 제12조 제2항과 그림 4-2를 참조한다.
- 이때 "경관협정운영회의 설립신고"는 "경관협정의 인가 신청" 또는 "경관협정의 폐지인가 신청"으로 본다.

② 경관협정의 공고 및 열람

- 협정체결자 또는 경관협정운영회의 대표자가 제출한 경관협정을 시·도지사등이 인가했을 때에는, 협정내용을 해당 지방자치단체의 공보에 게재하여 공고하고, 주민이 열람할 수 있게 한다는 내용을 밝히고 있는 조항이다. 경관협정 관련서류를 열람하는 장소는 경관협정 대상지역에 따라 다르다.

시행령 제14조(경관협정의 공고 등) ① 법 제21조제2항에 따른 경관협정의 공고는 해당 지방자치단체의 공보에 게재하는 방법으로 한다.
② 특별자치시장 · 시장 · 군수 · 행정시장 · 구청장등 또는 경제자유구역청장은 법 제21조제1항에 따라 경관협정을 인가하였을 때에는 법 제21조제2항에 따라 특별자치시, 시 · 군등, 경제자유구역청의 사무소 또는 경관협정 대상지역이 속한 관할 지역의 읍 · 면 · 동 사무소에 경관협정 관련 서류를 갖추어 두고 일반인이 열람할 수 있도록 하여야 한다.
③ 특별시장 · 광역시장 · 도지사 또는 특별자치도지사는 법 제21조제1항에 따라 경관협정을 인가하였을 때에는 법 제21조제2항에 따라 특별시 · 광역시 · 도 또는 특별자치도의 사무소에 경관협정 관련 서류를 갖추어 두고 일반인이 열람할 수 있도록 하여야 하며, 시장 · 군수 · 행정시장 · 구청장등 또는 경제자유구역청장에게 관련 서류를 보내 시 · 군등, 경제자유구역청의 사무소 또는 경관협정 대상지역이 속한 관할 지역의 읍 · 면 · 동 사무소에 경관협정 관련 서류를 갖추어 두고 일반인이 열람할 수 있도록 하여야 한다.

○ **경관협정의 공고**

- 경관협정은 주민들의 적극적인 참여가 중요하므로 경관협정을 인가하였을 때에는 주민이 경관협정에 관한 사항을 충분히 인지할 수 있도록 해당 지방자치단체의 공보에 게재하여 공고해야 한다는 점을 규정하고 있다.

○ **기초지방자치단체의 경관협정 열람**

- 경관협정을 기초지방자치단체장이 인가했을 때는 관할지역에서 바로 열람할 수 있도록 해야 함을 규정하고 있다.
- 기초지방자치단체장은 경관협정을 인가한 후 기초지방자치단체 사무소와 경관협정 대상지역이 속한 관할지역의 읍 · 면 · 동 사무소에 경관협정 관련서류를 갖추어 두고 일반인이 열람할 수 있도록 제공할 의무가 있다는 것을 설명하고 있다.

○ **광역지방자치단체의 경관협정 열람**

- 경관협정을 광역지방자치단체장이 인가했을 때는 광역지방자치단체와 관할지역에서 열람할 수 있도록 해야 함을 규정하고 있다.
- 광역지방자치단체장은 경관협정을 인가한 후 광역지방자치단체 사무소에 경관협정 관련서류를 갖추어 두고 일반인이 열람할 수 있도록 제공할 의무가 있다. 또한 기초지방자치단체장에게 관련서류를 보내 기초지방자치단체의 사무소 또는 경관협정 대상지역이 속한 관할지역의 읍 · 면 · 동 사무소에 경관협정 관련서류를 갖추어 두고 일반인이 열람할 수 있도록 제공할 의무가 있다는 것을 설명하고 있다.

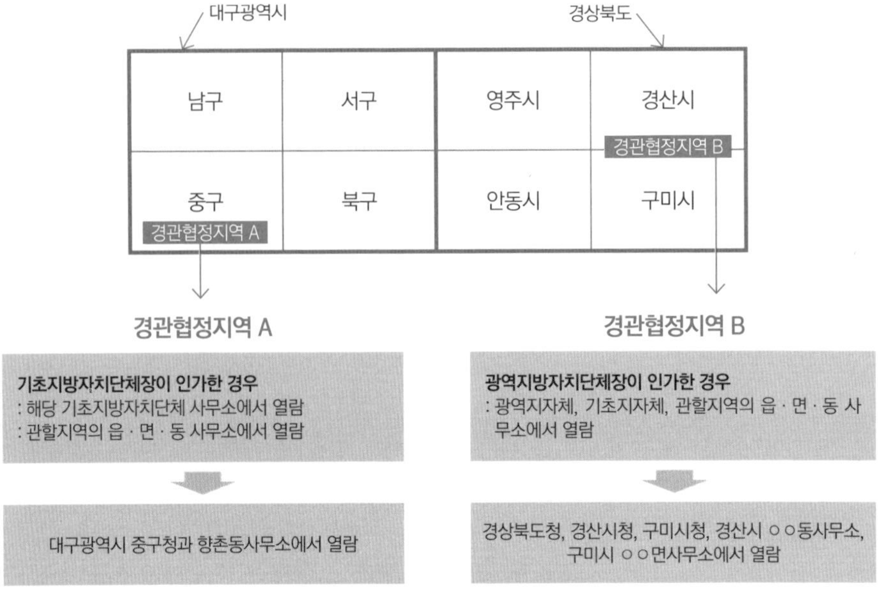

그림 4-3_ 경관협정의 공고 및 열람

| Q&A |

▶경관협정은 주민 스스로 체결하는 것인데 왜 경관위원회의 심의를 거쳐야 하나요?

경관협정은 아름다운 경관을 만들기 위해 해당 지역의 주민이 스스로 체결하지만 체결내용의 적정성에 대한 검토가 필요합니다. 먼저 경관협정 체결범위가 민간부문뿐 아니라 공공부문의 포함여부와 내용에 대한 적정성을 검토해야 합니다. 또한 경관협정 체결내용이 주변과 조화 및 지역의 특성 등을 반영하고 있는지에 대한 적정성을 검토해야 합니다. 특히 협정체결에 대해 지방자치단체의 재정지원을 받을 때에는 금액과 내용의 적정성을 검토해야 합니다.

제22조(경관협정의 변경) 경관협정의 변경에 관하여는 제19조 및 제21조를 준용한다. 다만, 대통령령으로 정하는 경미한 사항을 변경하는 경우에는 그러하지 아니하다.

| 요지 |

변화하는 경관특성을 반영하기 위하여 경관협정의 중요한 사항을 변경하고자 할 때와 경관협정의 경미한 사항을 변경하고자 할 때의 절차를 규정함

| 해설 |

① 경관협정의 변경

- 기 인가된 경관협정이 지역특성이나 시간경과에 따라 변화하는 경관특성에 부합할 수 있도록 경관협정을 변경하고자 할 때에는 경관협정의 체결 및 경관협정의 인가와 동일한 절차를 따른다는 것을 밝히고 있는 조항이다.
- 경관협정의 변경을 위해서는 경관협정의 명칭, 대상지역의 위치 및 범위, 경관협정의 목적·내용, 경관협정체결자 및 경관협정운영회의 성명·명칭과 주소, 유효기간, 위반 시 제재사항, 지방자치단체의 조례로 정하는 사항 등의 내용을 포함한 경관협정서와 유사한 양식에 변경하고자 하는 내용을 표기한 경관협정 변경신청서를 작성하여 제출하고, 이후 절차는 인가절차와 동일하게 진행한다.
- 그러나 경관협정 체결자의 수와 관련계획의 경미한 변경은 경관협정의 체결이나 인가 등의 절차를 따르지 않고 변경할 수 있다.

시행령 제15조(경관협정의 변경) 법 제22조 단서에서 "대통령령으로 정하는 경미한 사항을 변경하는 경우"란 다음 각 호의 어느 하나에 해당하는 경우를 말한다.

1. 법 제19조제1항에 따라 경관협정을 체결한 자(이하 "협정체결자"라 한다)의 수가 10분의 1 이내의 범위에서 변경되는 경우
2. 「국토의 계획 및 이용에 관한 법률 시행령」 제25조제4항에 따른 지구단위계획의 경미한 변경 등 관련 계획의 경미한 변경에 따른 경우

○ **경관협정의 경미한 변경**

- 기 인가된 경관협정 중에서 경미한 사항과 이에 대해 변경하는 경우에 대한 규정을 제시하고 있다.
- 경관협정의 경미한 사항을 변경하는 경우는 경관협정 체결자의 수가 10분의 1 이내의 범위에서 변경되는 경우와 지구단위계획의 경미한 변경 등과 같이 관련계획의 경미한 변경에 따른 경우가 해당된다. 여기서 지구단위계획의 경미한 변경은 「국토의 계획 및 이용에 관한 법률 시행령」 제25조제4항(주4)을 준용하고 있다.
- 그러나 지구단위계획의 경미한 변경은 경관협정의 측면에서 보면 규모가 클 수 있어서 경관협정에서 일어날 수 있는 경미한 변경에 대한 기준이 필요하다고 본다. 예를 들어 경관협정으로 골목길의 꽃가꾸기를 하다가 벽화그리기로 바꾸고자 할 때 이것을 경미한 변경으로 볼 수 있을까? 아직 경관협정이 많지 않아 예측할 수 없지만 경미한 변경에 대해 인정해 주어야 경관협정이 활성화될 수도 있다.

(주4) : 「국토의 계획 및 이용에 관한 법률 시행령」 제25조제4항에 따른 지구단위계획의 경미한 변경은 다음과 같다.

1. 지구단위계획으로 결정한 용도지역 · 용도지구 또는 도시 · 군계획시설에 대한 변경결정으로서 제3항 각호의 1에 해당하는 변경인 경우
2. 가구면적의 10퍼센트 이내의 변경인 경우
3. 획지면적의 30퍼센트 이내의 변경인 경우
4. 건축물높이의 20퍼센트 이내의 변경인 경우(층수변경이 수반되는 경우를 포함한다)
5. 제46조제7항제2호 각목의 1에 해당하는 획지의 규모 및 조성계획의 변경인 경우
6. 건축선의 1미터 이내의 변경인 경우
7. 건축물의 배치 · 형태 또는 색채의 변경인 경우
8. 지구단위계획에서 경미한 사항으로 결정된 사항의 변경인 경우. 다만, 용도지역 · 용도지구 · 도시 · 군계획시설 · 가구면적 · 획지면적 · 건축물높이 또는 건축선의 변경에 해당하는 사항을 제외한다.
9. 법률 제6655호 국토의계획및이용에관한법률 부칙 제17조제2항의 규정에 의하여 제2종지구단위계획으로 보는 개발계획에서 정한 건폐율 또는 용적률을 감소시키거나 10퍼센트 이내에서 증가시키는 경우(증가시키는 경우에는 제47조제1항의 규정에 의한 건폐율 · 용적률의 한도를 초과하는 경우를 제외한다)
10. 지구단위계획구역 면적의 10퍼센트(용도지역 변경을 포함하는 경우에는 5퍼센트를 말한다) 이내의 변경 및 동 변경지역 안에서의 지구단위계획의 변경
11. 그 밖에 국토교통부령이 정하는 경미한 사항의 변경인 경우

| Q&A |

▶경관협정의 경미한 변경을 판단할 수 있는 기준은 무엇인가요?

시행령 제15조에 따라 경관협정체결자의 수가 10분의 1이내의 범위에서 변경되거나, 관련계획에서 경미한 변경으로 정한 것만 경미한 변경으로 인정합니다. 이것을 제외한 나머지는 경미한 변경이 아닙니다.

제23조(경관협정의 폐지) ① 협정체결자 또는 경관협정운영회의 대표자는 경관협정을 폐지하려는 경우 협정체결자 과반수의 동의를 받아 대통령령으로 정하는 바에 따라 해당 시 · 도지사등의 인가를 받아야 한다.
② 경관협정의 폐지에 관하여는 제21조제2항을 준용한다.

| 요지 |

경관협정의 폐지인가 절차와 경관협정의 폐지내용을 공고하고 열람하는 사항을 규정함

| 해설 |

① 경관협정의 폐지

- 경관협정의 폐지인가를 얻고자 하는 자는 경관협정 인가절차와 마찬가지로 협정체결자의 과반수 동의를 얻은 후에 경관위원회의 심의를 거쳐 인가받아야 함을 밝히고 있는 조항이다.
- 경관협정체결자 또는 경관협정운영회 대표자는 기 인가된 경관협정을 폐지하고자 할 경우에 경관협정 폐지신청서, 경관협정 폐지사유서, 경관협정서, 경관협정지역의 위치도, 토지소유자 및 건축물소유자의 동의서, 경관협정의 주요내용, 경관협정운영회의 규약, 경관협정체결자 명부, 기타 시장이 필요하다고 인정하는 서류를 첨부하여 특별시장·광역시장·특별자치도지사·시장 또는 군수에게 신청하도록 한다. 이때 경관과 관련된 사항에 대한 심의 또는 자문을 위하여 시·도지사등의 소속으로 설치하는 경관위원회의 심의를 거쳐 폐지인가를 받아야한다.
- 시·도지사등은 지원금 등의 재정지원을 받은 경관협정의 경우에 경관협정 승인신청서에 명시된 폐지 시 시·도지사등의 반환규정을 근거로 반환을 요청할 수 있다.
- 경관협정의 폐지는 경관협정의 인가와 동일한 절차를 거치기 때문에 경관

법 제21조제1항을 참조한다.

② 경관협정의 폐지공고

- 경관협정의 폐지를 위해서는 폐지결정에 대한 공고 및 열람은 경관협정의 인가와 변경에 따른 공고 및 열람하는 방식과 동일함을 밝히고 있는 조항이다.
- 경관협정체결자 또는 경관협정운영회의 대표자가 제출한 경관협정의 폐지를 시·도지사등이 인가했을 때에는, 경관협정의 폐지결정내용을 해당 지방자치단체의 공보에 게재하여 공고하고, 주민이 열람할 수 있게 한다는 내용이다.

제24조(경관협정의 준수 및 승계) ① 경관협정의 대상이 되는 구역에서 제19조제4항 각 호의 사항에 해당하는 행위를 하려는 협정체결자는 제21조 및 제22조에 따라 인가된 경관협정의 내용을 준수하여야 한다.

② 경관협정이 제21조제2항에 따라 공고된 후 경관협정의 대상이 되는 구역에서 협정체결자인 토지소유자등으로부터 권리를 이전 또는 설정 받은 자 중 대통령령으로 정하는 자는 협정체결자로서의 지위를 승계한다. 다만, 경관협정에서 달리 정한 경우에는 그에 따른다.

| 요지 |

경관협정의 대상구역에서 협정내용의 준수의무와 협정체결자의 지위승계를 규정함

| 해설 |

① 경관협정의 준수

- 경관협정체결자는 인가된 경관협정을 지속적으로 준수해야 한다는 것을 밝히고 있는 조항이다.
- 경관협정 대상구역 내에서 경관협정의 체결내용에 해당하는 행위를 하려는 협정체결자는 경관협정의 인가와 경관협정의 변경에 따라 인가된 경관협정의 내용을 준수하여야 한다.
- 지방자치단체, 주민, 사업자 등 경관협정체결자는 건축행위 및 개발행위가 경관협정의 내용에 부합되도록 해야 한다. 주민은 협정에서 정한 내용을 준수하고, 지방자치단체는 경관협정에 의한 경관사업 추진 시 적극 협조하도록 한다.

② 경관협정의 승계

- 경관협정 대상구역 내에서 협정체결자로서의 지위를 승계한다는 것을 밝히고 있는 조항이다.

- 경관협정이 인가절차에 따라 공고된 후에는 경관협정 대상구역 내에서 협정체결자인 토지소유자등으로부터 권리를 이전 또는 설정 받은 자는 협정체결자로서의 지위를 승계한다. 다만, 경관협정에서 달리 정한 경우에는 그에 따른다.
- 이것은 경관협정 대상구역에서는 협정체결자가 바뀌더라도 건축물소유자, 지상권자, 이해관계자의 지위를 승계한다는 내용이다.

시행령 제16조(경관협정의 승계자) 법 제24조제2항 본문에서 "대통령령으로 정하는 자"란 협정체결자로부터 권리를 이전받거나 설정받은 날부터 60일 이내에 해당 경관협정을 인가한 시 · 도지사등에게 해당 지방자치단체의 조례로 정하는 바에 따라 협정체결자로서의 지위를 승계하기로 신고한 자를 말한다.

○ **경관협정의 승계자**

- 경관협정의 승계자는 협정체결자로부터 권리를 이전받거나 설정 받은 날로부터 60일 이내에 경관협정을 인가한 시 · 도지사등에게 해당 지방자치단체의 조례에 따라 협정체결자로서의 지위를 승계하기로 신고한 자를 말한다는 것을 규정하고 있다.
- 경관협정 체결자로서의 지위를 승계받고자 하는 자는 협정체결자로서의 지위승계 내용, 협정체결자로부터 권리를 이전 또는 설정 받은 증빙서류, 토지 및 건축물 소유자의 동의서를 시장에게 신고하여야 한다.
- 최초로 경관협정을 체결한 자가 매매나 증여 · 양도 등을 통해 토지소유권을 다른 사람에게 넘길 경우, 경관협정도 승계되어야 하며, 경관협정서에 승계방법에 대해 명시할 필요가 있다. 매매 시 계약서에 경관협정의 승계에 대한 단서를 부가하는 등의 방법에 대해서도 명시한다.

제25조(경관협정에 관한 지원) ① 시 · 도지사등은 경관협정서 작성 등의 자문에 대한 응답 등 경관협정에 관한 기술적 · 재정적 지원을 할 수 있다.

② 협정체결자 또는 경관협정운영회의 대표자는 경관협정에 필요한 비용 등을 지원받으려는 경우 대통령령으로 정하는 바에 따라 시 · 도지사등에게 사업계획서를 제출하여야 한다.

| 요지 |

경관협정체결자와 경관협정운영회는 경관협정에 관한 기술적·재정적 지원을 받을 수 있고, 재정지원을 받을 때 필요한 서류를 규정함

| 해설 |

① 경관협정에 관한 지원

- 경관협정체결자 또는 경관협정운영회의 대표자는 시·도지사등에게 경관협정서 작성 및 경관협정에 의한 정비에 필요한 비용 등에 대해 기술적 또는 재정적 지원을 받을 수 있음을 밝히고 있는 조항이다.
- 시·도지사등은 자율적인 경관협정 체결을 유도하기 위하여 협정체결을 위한 경관협정서 작성의 자문지원과, 경관협정구역 내에서 필요한 계획수립을 위한 전문가지원, 경관협정과 관련된 경관사업지원 등을 할 수 있다는 규정이다.
- 시·도지사등이 재정지원을 하는 경우에는 경관협정의 기준을 제시하거나 경관협정의 범위 및 내용의 조정을 권고할 수 있다.
- 시·도지사등은 지방자치단체의 조례에 따라 경관협정에 필요한 비용의 전부 또는 일부를 보조하거나 융자할 수 있도록 정하고 있다. 지원할 수 있는 비용은 경관협정에 의해 추진하는 사업비, 경관협정운영회의 운영에 필요한 경비, 사업계획의 수립을 위한 조사비·설계비·연구비, 경관협정사업에 따른 유지관리·홍보비, 그 밖에 시장이 인정하는 경관협정의 이행에 소요되는 사업비 등이 해당된다.

- 시·도지사등은 해당 경관협정의 사업효과를 높이기 위하여 경관사업을 병행 추진할 필요가 있다고 인정하는 경우에는 공공부문에 대한 경관사업계획을 수립·시행할 수 있다.

② 경관협정에 관한 지원서류

- 경관협정에 필요한 재정지원을 받고자 할 경우에 필요한 서류를 밝히고 있는 조항이다.
- 경관협정체결자 또는 경관협정운영회의 대표자가 경관협정에 필요한 비용 등을 재정지원 받고자 할 경우에는 사업계획서를 시·도지사등에게 제출하고, 사업계획서에 대해 공익성과 경관형성의 적합성을 판단하기 위해 시·도지사등의 소속으로 설치하는 경관위원회의 심의를 받아야 한다. 즉, 경관법시행령 제24조에 따라 비용 등을 지원받는 경관협정의 결정은 경관심의를 거치도록 하고 있다.

시행령 제17조(경관협정 지원대상 사업계획서) 법 제25조제2항에 따라 경관협정에 필요한 비용 등을 지원받기 위하여 제출하는 사업계획서에는 다음 각 호의 사항이 포함되어야 한다.

1. 사업의 목표
2. 협정체결자 또는 경관협정운영회의 대표자
3. 사업내용 및 추진계획
4. 사업비용(지원이 필요한 금액을 포함한다)
5. 그 밖에 해당 지방자치단체의 조례로 정하는 사항

○ 경관협정 지원대상 사업계획서

- 경관협정에 필요한 비용 등을 지원받기 위해 필요한 사업계획서에 포함되어야 할 내용을 규정하고 있다.
- 경관협정에 필요한 비용 등을 지원받기 위하여 제출하는 사업계획서에는 사업의 목표, 협정체결자 또는 경관협정운영회의 대표자, 사업내용 및 추진계획, 지원이 필요한 금액을 포함한 사업비용, 해당 지방자치단체의 조례로 정하는 사항 등을 포함하여야 한다.
- 해당 지방자치단체의 조례로 정하는 사항에는 사업명, 경관계획과의 연계성, 사업비 산출근거, 사업비 조달계획, 지원 또는 융자되는 사업비의 집행 및 상환 계획, 유지관리 계획, 사업

계획 관련 도서 등이 있다.

- 시 · 도지사등은 사업시행 및 추진방법 등에 대한 자문, 보조, 조언 등의 수단으로 인력을 지원하거나, 경관형성 재원을 통해 사업비의 일부 또는 전부를 지원할 수 있다. 지원금을 교부받은 경우, 경관협정체결자 또는 경관협정운영회의 대표자는 기간별로 추진실적 및 추진계획에 대해 시 · 도지사등에게 보고하여야 한다.

| Q&A |

▶경관협정에 필요한 비용 등을 지원받을 수 있는지, 어떤 비용을 지원받을 수 있는지, 얼마나 지원받을 수 있는지요?

경관법 제25조에 따라 경관협정서 작성 등의 자문에 대한 응답 등 경관협정에 관한 기술적·재정적 지원을 할 수 있으며, 지방자치단체의 조례로 경관협정에 필요한 비용의 전부 또는 일부를 보조하거나 융자할 수 있도록 정하고 있습니다. 경관협정에 필요한 재정지원은 경관협정에 의해 추진하는 사업비, 경관협정운영회의 운영에 필요한 경비, 사업계획의 수립을 위한 조사비, 설계비 및 연구비, 경관협정 사업에 따른 유지관리 및 홍보비, 지방자치단체장이 인정하는 경관협정의 이행에 소요되는 사업비 등이 해당됩니다. 경관법시행령 제24조에 따라 비용 등을 지원받는 경관협정의 결정은 경관심의를 거치도록 하고 있습니다. 경관협정의 사업효과를 높이기 위하여 경관사업을 병행 추진할 필요가 있다고 인정하는 경우에는 공공부분에 대한 경관사업계획을 수립·시행할 수 있으며, 사업비를 지원받을 수 있습니다.

경관협정의 프로세스 종합

- 주민 스스로 생활환경을 개선하는 과정에서 주민이 경관개선을 기획하고, 이를 위한 약속으로 협정을 체결한다. 이러한 경관협정의 추진절차는 협정기획단계, 협정체결단계, 협정인가단계, 협정운영단계로 구분할 수 있다.

단계	근거	절차	내용
기획단계	경관법 제19조 경관법 시행령 제10조	경관협정 체결자	· 건축물소유자, 지상권자, 이해관계자 · 1인 경관협정 체결자
	경관법 제20조 경관법 시행령 제12조	경관협정운영회 설립	· 경관협정 체결자의 과반수 동의 · 시 · 도지사등에 신고
체결단계	경관법 제19조	경관협정서 작성	· 경관협정 목적, 위치, 내용, 체결자 등
	경관법 제19조 경관법 시행령 제11조	경관협정의 체결	· 경관협정 체결내용 · 경관협정 체결자의 전원합의
인가단계	경관법 제21조 경관법 시행령 제13조	경관협정 인가신청	· 경관협정서 제출 · 시 · 도지사등의 승인
	경관법 제21조	경관위원회 심의	· 경관협정 내용의 타당성 검토
	경관법 제21조 경관법 시행령 제14조	경관협정 인가 및 공고	· 경관협정의 인가 및 절차 · 경관협정의 공고 및 열람
운영단계	경관법 제24조 경관법 시행령 제16조	경관협정 준수 및 승계	· 건축행위 및 개발행위 시 협정준수 · 경관협정 승계자
	경관법 제25조 경관법 시행령 제17조	경관협정의 지원	· 경관협정 지원방안의 제시 · 경관협정 지원대상 사업계획서 작성
	경관법 제22, 23조	경관협정 변경 및 폐지	· 경관협정의 변경 및 폐지 인가

그림 4-4 경관협정의 프로세스

제5장
사회기반시설 사업 등의 경관심의

2013년까지 80여개 지방자치단체에서 경관조례 등에 의거하여 경관심의를 실시해 왔으나, 이에 대한 법적근거를 마련하여 경관심의를 체계화하고 내실화할 필요가 있었다. 또한 국토경관 형성에 큰 영향을 미치는 사회기반시설사업, 개발사업, 중소규모 건축물에 대해, 경관관리 수단이 미흡하여 획일적이고 위압적인 경관을 형성해 왔던 것들에 대한 경관관리를 위한 경관심의를 실시하여 초기 계획단계부터 경관을 고려하고자 하였다.

경관법 제5장 '사회기반시설 사업 등의 경관심의'는 2013년 경관법이 개정되면서 사회기반시설, 개발사업, 건축물의 경관심의에 관한 사항이 추가되면서 생기게 되었다. 경관심의대상은 사회기반시설, 개발사업, 건축물에 대해 실시하고, 사회기반시설은 금액에 따라, 개발사업은 면적에 따라, 건축물은 유형에 따라 정하였다. 경관심의기준은 사회기반시설은 도로·철도시설·도시철도시설·하천시설에 따른 체크리스트에 따라 실시하고, 개발사업은 체크리스트와 사전경관계획에 따라 실시하며, 건축물은 건축물 체크리스트에 따라 실시한다.

'제26조 사회기반시설사업의 경관심의'에서는 도로·철도시설·도시철도·하천시설 등의 사회기반시설 사업별 경관심의의 대상과 규모, 시기와 주체, 기준과 절차에 관한 사항을 다루고 있으며, '제27조 개발사업의 경관심의'에서는 개발사업별 경관심의의 대상, 시기, 기준, 절차에 관한 사항을 규정하였으며, 사전경관계획을 수립해야 할 개발사업과 사전경관계획의 수립내용에 관한 사항을 다루고 있다. 또한 '제28조 건축물의 경관심의'에서는 경관심의를 받아야 하는 건축물의 유형과 이들에 대한 심의 시기와 주체, 기준 등에 관한 사항과 우수한 경관을 창출하기 위한 건축기준 완화적용에 관한 사항을 다루고 있다.

경관법 '제5장 사회기반시설 사업 등의 경관심의'의 구성

경관법	경관법 시행령	지침
제26조 사회기반시설 사업의 경관심의 - 사회기반시설사업의 경관심의 대상 → 대통령령 → 지자체조례 - 사회기반시설사업의 경관심의기준 → 고시 - 사회기반시설 사업의 경관심의 결과조치 → 대통령령	**제18조 사회기반시설 사업의 경관심의 대상 등** - 사회기반시설 사업의 경관심의대상 → 지자체조례 - 사회기반시설 사업의 경관심의 시기와 주체 - 사회기반시설 사업의 경관심의절차 - 경관과 관련된 위원회의 구성기준 → 고시	경관심의 운영지침
제27조 개발사업의 경관심의 - 개발사업의 경관심의 → 대통령령 - 개발사업의 경관심의기준 → 고시 - 개발사업의 사전경관계획의 수립 및 내용 → 대통령령 - 특별건축구역의 지정신청	**제19조 개발사업의 경관심의 대상 등** - 개발사업의 경관심의대상 - 개발사업의 경관심의시기 - 개발사업의 심의절차와 제출서류 등 → 고시	경관심의 운영지침
	제20조 사전경관계획의 수립 등 - 사전경관계획의 수립대상 개발사업 - 사전경관계획에 반영할 사항 - 사전경관계획의 심의첨부서류 → 고시 - 사전경관계획의 필요사항 → 고시	경관심의 운영지침
제28조 건축물의 경관심의 - 건축물의 경관심의 대상 → 대통령령 → 지자체조례 - 건축물의 경관심의 기준 → 고시 - 건축물의 기준완화 요청 → 대통령령 - 건축물의 건축기준 완화결정 - 건축물의 기준완화 사항 → 대통령령	**제21조 건축물의 경관심의** - 건축물의 경관심의와 주체 - 건축기준 완화적용요청서를 제출 - 건축물의 경관심의절차 및 건축기준 완화적용요청서 작성방법 → 고시	경관심의 운영지침

제26조(사회기반시설 사업의 경관심의) ①「건설기술 진흥법」 제2조제6호에 따른 발주청(이하 이 조에서 "발주청"이라 한다)은 다음 각 호의 사회기반시설 사업으로서 대통령령으로 정하는 규모 이상의 사업을 실시하려고 하는 경우 대통령령으로 정하는 바에 따라 제29조제1항에 따른 경관위원회(이하 이 장에서 "경관위원회"라 한다)의 심의를 거쳐야 한다.

1.「도로법」에 따른 도로
2.「철도건설법」에 따른 철도시설
3.「도시철도법」에 따른 도시철도시설
4.「하천법」에 따른 하천시설
5. 그 밖에 지방자치단체의 조례로 정하는 시설

② 제1항에 따른 경관위원회의 심의기준은 환경 관계 법률에 따른 환경성평가와 중복되지 아니하도록 국토교통부장관이 환경부장관과 협의하여 고시한다.

③ 제1항에도 불구하고 대통령령으로 정하는 바에 따라 발주청에서 구성한 경관과 관련된 위원회의 심의를 거친 경우 경관위원회의 심의를 받지 아니한다. 이 경우 발주청은 심의 결과를 15일 이내에 해당 경관위원회에 제출하여야 한다.

| 요지 |

사회기반시설 사업에 대한 경관심의의 대상과 규모, 시기와 주체, 기준과 절차 등을 규정함

| 해설 |

① 사회기반시설 사업의 경관심의 대상

- 사회기반시설 사업을 실시할 때는 경관심의를 거쳐야 한다는 것을 밝히고 있는 조항이다.
- 발주청(주5)은 사회기반시설 사업에 대해 국토교통부장관 또는 시·도지사등 소속으로 설치하는 경관위원회 또는 경관과 관련된 위원회의 심의를 거쳐야 한다. 사회기반시설 사업의 경관심의는 중앙행정기관과 지방자치단체에서 시행할 수 있으며, 발주청이 중앙행정기관인 경우와 지방자치단체인 경우에 따라 각각의 발주청에서 구성한 경관위원회 또는 경관과 관련된 위원회의 심의를 거칠 수 있다.

- 경관심의의 대상이 되는 사회기반시설 사업은 도로, 철도시설, 도시철도시설, 하천시설과 지방자치단체의 조례로 정하는 시설을 말한다. 지방자치단체의 조례로 정하는 사회기반시설은 사업의 승인주체 및 시행주체가 해당 지방자치단체인 사회기반시설 사업에 국한하며, 「사회기반시설에 대한 민간투자법」에 따른 사회기반시설(주6) 중에서 선택할 수 있다. 특히, 지방자치단체의 조례로 정하는 사회기반시설 사업은 지역경관에 미치는 영향이 큰 사업을 대상으로 선택적으로 선정하는 것이 바람직하다. 중앙행정기관에서는 사업의 승인주체 및 시행주체가 중앙행정기관인 사회기반시설 사업 중에서 도로, 철도시설, 도시철도시설, 하천시설에 대해서만 경관심의를 한다.

(주5): 「건설기술 진흥법」 제2조제6호에 따른 발주청은 건설공사 또는 건설기술용역을 발주하는 국가, 지방자치단체, 「공공기관의 운영에 관한 법률」 제5조에 따른 공기업 · 준정부기관, 「지방공기업법」에 따른 지방공사 · 지방공단, 그 밖에 대통령령으로 정하는 기관의 장을 말한다. 또한 그 밖에 대통령령으로 정하는 기관의 장은 「건설기술 진흥법시행령」 제3조에 따라, ①국가 및 지방자치단체의 출연기관, ②국가, 지방자치단체 또는 「공공기관의 운영에 관한 법률」 제5조에 따른 공기업 · 준정부기관이 위탁한 사업의 시행자, ③국가, 지방자치단체 또는 공기업 · 준정부기관이 관계법령에 따라 관리하여야 하는 시설물의 사업시행자, ④「공유수면 관리 및 매립에 관한 법률」 제28조에 따라 공유수면 매립면허를 받은 자, ⑤「사회기반시설에 대한 민간투자법」 제2조제7호에 따른 사업시행자 또는 그 사업시행자로부터 사업시행을 위탁받은 자. 다만, 사업시행을 위탁받은 자는 해당 사업시행자의 자본금의 2분의 1 이상을 출자한 자로서 관계 중앙행정기관으로부터 발주청이 되는 것에 대한 승인을 받은 경우로 한정한다, ⑥「전기사업법」 제2조제4호에 따른 발전사업자, ⑦「신항만건설촉진법」 제7조에 따라 신항만건설사업 시행자로 지정받은 자를 말한다.

(주6): 「사회기반시설에 대한 민간투자법」 제2조제1호에 따라 "사회기반시설"이란 각종 생산활동의 기반이 되는 시설, 해당 시설의 효용을 증진시키거나 이용자의 편의를 도모하는 시설 및 국민생활의 편익을 증진시키는 시설로서, 도로 및 도로의 부속물, 철도, 도시철도, 항만시설, 공항시설, 다목적댐, 중수도, 하 · 폐수처리수 재이용시설, 하천시설, 어항시설, 폐기물처리시설, 전기통신설비, 전원설비, 가스공급시설, 집단에너지시설, 정보통신망, 물류터미널 및 물류단지, 여객자동차터미널, 관광지 및 관광단지, 노외주차장, 도시공원, 폐수종말처리시설, 공공처리시설, 재활용시설, 전문체육시설 및 생활체육시설, 청소년수련시설, 도서관, 박물관 및 미술관, 국제회의시설, 복합환승센터 및 지능형교통체계, 공간정보체계, 초고속정보통신망, 과학관, 철도시설, 유치원 및 학교, 군인의 복지 · 체육을 위하여 필요한 시설, 공공건설임대주택, 어린이집, 노인주거복지시설 · 노인의료복지시설 · 재가노인복지시설, 공공보건의료기관, 신항만건설사업의 대상이 되는 시설, 문화시설, 자연휴양림, 수목원, 유비쿼터스도시기반시설, 장애인복지시설, 신 · 재생에너지 설비, 자전거이용시설, 산업집적기반시설을 말한다.

시행령 제18조(사회기반시설 사업의 경관심의 대상 등) ① 법 제26조제1항 각 호 외의 부분에서 "대통령령으로 정하는 규모 이상의 사업"이란 다음 각 호의 어느 하나에 해당하는 사업을 말한다.
1. 총사업비가 500억원 이상인 도로 · 철도시설 · 도시철도시설 사업
2. 총사업비가 300억원 이상인 하천시설 사업
3. 그 밖에 지방자치단체의 조례로 정하는 규모 이상의 사회기반시설 사업

② 제1항 각 호의 어느 하나에 해당하는 사회기반시설 사업에 대하여 법 제26조제1항에 따라 경관위원회의 심의를 거치는 경우에는 다음 각 호의 기준에 따라야 한다.
1. 심의는 「건설기술 진흥법 시행령」 제71조에 따른 기본설계(이하 이 호에서 "기본설계"라 한다)를 완료하기 전에 마칠 것. 다만, 사업의 특성 등을 고려하여 경관위원회에서 기본설계를 완료하기 전에 심의를 마치기 어렵다고 인정하는 경우에는 「건설기술 진흥법 시행령」 제73조에 따른 실시설계를 완료하기 전에 심의를 마쳐야 한다.
2. 사회기반시설 사업별로 다음 각 목의 구분에 따른 경관위원회의 심의를 거칠 것
   가. 도로 사업의 경우: 「도로법」 제23조에 따른 도로관리청 소속으로 설치한 경관위원회
   나. 철도시설 및 도시철도시설 사업의 경우: 법 제29조제1항에 따라 국토교통부장관 소속으로 설치한 경관위원회
   다. 하천 사업의 경우: 「하천법」 제8조에 따른 하천관리청 소속으로 설치한 경관위원회

○ **사회기반시설 사업의 경관심의대상**

- 사회기반시설의 경관향상을 위하여 경관심의가 필요한 대상별 규모를 규정하고 있다.
- 중앙행정기관에서 시행하는 사회기반시설 사업의 경관심의대상은 도로 · 철도시설 · 도시철도시설 사업과 하천시설 사업의 규모에 따라 다르다. 도로 · 철도시설 · 도시철도시설 사업은 총사업비 500억원 이상의 규모에 대해 경관심의를 실시한다. 여기서 500억원은 국가재정법상 예비타당성 평가를 실시하는 대규모 사업의 기준과 일치한다. 또한 하천시설 사업은 총사업비 300억원 이상의 규모에 대해 경관심의를 실시한다. 이는 하천공사가 도로나 철도공사와는 달리 500억원 이상 대규모 사업이 극히 드문 점을 고려하여 300억원을 경관심의대상의 규모로 정하였다.
- 관할지역의 경관관리를 위하여 지방자치단체의 조례로 정하는 사회기반시설 사업은, 사업의 승인 및 시행주체가 해당 지방자치단체인 경우에 한정하며, 경관법 제26조제1항에 따른 도로 · 철도시설 · 도시철도시설, 하천시설 사업에 대해 규모를 정할 수 있고, 그 규모는 사업추진건수, 경관적 중요도를 고려하여 경관심의 수요에 대응할 수 있도록 결정하며, 지방자치단체마다 다를 수 있다. 또 「사회기반시설에 대한 민간투자법」에 따른 사회기반시설 사업의 종류와 규모를 경관심의대상으로 정할 수 있다.
- 예를 들어 대전광역시에서는 경관심의대상 사회기반시설 사업으로 1억원 이상인 조명공사, 5억원 이상인 건축공사, 10억원 이상인 교량 · 도로 · 육교 등 토목공사, 1억원 이상인 공원 및 조경공사를 정하고 있다. 인천광역시에서는 경관심의대상 사회기반시설 사업으로 100억

원 이상인 도로, 50억원 이상인 하천시설 사업을 정하고 있다. 용인시에서는 경관심의대상 사회기반시설 사업으로 50억원 이상인 도로, 100억원 이상인 철도시설, 1억원 이상인 도시철도시설, 10억원 이상인 하천시설, 100억원 이상인 하수시설, 여객자동차터미널, 주차대수 50대 이상인 노외주차장, 자전거 이용시설 중 자전거 도로, 도시공원을 정하고 있다.

- 국가가 승인 · 시행하는 사회기반시설 사업은 중앙행정기관에서 심의하고, 지방자치단체가 승인 · 시행하는 사회기반시설 사업은 지방자치단체에서 심의하며, 국가가 승인 · 시행하는 사회기반시설 사업을 지방자체단체에서 심의할 수 없다. 국가가 승인 · 시행하는 사업은 총 사업비 500억원과 300억원 이상을 심의대상으로 정하고 있고, 지방자치단체가 승인 · 시행하는 사업은 1억원에서 100억원 정도를 심의대상으로 정하고 있어서, 중앙행정기관의 심의대상보다 지방자치단체의 심의대상의 총 사업비가 훨씬 적다고 할 수 있다.

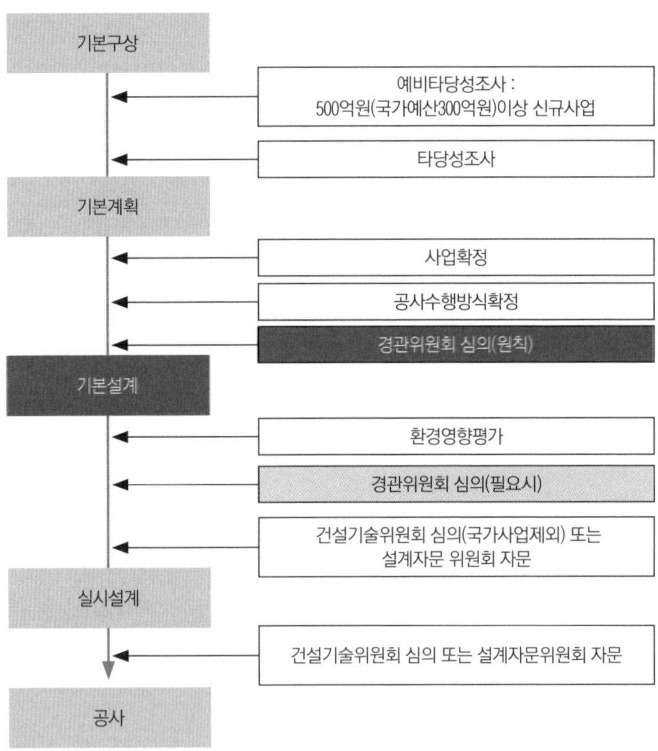

그림 5-1_사회기반시설 사업의 경관심의시기

○ **사회기반시설 사업의 경관심의 시기와 주체**

- 경관위원회의 심의를 거치는 사회기반시설 사업의 심의시기와 심의주체를 규정하고 있다.
- 사회기반시설 사업의 심의시기는 사업 초기단계부터 경관을 고려할 수 있도록 하기 위하여 기본설계(주7)를 완료하기 전에 실시하는 것을 원칙으로 하되, 경관위원회에서 사업별 특성에 따라 기본설계를 완료하기 전에 심의를 마치기 어렵다고 인정하는 경우에는 실시설계(주8)를 완료하기 전에 심의를 마치도록 하고 있다.
- 도로 · 철도시설 · 도시철도시설 중에서 기본설계를 하지 않거나, 기본설계를 하지만 구체성이 부족한 경우, 또는 기본설계를 포함하여 실시설계를 하는 경우에는 실시설계를 완료하기 전에 심의를 마치도록 하고 있다. 하천시설은 하천관리청이 시행하는 경우는 하천공사 시행계획 수립 전에 경관심의를 마쳐야 하고 하천관리청이 아닌 자가 시행하는 경우는 허가 전에 경관심의를 마쳐야 한다.

(주7): 「건설기술 진흥법 시행령」 제71조에 따라, 발주청은 건설공사기본계획을 반영하여 해당 건설공사에서의 주요 구조물의 형식, 지반(地盤) 및 토질, 개략적인 공사비, 실시설계의 방침 등을 포함한 기본설계를 하여야 한다.

(주8): 「건설기술 진흥법 시행령」 제73조에 따라 발주청은 기본설계를 토대로 실시설계를 하여야 하며, 실시설계를 할 때 구조물에 대해서는 해당 구조물의 이해관계자 등과 합동조사를 하여야 한다.

- 사회기반시설 사업의 심의주체는 사회기반시설 사업별 발주청 소속으로 설치하는 경관위원회에서 심의한다. 즉, 사회기반시설 사업마다 발주청이 다르기 때문에 심의주체도 달라진다. 국가가 승인 · 시행하는 사업은 국토교통부장관 소속으로 설치한 경관위원회에서 심의하고, 지방자치단체가 승인 · 시행하는 사업은 해당 지방자치단체장 소속으로 설치한 경관위원회에서 심의한다. 다음은 사회기반시설 사업별 심의주체로, 도로시설사업은 도로관리청(주9) 소속으로 설치한 경관위원회를, 철도시설 및 도시철도시설 사업은 국토교통부장관 소속으로 설치한 경관위원회를, 하천시설 사업은 하천관리청(주10) 소속으로 설치한 경관위원회를 거쳐야 한다.

(주9): 「도로법」 제23조에 따른 도로관리청은 ①고속국도와 일반국도 : 국토교통부장관, ②국가지원지방도 : 도지사 · 특별자치도지사, ③그 밖의 도 로: 해당 도로노선을 지정한 행정청, ④특별시 · 광역시 · 특별자치시 · 특별자치도 또는 시의 관할구역에 있는 일반국도와 지방도는 해당 시 · 도지사 또는 시장이 도로관리청이 된다.

(주10): 「하천법」 제8조에 따른 하천관리청은 국가하천은 국토교통부장관이 관리하고, 지방하천은 그 관할 구역의 시 · 도지사가 관리한다.

표 5-1_ 사회기반시설 사업의 경관심의주체

사회기반시설 유형	경관심의대상 (총사업비 기준)	경관심의주체	
		국가가 승인 · 시행사업	지방자치단체가 승인 · 시행사업
도로	500억원 이상	도로관리청 소속으로 설치한 경관위원회	
철도시설	500억원 이상	국토교통부장관 소속으로 설치한 경관위원회	
도시철도시설	500억원 이상	국토교통부장관 소속으로 설치한 경관위원회	
하천시설	300억원 이상	하천관리청 소속으로 설치한 경관위원회	
지방자치단체 조례로 정하는 시설	개별조례 참조		해당 지방자치단체장 소속으로 설치한 경관위원회

② 사회기반시설 사업의 경관심의기준

- 사회기반시설 사업의 심의기준은 국토교통부장관이 고시한다는 것을 밝히고 있는 조항이다.
- 사회기반시설 사업에 대한 경관위원회의 심의기준은 국토교통부장관이 환경부장관과 협의하여 "경관심의 운영지침 2-3-1"을 고시한다. "경관심의 운영지침"의 내용은 환경성평가와 중복되지 않도록 작성해야 한다. 즉, 환경성평가의 내용 중에서 '위락·경관'을 근거로 자연경관심의제도를 운영하고 있는데 자연경관심의제도와 개발사업 경관심의가 중복되지 않도록 하기 위해서이다.
- 경관위원회의 심의기준은 심의내용의 일관성을 유지하기 위하여 필요하며, 경관심의 시에는 현황조사 및 분석, 기본구상, 주요시설의 설계방향 등의 내용을 중심으로 경관측면의 적정성과 타당성을 검토한다. 구체적인 심의기준은 "경관심의 운영지침 2-3-1"을 참조한다.
- 경관위원회의 주요 심의내용을 체크리스트 형태로 작성하여 심의기준으

로 활용한다. 체크리스트는 사업자용과 심의위원용이 있으며, 검토항목으로는 기본방향, 기본구상, 주요시설 설계방향 등으로 구성되며, 사업자용과 심의위원용에 동일하게 적용된다. 사업자용은 사업자가 체크리스트의 각 항목에 대한 반영여부를 반영, 미반영, 해당없음으로 구분하여 체크한 후 도서와 함께 제출하며, 심의위원용은 심의위원이 심의나 자문을 할 때 체크리스트의 항목을 중심으로 심의를 진행하도록 한다. 이는 사업자의 계획내용과 심의위원의 심의내용이 일관성을 갖도록 하기 위해서이다.

- 도로, 철도시설, 도시철도시설, 하천시설에 대해 각각의 경관체크리스트를 규정하고, 구체적인 내용은 "경관심의 운영지침의 별지서식 제3호, 제4호, 제5호, 제8호, 제9호, 제10호"를 참조한다. 그러나 이 내용은 포괄적 내용으로서, 지방자치단체마다 상황이 다르기 때문에 사업특성 및 지역특성에 따라 별도의 세부 심의기준을 마련하는 것이 바람직하다.

표 5-2_ 사회기반시설 사업의 경관심의기준(사업자용)

[별지 제5호 서식]

하천시설의 경관체크리스트(사업자용)

사업명:

구분	검토항목	반영	미반영	해당 없음
기본방향	주변 경관과 연계되고 조화로운 하천경관을 형성			
	하천의 시각적인 연속성과 조망이 확보되도록 하천경관을 형성			
	친수공간은 접근성과 쾌적성을 고려하여 조성			
기본구상	하천의 미지형을 최대한 살리고 주변 경관과 시각적 연속성을 갖도록 계획			
	기존 오픈스페이스 및 공원 녹지와 연계하여 계획			
	주요 조망지점에서부터 하천으로의 조망권을 확보할 수 있도록 시각적인 조망축을 설정하여 하천으로의 개방감을 확보			
	하천구역과 주변의 토지이용, 도로, 건축물 등을 연계하여 일체적으로 계획			
	계절적 변화와 시간에 따라 변화하는 다양한 하천경관을 연출			
주요시설 설계방향	하천 내 인공시설물 설치를 지양하되, 불가피하게 인공구조물을 설치할 경우 과도한 디자인을 지양하고, 자연경관 변화를 최소화			
	공공시설물 등 하천 관련 시설물을 일관성 있게 디자인			
	친수공간을 조성하거나, 조망점, 하천트레일을 정비하는 경우에는 보행자의 접근성을 고려하여 설치			
	인공구조물은 시각적 개방감을 확보할 수 있도록 조망을 고려			
	댐 공간 및 부속시설은 경관 및 기능, 생태적 특성을 고려하여 디자인			
[사업자 의견*]				

* 미반영 또는 해당없음에 대한 구체적인 설명, 특별히 강조하고자 하는 사항에 대한 부연 설명을 작성

표 5-3_ 사회기반시설 사업의 경관심의기준(심의위원용)

[별지 제10호 서식]

하천시설의 경관체크리스트(심의위원용)

사업명:

구분	검토항목
기본방향	주변 경관과 연계되고 조화로운 하천경관을 형성
	하천의 시각적인 연속성과 조망이 확보되도록 하천경관을 형성
	친수공간은 접근성과 쾌적성을 고려하여 조성
기본구상	하천의 미지형을 최대한 살리고 주변 경관과 시각적 연속성을 갖도록 계획
	기존 오픈스페이스 및 공원 녹지와 연계하여 계획
	주요 조망지점에서부터 하천으로의 조망권을 확보할 수 있도록 시각적인 조망축을 설정하여 하천으로의 개방감을 확보
	하천구역과 주변의 토지이용, 도로, 건축물 등을 연계하여 일체적으로 계획
	계절적 변화와 시간에 따라 변화하는 다양한 하천경관을 연출
주요시설 설계방향	하천 내 인공시설물 설치를 지양하되, 불가피하게 인공구조물을 설치할 경우 과도한 디자인을 지양하고, 자연경관 변화를 최소화
	공공시설물 등 하천 관련 시설물을 일관성 있게 디자인
	친수공간을 조성하거나, 조망점, 하천트레일을 정비하는 경우에는 보행자의 접근성을 고려하여 설치
	인공구조물은 시각적 개방감을 확보할 수 있도록 조망을 고려
	댐 공간 및 부속시설은 경관 및 기능, 생태적 특성을 고려하여 디자인

[심의의견*]

심의위원: (인)

* 경관체크리스 검토항목을 기준으로 의견 제시

표 5-4_ 방음벽 경관심의기준(일반형-한국도로공사)

[도로공사 샘플]

한국도로공사(방음벽 체크리스트-일반형)

평가결과	적용	부분적용	미적용	해당사항없음
평가점수	2	1	0	-

항목	체크리스트	코드	평가
기본 구상	방음벽의 노선특성, 설치위치, 지역적 특성 등을 고려하여 테마를 설정한다.	G1	
	주변의 산, 강 등의 조망 경관요소가 있는지 검토한다.	G2	
	동일한 설치구간에는 동일한 유형으로 계획한다.	G3	
	주변 산세 또는 주요 건축물 등의 스카이라인을 고려하여 리듬감을 부여할 수 있다.	G4	
규모 디자인	방음벽의 높이와 연장을 고려하여 디자인의 세부방향을 설정한다.	G5	
	설정된 높이 기준에 준하여 경관적 측면에서의 형식을 검토한다.	G6	
배치 디자인	주변 생태환경과 설치여건을 고려하여 배치계획을 수립한다.	G7	
형태 디자인	동일한 방음벽 설치구간에서의 지주는 동일한 유형, 간격으로 계획한다.	G8	
	지주는 노출을 최소화하여 쾌적한 도로경관을 조성한다.	G9	
	방음벽의 시 · 종점부는 사선 또는 계단식의 형태로 자연스럽게 처리한다.	G10	
	방음벽의 후면이 외부에서 인지도가 높다면 미관적 처리를 계획한다.	G11	
	친환경적 방음벽 이미지 연출을 위하여 녹화계획을 반영한다.	G12	
	가급적 방음벽의 높이, 연장을 동일하게 유지하여 시각적 불안감과 피로감을 줄인다.	G13	
	방음벽의 상단부는 가볍게 처리하여 시각적 위압감을 줄인다.	G14	
	상단부의 끝단은 가급적 단차가 생기지 않도록 한다.	G15	
	상단부의 단차이 구간은 사선처리하거나 계단식의 처리로 일체감을 가지도록 한다.	G16	
	간섭형(소음감쇄기 장착) 방음벽의 경우 방음벽과의 일체감을 가지도록 한다.	G17	
	절곡형방음벽의 경우 높이 변화구간의 일체감을 유지한다.	G18	

표 5-5_ 방음벽 경관심의기준(자기평가용–한국도로공사)

[도로공사 샘플]

한국도로공사(방음벽 체크리스트–자가평가)

노선명	위치	제원
영동고속도로	신갈분기점 동백지구	높이: 약 15m, 혼합형 (투명, 알루미늄, PVC, 소음감쇄기)

항목	체크리스트	코드	평가
기본 구상	방음벽의 노선특성, 설치위치, 지역적 특성 등을 고려하여 테마를 설정한다.	G1	1
	주변의 산, 강 등의 조망 경관요소가 있는지 검토한다.	G2	2
	동일한 설치구간에는 동일한 유형으로 계획한다.	G3	2
	주변 산세 또는 주요 건축물 등의 스카이라인을 고려하여 리듬감을 부여할 수 있다.	G4	0
규모 디자인	방음벽의 높이와 연장을 고려하여 디자인의 세부방향을 설정한다.	G5	2
	설정된 높이 기준에 준하여 경관적 측면에서의 형식을 검토한다.	G6	2
배치 디자인	주변 생태환경과 설치여건을 고려하여 배치계획을 수립한다	G7	0
형태 디자인	동일한 방음벽 설치구간에서의 지주는 동일한 유형, 간격으로 계획한다.	G8	2
	지주는 노출을 최소화하여 쾌적한 도로경관을 조성한다.	G9	0
	방음벽의 시 · 종점부는 사선 또는 계단식의 형태로 자연스럽게 처리한다.	G10	2
	방음벽의 후면이 외부에서 인지도가 높다면 미관적 처리를 계획한다.	G11	1
	친환경적 방음벽 이미지 연출을 위하여 녹화계획을 반영한다.	G12	0
	가급적 방음벽의 높이, 연장을 동일하게 유지하여 시각적 불안감과 피로감을 줄인다.	G13	2
	방음벽의 상단부는 가볍게 처리하여 시각적 위압감을 줄인다.	G14	2
	상단부의 끝단은 가급적 단차가 생기지 않도록 한다.	G15	2
	상단부의 단차이 구간은 사선처리하거나 계단식의 처리로 일체감을 가지도록 한다.	G16	2
	간섭형(소음감쇄기 장착) 방음벽의 경우 방음벽과의 일체감을 가지도록 한다.	G17	2
	절곡형방음벽의 경우 높이 변화구간의 일체감을 유지한다.	G18	-

> **시행령 제18조(사회기반시설 사업의 경관심의 대상 등)** ④ 제2항에서 규정한 사항 외에 사회기반시설 사업에 대하여 경관위원회의 심의를 거치는 경우의 심의절차 등에 관하여 필요한 사항은 국토교통부장관이 정하여 고시한다.

○ **사회기반시설 사업의 경관심의절차**

- 사회기반시설 사업의 경관심의절차 등은 국토교통부장관이 고시한다는 것을 규정하고 있다.
- 사회기반시설 사업에 대해 경관위원회 심의를 거치는 경우의 심의절차 등에 관한 필요한 사항은 국토교통부장관이 정하여 고시한 "경관심의 운영지침 제5장"에 따른다.
- 사회기반시설 사업의 심의절차는 경관심의신청, 경관위원회 개최, 심의결과, 심의의견정리, 재심의, 심의결과처리 순으로 진행되며, 심의절차에 대한 구체적인 내용은 "경관심의 운영지침 5-1-1, 5-2-1"을 참조한다.
- 해당 사회기반시설 사업의 담당부서 또는 사업주체의 요청이 있는 경우에는 경관심의 전에 사전검토를 수행할 수 있다. 이때 사전검토는 사전검토 안내 및 요청, 사전검토신청 시 제출

단계	내용
① 경관심의 신청	• 사업부서→경관심의부서 - 제출서류 : 경관심의신청서, 경관심의도서, 경관체크리스트 ※ 사전검토를 거친 경우 사전검토결과 및 조치계획 제출
② 경관위원회 개최	• 경관심의 요청일로부터 30일 이내 개최 ※ 사전검토를 실시한 경우 사전검토위원 2명 이상 참석 - 심의방법 : 객관성 · 효율성 확보를 위하여 체크리스트를 중심으로 검토 : 국토공간계획지원체계(KOPSS)의 경관계획지원모형 활용
③ 경관심의결과	• 원안의결, 조건부의결, 재검토의결, 반려 중 하나로 정함 ※ 사전검토를 실시한 경우 원안의결 또는 조건부의결 중 하나로 정함
④ 심의의견정리	• 조건부 또는 재검토 의결을 하는 경우 위원장은 출석위원 과반수 이상의 동의를 얻어 종합 · 조정 - 조건과 재검토 요구사항은 사업자의 부담 증가를 충분히 고려하여, 지나치게 포괄적인 의견 또는 과도하게 엄격한 의견을 제시하는 것은 지양하고, 대안을 함께 제시
⑤ 재심의	• 당초 심의위원의 3분의 2이상을 포함하여 경관위원회 구성 • 종전 심의결과와 일관성 유지
⑥ 심의결과처리	• 경관심의 부서 : 심의결과 및 위원명단 공개 - 기간 : 심의 개최 후 10일 이내에 위원명단과 회의결과 공개 - 방법 : 해당기관의 인터넷 홈페이지 ※ 공동으로 심의하는 경우 해당 법률에서 규정한 공개 기준 준수 • 사업주체 : 심의결과에 대한 조치내용 경관심의 부서에 제출

그림 5-2_ 사회기반시설 사업의 경관심의절차

서류, 사전검토 실시, 사전검토 결과반영 순으로 진행된다. 사전검토절차는 초기단계의 경관협의로서 사전검토절차를 거친 경우에는 경관심의 시 원안가결, 조건부가결 중 하나만 가능하여 경관심의가 수월하며, 사전검토절차 시 전문가에 의한 경관자문을 받을 수 있으며, 심의기간의 단축으로 개발사업을 용이하게 하고, 사업자 부담을 최소화할 수 있다. 사전검토에 대한 구체적인 절차는 "경관심의 운영지침 5-1-1"을 참조한다.

단계	내용
① 사전검토 안내 및 요청	• (안내) 사업부서, 발주부서 → 사업자, 설계자 • (요청시기) 사업부서(사업자) 또는 설계자는 최종 설계(안)이 도출되기 이전 초기 단계에서 사전검토를 요청할 수 있다 • (제출서류) 경관사전검토서, 경관사전검토도서*, 경관체크리스트 *경관심의도서 작성방법을 준용
② 사전검토실시	• (개최일) 요청일로부터 20일 이내 • (사전검토위원) 경관위원회 위원 중 적정한 3인을 선정
③ 사전검토결과 반영	• (조치계획서) 사전검토 후 20일 이내에 경관담당부서에 제출 • (재검토회의) 사전검토회의는 재검토회의 포함 총 3회 이내로 함
④ 경관심의 완화	• 사전검토 절차를 거친 경우에는 경관심의 시 원안의결 · 조건부의결 중 하나만 가능

그림 5-3_ 사회기반시설 사업의 사전검토 절차

- 사전검토절차와 사전검토의견서는 다르다. 사전검토절차는 경관심의유형 중의 하나이며, 효율적인 경관심의를 위하여 경관심의 이전에 사업자가 심의기관에 계획내용에 대한 사전검토를 요청하는 것이다. 사전검토의견서는 경관심의과정 중의 하나이며, 경관위원회를 효율적으로 운영하기 위하여 심의위원이 경관위원회에 참석하기 전에 경관심의, 자문, 검토 등의 안건에 대해 사전에 의견을 제출하고, 그 의견에 대해 신청자가 준비하고 대응할 수 있도록 하기 위한 것을 말한다. 사전검토절차는 법적 절차 중의 하나이지만, 사전검토의견서는 심의기관에 따라 운영할 수도 있고, 운영하지 않을 수도 있다.
- 사회기반시설 사업의 경관심의 시 제출서류는 심의신청서, 체크리스트, 심의도서이다. 심의도서에는 표지, 목차, 사업개요, 현황조사 및 분석, 기본구상, 주요시설의 설계방향 등을 담도록 한다. 심의도서에 대한 구체적인 내용은 "경관심의 운영지침 2-4-1"을 참조한다.

③ 사회기반시설 사업의 경관심의 결과조치

- 발주청에서 구성한 경관과 관련된 위원회에서 경관심의를 할 수 있고, 심의결과는 15일 이내에 해당 경관위원회에 제출하여야 한다는 것을 밝히고

있는 조항이다.

- 일정규모 이상의 사회기반시설 사업은 국토교통부장관 또는 시·도지사등 소속의 경관위원회, 경관과 관련된 위원회의 심의를 거쳐야 하지만 지방국토관리청, 한국도로공사, 한국철도공사, 한국수자원공사, 한국철도시설공단 등의 발주청에서는 별도의 경관위원회를 구성하거나 현재 운영하고 있는 기술자문위원회에 경관관련 전문가를 보강하여 경관심의를 할 수 있다는 것을 말한다. 이 경우 경관위원회의 심의를 받지 않아도 된다는 것이며, 발주청은 심의결과를 15일 이내에 국토교통부장관에게 제출하여야 한다.
- 경관과 관련된 위원회의 구성기준에 대한 구체적인 사항은 경관법시행령 제18조제3항을 참조한다.

> **시행령 제18조(사회기반시설 사업의 경관심의 대상 등)** ③ 법 제26조제3항 전단에 따라 「건설기술 진흥법」 제2조제6호에 따른 발주청(이하 이 항에서 "발주청"이라 한다)에서 경관과 관련된 위원회를 구성하는 경우에는 다음 각 호의 기준에 따른다.
> 1. 「건설기술 진흥법」 제6조제1항에 따른 기술자문위원회 등 발주청에 설치된 기존 위원회에서 경관심의를 하는 경우: 해당 위원회의 위원 중 건축 · 도시 · 조경 · 환경 등 경관 관련 분야에 대한 학식과 경험이 풍부한 사람이 전체 위원 수의 3분의 1 이상 되어야 하며, 3명 이상이 경관 심의에 참여하도록 할 것
> 2. 발주청에서 경관과 관련된 위원회를 새로 구성하는 경우
>   가. 해당 위원회의 위원은 다음의 어느 하나에 해당하는 사람 중에서 발주청의 장이 임명하거나 위촉할 것. 이 경우 2)에 해당하는 위원의 수가 전체 위원 수의 3분의 2 이상 되어야 한다.
>   1) 발주청에서 경관 관련 업무를 담당하는 직원
>   2) 건축 · 도시 · 조경 · 토목 · 교통 · 환경 · 문화 · 농림 · 디자인 · 옥외광고 등 경관계획 관련 분야에 관한 학식과 경험이 풍부한 사람
>   나. 가목에서 규정한 사항 외에 해당 위원회의 구성에 관하여는 제25조제1항 · 제3항 및 제4항을 준용한다. 이 경우 제25조제1항 중 "경관위원회"는 "발주청에서 구성하는 경관과 관련된 위원회"로, 제25조제4항 중 "제2항제3호"는 "가목2)"로 본다.

○ **경관과 관련된 위원회의 구성기준**

- 발주청에서 경관과 관련된 위원회를 구성할 수 있는 기준을 규정하고 있다.
- 발주청이 구성할 수 있는 경관과 관련된 위원회는 발주청에 설치된 기존 위원회에서 경관심

의를 하는 경우와 발주청에서 경관과 관련된 위원회를 새로 구성하는 경우의 2가지 있으며, 각 위원회의 구성기준은 차이가 있다.

- 먼저 발주청에 설치된 기술자문위원회(주11) 등 기존 위원회에서 경관심의를 하는 경우에는 해당 위원회의 위원 중에서 건축 · 도시 · 조경 · 환경 등 경관관련 분야에 대한 학식과 경험이 풍부한 사람이 전체 위원 수의 3분의 1 이상 되어야 하며, 3명 이상이 경관심의에 참여해야 한다. 예를 들어 한국도로공사에서는 기술자문위원회 위원을 400명 정도로 구성하며, 기술자문위원회 분과위원회는 5명이상 50명 이하로 구성하고, 기술자문위원회 소위원회는 5명이상 30명 이하로 구성한다. 이때 기술자문위원회 위원을 400명으로 가정할 경우 이 중에서 경관관련 분야가 134명 이상이 되어야 하며, 기술자문위원회 분과위원회와 기술자문위원회 소위원회에는 3명 이상이 참여하여야 한다.
- 발주청에서 경관과 관련된 위원회를 새로 구성하는 경우의 위원은 발주청에서 경관관련 업무를 담당하는 직원이나, 건축 · 도시 · 조경 · 토목 · 교통 · 환경 · 문화 · 농림 · 디자인 · 옥외광고 등 경관계획 관련분야에 관한 학식과 경험이 풍부한 사람 중에서 발주청의 장이 임명하거나 위촉해야 한다. 이 경우 '건축 · 도시 · 조경 · 토목 · 교통 · 환경 · 문화 · 농림 · 디자인 · 옥외광고 등 경관계획 관련 분야에 관한 학식과 경험이 풍부한 사람'에 해당하는 위원의 수가 전체 위원수의 3분의 2 이상이 되어야 한다. 발주청에서 새로 구성하는 경관과 관련된 위원회는 위원장과 부위원장 각 1명을 포함하여 10명 이상 70명 이내의 위원으로 구성하고, 위원장과 부위원장은 위원 중에서 호선(互選)한다. 경관과 관련된 위원회의 위원 중 '건축 · 도시 · 조경 · 토목 · 교통 · 환경 · 문화 · 농림 · 디자인 · 옥외광고 등 경관계획 관련 분야에 관한 학식과 경험이 풍부한 사람'에 해당하는 위원의 임기는 2년으로 하고, 위원의 사임 등으로 새로 위촉된 위원의 임기는 전임위원 임기의 남은 기간으로 한다.

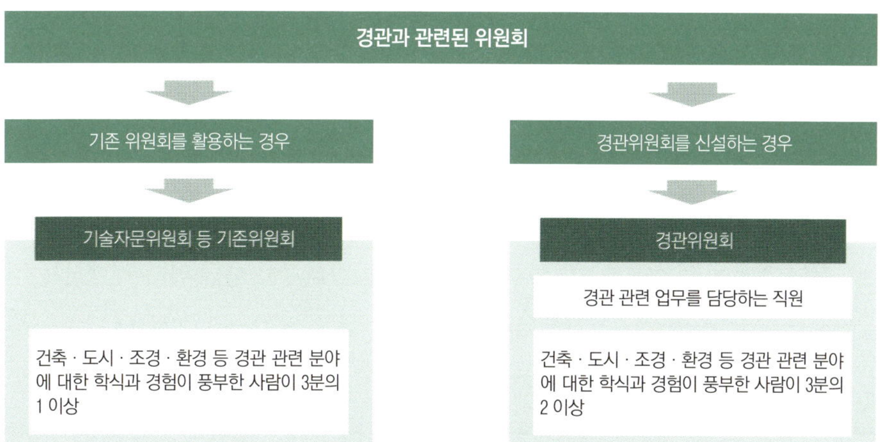

그림 5-4_ 경관과 관련된 위원회의 구성방법(발주청)

(주11): 「건설기술 진흥법」 제6조제1항에 따라 ① 건설공사의 설계 및 시공 등의 적정성에 관한 발주청의 자문에 응하게 하기 위하여 발주청에 기술자문위원회를 둘 수 있다. ② 기술자문위원회의 구성 · 기능 및 운영 등에 필요한 사항은 대통령령으로 정하는 기준에 따라 발주청이 정한다.

| Q&A |

▶사회기반시설 사업의 경관심의 대상에서 지방자치단체의 조례로 도로, 철도시설, 하천시설 등에 대한 규모를 달리 정할 수 있나요? 또한 사회기반시설의 종류도 정할 수 있나요?

시행령 제18조제1항3호에 따라 해당 지방자치단체 조례로 경관심의 대상이 되는 사회기반시설 사업의 규모와 시설을 정할 수 있도록 하고 있습니다. 이에 대한 자세한 사항은 "경관심의 운영지침 2-1-1"을 참조합니다.

▶중앙부처 사업이나 도로공사, 수자원공사 등 공공기관에서 추진하는 사회기반시설 사업에 대해서도 지방자치단체에서 조례로 정하여 경관심의를 할 수 있나요?

시행령 제18조제2항제2호에 정한 사업별 심의주체를 따르되, 지방자치단체의 조례로 정하는 사업은 해당 지방자치단체가 승인·시행 주체인 시설사업에 한정됩니다. 이에 대한 자세한 사항은 "경관심의 운영지침 2-1-1"을 참조합니다.

▶경관심의의 시기를 기본설계 이후 단계로 조정할 수 있는 경우는 언제인가요?

도로·철도시설·도시철도시설 중에서 사업의 특성상 기본설계를 하지 않거나, 기본설계를 하지만 구체성이 부족한 경우나, 기본설계를 포함하여 실시설계를 하는 경우 등 경관위원회에서 심의가 곤란하다고 인정하는 경우에는 실시설계 단계에서 심의할 수 있습니다. 또한 하천시설 중에서 하천관리청이 시행하는 경우는 하천공사시행계획 수립 전, 하천관리청이 아닌 자가 시행하는 경우는 허가 전에 경관심의를 마쳐야 합니다. 자세한 사항은 "경관법시행령 제18조제2항1호"와 "경관심의 운영지침 2-2-1"을 참조합니다.

▶ **지방자치단체에서 조례로 경관심의대상 사회기반시설 사업의 규모를 정하는 기준은 무엇인가요?**

사회기반시설 사업의 규모는 지방자치단체별 사업추진 건수, 경관적 중요도 등을 고려하여 경관심의 수요에 대응할 수 있도록 결정하는 것이 바람직합니다. 자세한 사항은 "경관조례 가이드라인 제23조"를 참조합니다.

▶ **경관심의 대상시설 사업에 대해 중앙행정기관에서는 총사업비가 500억원 이상을 심의하고, 지방자치단체에서는 총사업비가 100억원 이상을 심의하면, 중앙행정기관에서 500억원과 100억원 사이의 사업은 경관심의를 어떻게 하나요?**

중앙행정기관에서 500억원 이하는 경관심의를 하지 않습니다. 예를 들어 총 사업비 400억원 규모의 국도는 중앙행정기관에서 경관심의를 받지 않고, 총 사업비 400억원 규모의 지방도는 해당 지방자치단체에서 경관심의를 받을 수 있습니다. 총 사업비 500억원 이하의 국도는 중앙행정기관과 지방자치단체에서 경관심의를 할 수 없습니다. 지방자치단체에서는 지방자치단체가 승인, 시행주체인 것에 대해서만 가능합니다. 국가가 승인하고 시행하는 500억원 미만의 대규모 사업에 대해 경관적으로 검토할 수 있는 기준은 현재로서는 없습니다. 다만 발주청에서 경관자문 등을 시행할 수 있습니다.

▶ **기술자문위원회 위원이 500명이면 이 중에서 경관관련 분야의 위원이 얼마가 되어야 하나요?**

기술자문위원회 위원이 500명일 경우에 경관관련 분야의 위원은 167명 이상이 되어야 합니다. 단 기술자문위원회 분과위원회와 소위원회는 3명 이상이 출석합니다.

제27조(개발사업의 경관심의) ① 「도시개발법」 제2조제1항제2호에 따른 도시개발사업 등 대통령령으로 정하는 개발사업을 시행하려는 자는 개발사업에 따른 지구의 지정이나 사업계획의 승인 등을 받기 전에 대통령령으로 정하는 바에 따라 경관위원회의 심의를 거쳐야 한다.

② 제1항에 따른 경관위원회의 심의기준은 환경 관계 법률에 따른 환경성평가와 중복되지 아니하도록 국토교통부장관이 환경부장관과 협의하여 고시한다.

③ 제1항의 개발사업 중 대통령령으로 정하는 규모 이상의 개발사업을 시행하려는 자는 다음 각 호의 사항을 포함하여 대통령령으로 정하는 바에 따라 사전경관계획을 수립하여 경관위원회의 심의를 거쳐야 한다. 다만, 개발사업의 계획에 다음 각 호의 사항이 포함되어 있는 경우에는 사전경관계획을 수립한 것으로 본다.

1. 경관계획의 기본방향 및 목표에 관한 사항
2. 주변 지역의 경관 현황에 관한 사항
3. 경관 구조의 설정에 관한 사항
4. 건축물, 가로, 공원 및 녹지 등 주요 경관 요소를 통한 도시공간구조의 입체적 기본구상에 관한 사항

④ 제3항에 따라 사전경관계획을 수립(같은 항 각 호 외의 부분 단서에 따라 사전경관계획을 수립한 것으로 보는 경우를 포함한다)하여 경관위원회의 심의를 받으려는 자는 우수한 경관을 창출하기 위하여 필요한 경우 시 · 도지사 또는 시장 · 군수 · 구청장에게 「건축법」 제71조제1항에 따른 특별건축구역 지정 신청을 요청할 수 있다. 이 경우 특별건축구역 지정 신청을 요청받은 시 · 도지사 또는 시장 · 군수 · 구청장은 특별한 사유가 없으면 요청에 따라야 한다.

| 요지 |

개발사업의 경관심의에 대한 사항으로 개발사업별 심의시기, 심의주체, 심의기준 등을 규정하였으며, 사전경관계획의 수립대상과 특별건축구역의 지정신청을 규정함

| 해설 |

① 개발사업의 경관심의

- 개발사업을 시행하려는 자는 경관위원회 또는 경관과 관련된 위원회의 심의를 거쳐야 한다는 것을 밝히고 있는 조항이다.

- 도시개발사업 등의 개발사업을 시행하려는 자는 개발사업별 해당 중앙행정기관장 소속의 위원회 또는 해당 지방자치단체장 소속의 경관위원회의 심의를 거쳐야 하고, 이 경우 경관심의는 개발사업에 따른 지구지정이나 사업계획 승인을 받기 전에 마쳐야 한다는 것이다.
- 이 조항은 개정 경관법 시행(2014.2.7) 이후에 개발사업의 지구지정이나 사업계획 승인 등을 요청하는 경우부터 적용하고, 주민의 입안제안이 있는 경우에는 입안제안 시를 기준으로 한다. 경관심의 이후에 구역지정이나 개발계획이 변경되는 경우에 지정·승인 시와 같은 절차를 거칠 때는 경관심의를 다시 실시한다.
- 즉, 실시계획 수립 등의 과정에서 사업계획의 변경이 발생한 경우 및 각종 개발계획 또는 각종 구역·지구 등의 변경승인, 변경수립, 변경결정, 변경 또는 변경지정의 경우에는 다시 경관심의를 받아야 한다. 다만, 각 개발사업별 소관 법령에서 경미한 사항의 변경으로 보아 개발계획의 승인, 개발계획의 수립, 구역·지구 등의 지정과 같은 절차를 거치지 않는 경우에는 경관심의를 받지 않아도 된다.
- 또한, 개정 경관법 시행일(2014.2.7) 이전에 지구지정 또는 개발계획이 수립되었지만, 경관법 시행 이후에 구역지정이나 개발계획이 변경되는 경우에는 지정·승인 시와 같은 절차를 거치는 경우에는 경관심의의 대상이 된다.

시행령 제19조(개발사업의 경관심의 대상 등) ① 법 제27조제1항에서 "도시개발사업 등 대통령령으로 정하는 개발사업"이란 별표의 사업으로서 다음 각 호의 어느 하나에 해당하는 개발사업을 말한다.

1. 「국토의 계획 및 이용에 관한 법률」 제6조제1호에 따른 도시지역(이하 이 항에서 "도시지역"이라 한다)에서 시행하는 개발사업 대상지역 면적이 3만제곱미터 이상인 개발사업
2. 도시지역 외의 지역에서 시행하는 개발사업 대상지역 면적이 30만제곱미터 이상인 개발사업
3. 제1호 및 제2호에도 불구하고 별표 제3호다목에 해당하는 개발사업의 경우에는 개발사업 대상지역 면적이 20만제곱미터 이상인 개발사업

② 법 제27조제1항에 따라 개발사업에 대하여 경관위원회의 심의를 거치는 경우 그 심의 시기는 별표와 같다.

○ **개발사업의 경관심의대상**

- 시행령 별표의 개발사업 중 일정면적 이상은 경관심의를 거쳐야 한다는 것을 규정하고 있다.
- 개발사업 중에서 경관심의 대상이 되는 것은 대상지역과 대상면적에 따라 다르다. 즉, 도시지역에서 시행하는 개발사업 대상지역의 면적이 3만제곱미터 이상인 개발사업, 비도시지역에서 시행하는 개발사업 대상지역의 면적이 30만제곱미터 이상인 개발사업이 해당되며, 농어촌 생활환경 정비사업은 개발사업 대상지역의 면적이 20만제곱미터 이상인 개발사업이 경관심의 대상에 해당된다.
- 여기서 규정한 심의대상 개발사업의 면적기준은 계획적 관리의 필요성, 사업자 부담 등을 감안하여 설정하였으며, 규제심사 및 부처협의 결과 비도시지역은 도시지역과 달리 개발사업이 대규모인 점을 고려하여 30만제곱미터 이상으로 하였다. 다만, 농림부 협의결과 "농어촌 생활환경 정비사업"은 용도지역과 관계없이 20만제곱미터 이상으로 정하였다. 이들은 현재의 도시계획위원회 심의대상과도 일치한다.

표 5-6_ 개발사업의 경관심의대상

구분		심의대상 기준
별표의 개발사업	도시지역	3만제곱미터 이상인 개발사업
	비도시지역	30만제곱미터 이상인 개발사업
	지역무관	농어촌 생활환경 정비사업은 20만제곱미터 이상인 개발사업

○ **개발사업의 경관심의시기**

- 개발사업에 대한 심의시기는 사업별로 다르며, 별표에서 제시하는 바와 같다는 것을 규정하고 있다. (시행령 별표 참조)
- 개발사업의 경관심의는 도시계획위원회 또는 건축위원회 등 다른 위원회의 심의에 앞서 실시하거나, 관련위원회와 공동으로 심의할 수 있다.
- 경관심의 주체는 개발사업별 개발계획의 승인 · 수립, 구역 · 지구의 지정 등을 담당하는 기관의 소속으로 설치하는 경관위원회에서 실시한다. 다만, 중앙행정기관에서 개발계획의 승인 · 수립, 구역 · 지구의 지정 등을 하는 경우에는 중앙행정기관 소속의 위원회에서 정한 중앙도시계획위원회(중앙경관위원회의 기능을 수행)에서 경관심의를 실시한다. 타 부처사업은 경제자유구역 개발사업은 경제자유구역위원회, 연구개발특구 개발사업은 연구개발특구위원회, 항만재개발사업은 중앙항만정책심의회 등에서 실시한다. 지방자치단체장 승인사업은 해당 지방자치단체장 소속의 경관위원회에서 심의한다.

표 5-7_ 개발사업의 경관심의주체

구분	경관심의 대상 개발사업	심의시기	심의주체
도시 개발	혁신도시개발사업	개발계획의 승인 전	중앙도시계획위원회
	공공주택지구조성사업	지구계획의 승인 전	공공주택통합심의위원회
	도시개발사업	구역지정 전 및 계획수립 전	중앙도시계획위원회
	정비사업(주거환경개선제외)	정비계획수립 전 및 정비구역지정 전	–
	재정비촉진사업	재정비촉진계획의 결정 전	–
	도청이전신도시 개발사업	도청이전신도시 개발계획의 승인 전	–
	물류단지개발사업	개발계획의 수립 전 및 단지지정 전	중앙도시계획위원회
	역세권개발사업	역세권개발사업계획의 수립 전	중앙도시계획위원회
	주택건설사업 및 대지조성사업	사업계획의 승인 전	중앙도시계획위원회
	택지개발사업	지구지정 전 및 계획수립 전	중앙도시계획위원회
산업단지 조성	산업단지개발사업	개발계획수립 전 및 단지지정 전	중앙도시계획위원회
	산업단지 재생사업	재생계획수립 전 및 지구지정 전	중앙도시계획위원회
	준산업단지의 정비사업	정비계획수립 전 및 단지지정 전	중앙도시계획위원회
	산업단지개발사업	산업단지계획의 수립 또는 승인 전	중앙산업단지계획심의위원회
	연구개발특구의 개발사업	특구개발계획의 수립 전	연구개발특구위원회
	단지조성사업	단지조성사업의 실시계획의 승인 전	–
특정지역 개발	경제자유구역의 개발사업	경제자유구역개발계획의 확정 및 경제자유구역의 지정 전	경제자유구역위원회
	기업도시개발사업	기업도시개발계획의 승인 전	중앙도시계획위원회
	생활환경정비사업	마을정비계획의 수립 및 마을정비구역의 지정 전	–
	농업생산기반시설 및 주변지역 활용사업	도시 · 군관리계획의 결정 전	–
	해안권 또는 내륙권 개발사업	개발구역의 지정 전	중앙도시계획위원회
	광역개발권역의 개발사업	광역개발사업계획 수립 전	중앙도시계획위원회
	개발촉진지구의 지역개발사업	개발촉진지구 개발계획의 수립 전	중앙도시계획위원회
	특정지역의 지역개발사업	특정지역개발계획의 수립 전	중앙도시계획위원회
	지역종합개발지구의 개발사업	지역종합개발지구 개발계획 수립 전	중앙도시계획위원회
	친수구역조성사업	친수구역지정 전(사업계획수립 전)	중앙도시계획위원회
관광단지 개발	관광지 및 관광단지의 조성사업	관광단지 조성계획의 승인 전	–
	온천개발사업	온천개발계획의 승인 전	–
항만 건설	항만재개발사업	항만재개발사업계획 수립 전	중앙항만정책심의회
교통시설 개발	복합환승센터의 개발사업	복합환승센터 개발계획수립 및 지정 전	중앙도시계획위원회
비고: 위 표의 심의 시기란에서 각종 개발계획의 승인, 수립, 결정, 확정 또는 각종 구역, 지구 등의 지정은 같은 절차를 거치는 변경승인, 변경수립, 변경결정, 변경 또는 변경지정을 포함한다.			

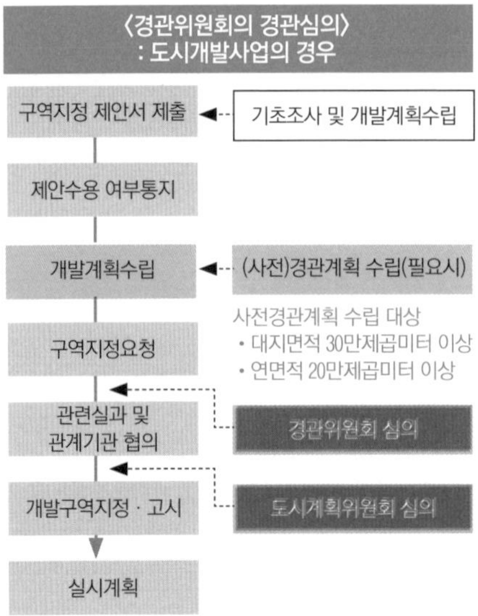

그림 5-5_ 도시개발사업의 경관심의시기(경관위원회)

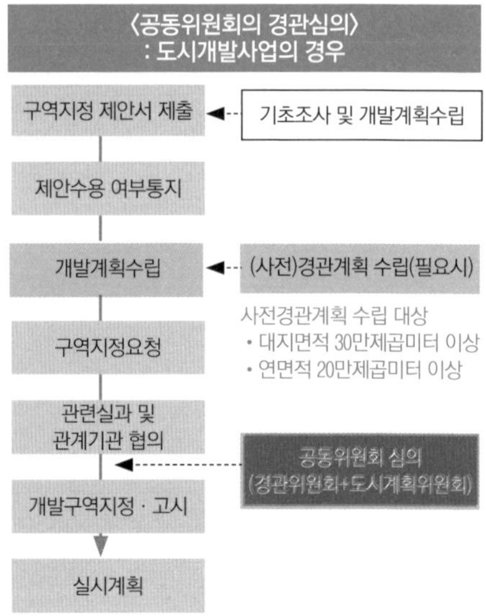

그림 5-6_ 도시개발사업의 경관심의시기(공동위원회)

② 개발사업의 경관심의기준

- 개발사업에 대한 경관심의기준은 국토교통부장관이 고시한다는 것을 밝히고 있는 조항이다.
- 개발사업에 대한 경관위원회의 심의기준은 국토교통부장관이 환경부장관과 협의하여 "경관심의 운영지침 3-3-1"(부록 참조)을 고시한다. "경관심의 운영지침"의 내용은 환경성평가와 중복되지 않도록 작성해야 한다. 즉, 환경성평가의 내용 중에서 '위락·경관'을 근거로 자연경관심의제도를 운영하고 있는데 자연경관 심의제도와 개발사업 경관심의가 중복되지 않도록 하기 위해서이다.
- 경관위원회의 심의기준은 심의내용의 일관성을 유지하기 위하여 필요하며, 경관심의 시에는 경관현황조사 및 분석, 경관 기본구상, 주요시설의 경관설계방향 등의 내용을 중심으로 경관측면의 적정성과 타당성을 검토한다. 경관위원회의 심의기준에 대한 구체적인 내용은 "경관심의 운영지침

표 5-8_ 개발사업의 경관심의기준(사업자용)

[별지 제6호 서식]

개발사업의 경관체크리스트(사업자용)

사업명:

구분	검토항목	반영	미반영	해당 없음
기본방향 및 목표	고유한 지역 현황을 반영하고 우수한 경관자원을 보존 · 활용			
	대상지를 포함한 지역 전체의 경관을 향상시키기 위한 계획 수립			
	기본방향에 따라 실현가능하고 일관된 목표 및 전략 수립			
경관 기본구상 (경관구조의 설정)	경관을 고려하여 밀도, 용도배치 등 토지이용계획과 교통처리계획 등을 설정			
	개발사업 규모, 장소의 특성 및 이용자를 고려한 경관구조(권역, 축, 거점) 설정			
	경관구조별 장소성 · 조화성 확보 및 특성화			
	토지이용, 지형 · 지세, 주변 지역의 스카이라인 등을 고려한 조화로운 스카이라인 형성			
	주변 맥락과 상징성을 고려한 주요 진입부, 경관거점 및 결절부 계획			
경관부문별 계획 (도시공간구조의 입체적 기본구상)	주변 지역의 가로체계, 토지이용 등의 현황 및 계획을 고려하여 인접한 건축물, 가로, 공원 및 녹지와 연계			
	경관구조의 위계 및 특성 등을 고려한 건축물, 가로, 공원, 녹지 등의 계획			
	커뮤니티 활동을 활성화하고 휴먼 스케일을 고려한 보행환경 및 가로경관 계획			
	주변 여건, 규모, 위치 등에 따른 이용자 특성을 고려한 공원 및 녹지 등 오픈스페이스 계획			
	토지이용, 지형 · 지세, 주변 지역의 스카이라인, 대상지의 정체성 등을 고려한 건축물의 배치, 형태, 규모 계획			
	건축물, 가로, 공원 및 녹지를 유기적으로 연계하여 통합적 · 입체적으로 계획			
	가로등, 신호등, 전신주, 도로표지판, 시설안내판 등 가로시설물은 보행환경 및 경관을 고려하여 통합지주로 계획			
[사업자 의견*]				

* 미반영 또는 해당없음에 대한 구체적인 설명, 특별히 강조하고자 하는 사항에 대한 부연 설명을 작성

표 5-9_ 개발사업의 경관심의기준(심의위원용)

[별지 제11호 서식]

개발사업의 경관체크리스트(심의위원용)

사업명:

구분	검토항목
기본방향 및 목표	고유한 지역 현황을 반영하고 우수한 경관자원을 보존 · 활용
	대상지를 포함한 지역 전체의 경관을 향상시키기 위한 계획 수립
	기본방향에 따라 실현가능하고 일관된 목표 및 전략 수립
경관 기본구상 (경관구조의 설정)	경관을 고려하여 밀도, 용도배치 등 토지이용계획과 교통처리계획 등을 설정
	개발사업 규모, 장소의 특성 및 이용자를 고려한 경관구조(권역, 축, 거점) 설정
	경관구조별 장소성 · 조화성 확보 및 특성화
	토지이용, 지형 · 지세, 주변 지역의 스카이라인 등을 고려한 조화로운 스카이라인 형성
	주변 맥락과 상징성을 고려한 주요 진입부, 경관거점 및 결절부 계획
경관부문별 계획 (도시공간구조의 입체적 기본구상)	주변 지역의 가로체계, 토지이용 등의 현황 및 계획을 고려하여 인접한 건축물, 가로, 공원 및 녹지와 연계
	경관구조의 위계 및 특성 등을 고려한 건축물, 가로, 공원, 녹지 등의 계획
	커뮤니티 활동을 활성화하고 휴먼 스케일을 고려한 보행환경 및 가로경관 계획
	주변 여건, 규모, 위치 등에 따른 이용자 특성을 고려한 공원 및 녹지 등 오픈스페이스 계획
	토지이용, 지형 · 지세, 주변 지역의 스카이라인, 대상지의 정체성 등을 고려한 건축물의 배치, 형태, 규모 계획
	건축물, 가로, 공원 및 녹지를 유기적으로 연계하여 통합적 · 입체적으로 계획
	가로등, 신호등, 전신주, 도로표지판, 시설안내판 등 가로시설물은 보행환경 및 경관을 고려하여 통합지주로 계획
[심의의견*] 심의위원: (인)	

* 경관체크리스트 검토항목을 기준으로 의견 제시

3-3-1"을 참조한다.

- 경관위원회의 주요 심의내용을 체크리스트 형태로 작성하여 심의기준으로 활용한다. 체크리스트는 사업자용과 심의위원용이 있으며, 검토항목으로는 기본방향 및 목표, 경관 기본구상(경관구조의 설정), 경관부문별 계획(도시공간구조의 입체적 기본구상) 등으로 구성되며, 사업자용과 심의위원용에 동일하게 적용된다. 사업자용은 사업자가 체크리스트의 각 항목에 대한 반영여부를 반영, 미반영, 해당없음으로 구분하여 체크한 후 도서와 함께 제출하며, 심의위원용은 심의위원이 심의나 자문을 할 때 체크리스트의 항목을 중심으로 심의를 진행하도록 한다. 이는 사업자의 계획내용과 심의위원의 심의내용이 일관성을 갖도록 하기 위해서이다.
- 개발사업에 대해 각각의 경관체크리스트를 규정하고, 구체적인 내용은 "경관심의 운영지침의 별지서식 제6호. 제11호"를 참조한다. 이 내용은 포괄적 내용으로써 지방자치단체마다 상황이 다르기 때문에 사업특성 및 지역특성에 따라 별도의 세부 심의기준을 마련하는 것이 바람직하다.

> **시행령 제19조(개발사업의 경관심의 대상 등)** ③ 제1항 및 제2항에서 규정한 사항 외에 개발사업에 대하여 경관위원회의 심의를 거치는 경우의 심의절차, 제출서류 등에 관하여 필요한 사항은 국토교통부장관이 정하여 고시한다.

○ 개발사업의 심의절차와 제출서류 등

- 개발사업의 경관심의에 필요한 사항은 국토교통부장관이 고시한다는 것을 규정하고 있다.
- 개발사업에 대하여 경관위원회의 심의를 거치는 경우의 심의절차, 제출서류 등에 관하여 필요한 사항은 국토교통부장관이 정하여 고시한 "경관심의 운영지침 제5장"에 따른다.
- 개발사업의 심의절차는 경관심의신청, 경관위원회 개최, 심의결과, 심의의견정리, 재심의, 심의결과처리 순으로 진행된다. 경관심의 절차에 대한 구체적인 내용은 "경관심의 운영지침 5-1-1, 5-2-1"을 참조한다.
- 해당 개발사업의 담당부서 또는 사업주체의 요청이 있는 경우에는 경관심의 전에 사전검토를 수행할 수 있다. 이때 사전검토는 사전검토 안내 및 요청, 사전검토신청 시 제출서류, 사전검토 실시, 사전검토 결과반영 순으로 진행된다. 사전검토절차는 초기단계의 경관협의로

① 경관심의 신청
- 사업부서→경관심의부서
- 제출서류 : 경관심의신청서, 경관심의도서, 경관체크리스트
- ※ 사전검토를 거친 경우 사전검토결과 및 조치계획 제출

② 경관위원회 개최
- 경관심의 요청일로부터 30일 이내 개최
- ※ 사전검토를 실시한 경우 사전검토위원 2명 이상 참석
- 심의방법 : 객관성 · 효율성 확보를 위하여 체크리스트를 중심으로 검토
  : 국토공간계획지원체계(KOPSS)의 경관계획지원모형 활용

③ 경관심의결과
- 원안의결, 조건부의결, 재검토의결, 반려 중 하나로 정함
- ※ 사전검토를 실시한 경우 원안의결 또는 조건부의결 중 하나로 정함

④ 심의의견정리
- 조건부 또는 재검토 의결을 하는 경우 위원장은 출석위원 과반수 이상의 동의를 얻어 종합 · 조정
- 조건과 재검토 요구사항은 사업자의 부담 증가를 충분히 고려하여, 지나치게 포괄적인 의견 또는 과도하게 엄격한 의견을 제시하는 것은 지양하고, 대안을 함께 제시

⑤ 재심의
- 당초 심의위원의 3분의 2이상을 포함하여 경관위원회 구성
- 종전 심의결과와 일관성 유지

⑥ 심의결과처리
- 경관심의 부서 : 심의결과 및 위원명단 공개
  - 기간 : 심의 개최 후 10일 이내에 위원명단과 회의결과 공개
  - 방법 : 해당기관의 인터넷 홈페이지
  - ※ 공동으로 심의하는 경우 해당 법률에서 규정한 공개 기준 준수
- 사업주체 : 심의결과에 대한 조치내용 경관심의 부서에 제출

그림 5-6_ 개발사업의 경관심의절차

① 사전검토 안내 및 요청
- (안내) 사업부서, 발주부서 → 사업자, 설계자
- (요청시기) 사업부서(사업자) 또는 설계자는 최종 설계(안)이 도출되기 이전 초기 단계에서 사전검토를 요청할 수 있다
- (제출서류) 경관사전검토서, 경관사전검토도서*, 경관체크리스트
  *경관심의도서 작성방법을 준용

② 사전검토실시
- (개최일) 요청일로부터 20일 이내
- (사전검토위원) 경관위원회 위원 중 적정한 3인을 선정

③ 사전검토결과 반영
- (조치계획서) 사전검토 후 20일 이내에 경관담당부서에 제출
- (재검토회의) 사전검토회의는 재검토회의 포함 총 3회 이내로 함

④ 경관심의 완화
- 사전검토 절차를 거친 경우에는 경관심의 시 원안의결 · 조건부의결 중 하나만 가능

그림 5-7_ 개발사업의 사전검토절차

서 사전검토절차를 거친 경우에는 경관심의 시 원안가결, 조건부가결 중 하나만 가능하여 경관심의가 수월하며, 사전검토절차 시 전문가에 의한 경관에 대한 자문을 받을 수 있으며, 심의기간의 단축으로 개발사업을 용이하게 하고 사업자 부담을 최소화할 수 있다. 사전검토에 대한 구체적인 절차는 “경관심의 운영지침 5-1-1”을 참조한다.

- 사전검토절차와 사전검토의견서는 다르다. 사전검토절차는 경관심의유형 중의 하나이며, 효율적인 경관심의를 위하여 경관심의 이전에 사업자가 심의기관에 계획내용에 대한 사전검토를 요청하는 것이다. 사전검토의견서는 경관심의과정 중의 하나이며, 경관위원회를 효율적으로 운영하기 위하여 심의위원이 경관위원회에 참석하기 전에 경관심의, 자문, 검토 등의 안건에 대한 의견을 사전에 제출하고, 그 의견에 대해 신청자가 준비하고 대응할 수 있도록 하기 위한 것을 말한다. 사전검토절차는 법적 절차 중의 하나이지만, 사전검토의견서는 심의기관에 따라 운영할 수도 있고 운영하지 않을 수도 있다.
- 개발사업의 경관심의 시 제출서류는 심의신청서, 체크리스트, 심의도서이다. 심의도서에는 표지, 목차, 사업개요, 경관 현황조사 및 분석, 경관 기본방향 및 기본목표, 경관 기본구상, 경관 부문별 계획, 그 밖의 사항 등을 담도록 한다. 심의도서에 대한 구체적인 내용은 “경관심의 운영지침 3-4-1”을 참조한다.

③ 개발사업의 사전경관계획의 수립 및 내용

- 일정규모 이상의 개발사업을 시행하는 주체는 사전경관계획을 수립하여 경관위원회의 심의를 거쳐야 한다는 것을 밝히고 있는 조항이다.
- 사전경관계획을 수립하는 경우에는 기본방향 및 목표에 관한 사항, 주변지역의 경관현황에 관한 사항, 경관구조의 설정에 관한 사항, 건축물, 가로, 공원 및 녹지 등 주요 경관 요소를 통한 도시공간구조의 입체적 기본구상에 관한 사항을 포함하여야 한다. 다만, 개발사업의 계획에 이상의 내용이 포함되어 있는 경우에는 사전경관계획을 수립한 것으로 본다.
- 사전경관계획에 관한 구체적인 내용은 “경관심의 운영지침의 부록1 대규모 개발사업의 사전경관계획 매뉴얼”과 같다.

> **시행령 제20조(사전경관계획의 수립 등)** ① 법 제27조제3항 각 호 외의 부분 본문에서 "대통령령으로 정하는 규모 이상의 개발사업"이란 개발사업 대상지역 면적이 30만제곱미터 이상이거나 개발사업으로 건축되는 건축물 연면적의 합계가 20만제곱미터 이상인 개발사업을 말한다.
> ② 법 제27조제3항에 따라 사전경관계획을 수립하려는 개발사업 시행자는 사전경관계획에 해당 지역의 경관계획이 반영되도록 하여야 한다.
> ③ 법 제27조제3항에 따라 사전경관계획을 수립하려는 개발사업 시행자는 사전경관계획을 수립하여 경관위원회의 심의를 신청할 때 사전경관계획과 관련된 종합계획도, 실행계획 등 국토교통부장관이 정하여 고시하는 서류를 첨부하여야 한다.
> ④ 제1항부터 제3항까지에서 규정한 사항 외에 사전경관계획의 세부적인 작성방법, 심의절차 등에 관하여 필요한 사항은 국토교통부장관이 정하여 고시한다.

○ **사전경관계획의 수립대상 개발사업**

- 사전경관계획을 수립하는 대상, 방법, 서류, 필요한 사항을 고시한다는 것을 규정하고 있다.
- 사전경관계획을 수립해야 하는 개발사업은 개발사업 대상지역 면적이 30만제곱미터 이상이거나, 개발사업으로 건축되는 건축물 연면적의 합계가 20만제곱미터 이상인 경우가 해당된다. 사전경관계획은 경관심의 전에 수립하며, 사전경관계획을 수립하는 경우에는 경관심의로 갈음할 수 있다.
- 여기서 사전경관계획을 수립해야 하는 개발사업의 대상지역 면적과 건축물 연면적에 대한 기준은 환경영향평가 대상과 특별건축구역지정 규모를 기준으로 설정되었다. 개발사업의 대상지역 면적을 30만제곱미터 이상으로 설정한 근거는 환경영향평가 대상이 주택건설사업 · 정비사업의 경우에 30만제곱미터 이상이고, 도시개발사업의 경우에 25만제곱미터 이상인 점을 고려하여 설정하였다. 개발사업의 건축물 연면적을 20만제곱미터 이상으로 설정한 근거는 서울시 특별건축구역지정 기준이 아파트 약 1,000세대인 점을 고려하여 설정하였다.

○ **사전경관계획에 반영할 사항**

- 사전경관계획을 수립할 때 관련된 경관계획을 반영해야 함을 규정하고 있다.
- 사전경관계획은 대규모 개발사업을 추진하는데 있어 아름답고 조화로운 경관을 창출하기 위하여 초기 계획수립단계에서 경관을 적극적으로 검토하여 고려할 수 있도록 개발사업에 따른 지구지정이나 사업계획 승인 등을 받기 전에 수립하는 지침적 성격의 계획이다.
- 개발사업 시행자가 사전경관계획수립 시에는 대상지역의 경관이 주변과 조화를 도모하기 위하여 지방자치단체의 경관계획 및 지구경관계획 등 해당 지역이 속해 있는 경관계획이 반영되도록 한다.

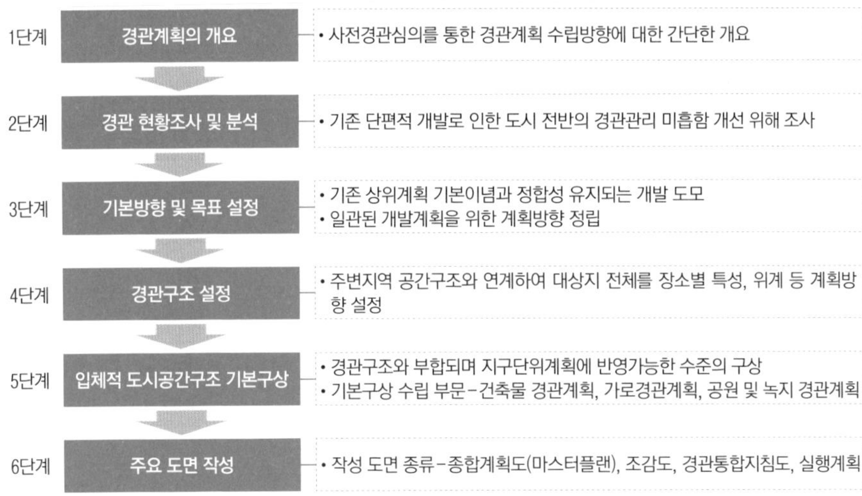

그림 5-8_ 사전경관계획의 수립절차

○ **사전경관계획의 심의첨부서류**

- 사전경관계획을 수립하여 경관심의를 신청할 때 첨부하는 서류를 규정하고 있다.
- 개발사업 시행자가 사전경관계획을 수립하여 경관위원회의 심의를 신청할 때는 사전경관계획과 관련된 종합계획도, 실행계획 등 국토교통부장관이 고시하는 서류를 첨부하여야 한다. 그러나 여기서 고시하는 서류는 명시되어 있지 않으나, 개발사업의 경관심의 시 경관심의도서, 신청서, 체크리스트를 제출하도록 되어 있기 때문에, 경관심의도서를 사전경관계획으로 대체할 수 있다. 체크리스트는 개발사업 또는 사전경관계획 수립내용을 사용하도록 한다.

○ **사전경관계획의 필요사항**

- 사전경관계획의 작성방법, 심의절차 등에 관하여 필요한 사항을 고시함을 규정하고 있다.
- 사전경관계획의 세부적인 작성방법, 심의절차 등에 관하여 필요한 사항은 국토교통부장관이 정하여 고시한 "경관심의 운영지침의 부록1 대규모 개발사업의 사전경관계획수립 매뉴얼"을 참고한다.
- 사전경관계획을 작성할 때는 경관계획의 개요, 경관현황조사 및 분석, 경관계획의 기본방향 및 목표 설정, 경관구조 설정, 주요 경관요소를 고려한 입체적 도시공간구조 기본구상, 종합계획도(마스터플랜), 조감도, 경관통합지침도, 실행계획 등이 포함되어야 한다.
- 대규모 개발사업에 대해 초기 계획단계에서 별도로 경관계획을 수립하거나 개발계획에 경관계획을 포함하여 수립할 때는 사전경관계획수립 매뉴얼을 적용하여 작성할 수 있으며, 사전경관계획은 경관심의도서를 대신하여 제출할 수 있다. 사전경관계획을 수립한 이후 개발계획이나 경관계획의 변경 등으로 경관심의를 받아야 하는 경우에는 사전경관계획이 아닌

경관심의도서로 심의를 신청한다. 즉 사전경관계획을 수립하여 경관심의를 신청할 때 신청서와 체크리스트는 공통절차이고 경관심의도서를 사전경관계획을 대체할 수 있는 것이다. 이런 경우 체크리스트는 개발사업 체크리스트를 써야 한다.

④ 특별건축구역의 지정신청

- 사전경관계획을 수립하여 특별건축구역의 지정신청을 받을 수 있음을 밝히고 있는 조항이다.
- 사전경관계획을 수립하여 경관위원회의 심의를 받으려는 자는 우수한 경관을 창출하기 위하여 필요한 경우에 시·도지사 또는 시장·군수·구청장에게 특별건축구역의 지정신청(주12)을 요청할 수 있다. 이때 특별건축구역의 지정신청을 요청받은 시·도지사 또는 시장·군수·구청장은 특별한 사유가 없으면 요청에 따라야 한다는 것이다.
- 특별건축구역은 건축물에 대한 높이제한, 건폐율, 일조권 등 디자인을 제약하는 규제사항이 많아서 우수경관을 창출하기 위한 건축설계자의 창의성을 발휘하기 어렵다고 판단할 때 신청한다. 개발사업은 사전경관계획을 수립함으로서 특별건축구역의 지정을 용이하게 할 수 있으며, 특별건축구역의 지정은 건축법 제71조제1항의 1에서 7의 자료를 갖추어 국토교통부장관 또는 특별시장·광역시장·도지사에게 각각 특별건축구역의 지정을 신청할 수 있다.
- 건축물은 경관심의를 통하여 건축기준의 완화적용을 받을 수 있다. 경관심의의 대상인 경관지구·중점경관관리구역의 건축물에 대해서도 경관을 위해 필요시 건폐율, 대지안의 공지, 조경, 높이제한, 일조권 등 디자인을 제약하는 건축기준을 완화할 수 있다. 이것은 경관법 제28조 제3항에서 명시하고 있다. 건축기준을 완화 받고자 하는 경우에는 완화사항, 완화사유, 예상효과 등을 기재한 건축기준 완화적용요청서를 제출하도록 한다. 이것은 경관법시행령 제21조제2항 및 경관심의 운영지침 4-4-1에서 명시하고 있다.

(주12): 건축법 제71조(특별건축구역의 지정절차 등) ① 중앙행정기관의 장, 제69조제1항 각 호의 사업구역을 관할하는 시 · 도지사 또는 시장 · 군수 · 구청장(이하 이 장에서 "지정신청기관"이라 한다)은 특별건축구역의 지정이 필요한 경우에는 다음 각 호의 자료를 갖추어 중앙행정기관의 장 또는 시 · 도지사는 국토교통부장관에게, 시장 · 군수 · 구청장은 특별시장 · 광역시장 · 도지사에게 각각 특별건축구역의 지정을 신청할 수 있다.

1. 특별건축구역의 위치 · 범위 및 면적 등에 관한 사항
2. 특별건축구역의 지정 목적 및 필요성
3. 특별건축구역 내 건축물의 규모 및 용도 등에 관한 사항
4. 특별건축구역의 도시 · 군관리계획에 관한 사항. 이 경우 도시 · 군관리계획의 세부 내용은 대통령령으로 정한다.
5. 건축물의 설계, 공사감리 및 건축시공 등의 발주방법 등에 관한 사항
6. 제74조에 따라 특별건축구역 전부 또는 일부를 대상으로 통합하여 적용하는 미술작품, 부설주차장, 공원 등의 시설에 대한 운영관리 계획서. 이 경우 운영관리 계획서의 작성방법, 서식, 내용 등에 관한 사항은 국토교통부령으로 정한다.
7. 그 밖에 특별건축구역의 지정에 필요한 대통령령으로 정하는 사항

② 국토교통부장관 또는 특별시장 · 광역시장 · 도지사는 제1항에 따라 지정신청이 접수된 경우에는 특별건축구역 지정의 필요성, 타당성 및 공공성 등과 피난 · 방재 등의 사항을 검토하고, 지정 여부를 결정하기 위하여 지정신청을 받은 날부터 30일 이내에 국토교통부장관이 지정신청을 받은 경우에는 국토교통부장관이 두는 건축위원회(이하 "중앙건축위원회"라 한다), 특별시장 · 광역시장 · 도지사가 지정신청을 받은 경우에는 각각 특별시장 · 광역시장 · 도지사가 두는 건축위원회의 심의를 거쳐야 한다.

③ 국토교통부장관 또는 특별시장 · 광역시장 · 도지사는 각각 중앙건축위원회 또는 특별시장 · 광역시장 · 도지사가 두는 건축위원회의 심의결과를 고려하여 필요한 경우 특별건축구역의 범위, 도시 · 군관리계획 등에 관한 사항을 조정할 수 있다.

④ 국토교통부장관 또는 시 · 도지사는 필요한 경우 직권으로 특별건축구역을 지정할 수 있다. 이 경우 제1항 각 호의 자료에 따라 특별건축구역 지정의 필요성, 타당성 및 공공성 등과 피난 · 방재 등의 사항을 검토하고 각각 중앙건축위원회 또는 시 · 도지사가 두는 건축위원회의 심의를 거쳐야 한다.

⑤ 국토교통부장관 또는 시 · 도지사는 특별건축구역을 지정하거나 변경 · 해제하는 경우에는 대통령령으로 정하는 바에 따라 주요 내용을 관보(시 · 도지사는 공보)에 고시하고, 국토교통부장관 또는 특별시장 · 광역시장 · 도지사는 지정신청기관에 관계 서류의 사본을 송부하여야 한다.

⑥ 제5항에 따라 관계 서류의 사본을 받은 지정신청기관은 관계 서류에 도시 · 군관리계획의 결정사항이 포함되어 있는 경우에는 「국토의 계획 및 이용에 관한 법률」 제32조에 따라 지형도면의 승인신청 등 필요한 조치를 취하여야 한다.

⑦ 지정신청기관은 특별건축구역 지정 이후 변경이 있는 경우 변경지정을 받아야 한다. 이 경우 변경지정을 받아야 하는 변경의 범위, 변경지정의 절차 등 필요한 사항은 대통령령으로 정한다.

⑦ 지정신청기관은 특별건축구역 지정 이후 변경이 있는 경우 변경지정을 받아야 한다. 이 경우 변경지정을 받아야 하는 변경의 범위, 변경지정의 절차 등 필요한 사항은 대통령령으로 정한다.

⑧ 국토교통부장관 또는 시 · 도지사는 다음 각 호의 어느 하나에 해당하는 경우에는 특별건축구역의 전부 또는 일부에 대하여 지정을 해제할 수 있다. 이 경우 국토교통부장관 또는 특별시장 · 광역시장 · 도지사는 지정신청기관의 의견을 청취하여야 한다.

1. 지정신청기관의 요청이 있는 경우
2. 거짓이나 그 밖의 부정한 방법으로 지정을 받은 경우
3. 특별건축구역 지정일부터 5년 이내에 특별건축구역 지정목적에 부합하는 건축물의 착공이 이루어지지 아니하는 경우
4. 특별건축구역 지정요건 등을 위반하였으나 시정이 불가능한 경우

⑨ 특별건축구역을 지정하거나 변경한 경우에는 「국토의 계획 및 이용에 관한 법률」 제30조에 따른 도시 · 군관리계획의 결정(용도지역 · 지구 · 구역의 지정 및 변경을 제외한다)이 있는 것으로 본다.

| Q&A |

▶개정 경관법의 시행 이전에 진행 중인 개발사업의 경과규정을 적용하는 시점은 언제인가요?

개정 경관법의 시행(2014.2.7.) 이후에 개발사업에 따른 지구의 지정이나 사업계획 승인 등을 요청하는 경우부터 적용합니다(경관법 부칙 제4조). 다만, 주민의 입안제안이 있는 경우에는 입안제안 시를 기준으로 하는 것이 신뢰의 이익 보호 측면에서 바람직하다고 판단됩니다.

▶개발사업의 개발계획 및 지구지정 등을 변경하는 경우에도 경관심의의 대상이 되나요?

개발사업의 개발계획 승인 및 지구 지정 등에는 변경승인, 변경지정 등을 포함하므로 경관심의 대상이 됩니다 (경관법시행령〔별표1〕비고, 경관심의 운영지침 3-2-2를 참조). 이는 개정 경관법의 시행일(2014.2.7) 이전에 지구지정 또는 개발계획이 수립되었고, 경관법의 시행일 이후에 변경되는 경우에도 동일하게 적용됩니다.

▶개발사업에 대한 개발계획의 경미한 변경의 경우에는 경관심의를 생략할 수 있나요?

각 개발사업별 소관 법령에서 경미한 사항의 변경으로 보아 개발계획의 승인·수립 및 구역·지구의 지정과 같은 절차를 거치지 않는 경우에는 경관심의를 생략할 수 있습니다.

▶개발사업의 경관심의 주체는 어디인가요?

경관법시행령〔별표1〕에서 정한 각 개발사업별 개발계획의 승인·수립 및 구역·지구의 지정 등의 권한을 갖고 있는 기관에서 경관심의를 담당합니다.

▶도시개발사업, 정비사업, 택지개발사업 등 다른 법률에 따라 조성된 부지에 주택건설사업을 시행하는 경우 주택건설사업에 대해 별도의 경관심의를 받아야 하나요?

도시개발사업 등의 경우 지구지정 단계에서 경관심의를 거치도록 규정하고 있으므로, 해당 사업구역 내의 부지에 주택건설사업을 추진하는 경우에 별도의 경관심의를 받아야 하는 것은 아닙니다. 다만, 주택건설사업이 「주택법」 제16조에 따른 대지조성사업과 함께 추진되는 경우에는 경관심의를 받아야 합니다.

▶하나의 개발사업에 대한 승인 등의 절차로 다른 개발사업의 계획승인, 지역지정, 건축허가 등이 의제되는 경우 별도의 경관심의를 받나요?

하나의 개발사업에 의해 사업계획 승인, 건축허가 등이 의제처리된 개발사업이나 건축물은 별도로 경관심의를 하지 않습니다. 다만, 법상 의제처리가 가능하나 개별법에 따라 허가를 별도로 받는 사업의 경우에는 경관심의의 대상이 됩니다.

▶개발사업에 대하여 경관심의를 받은 경우 개발사업 내 건축물에 대하여 지방자치단체 조례로 정하여 건축물에 대한 경관심의를 별도로 할 수 있나요?

건축허가가 개발사업에 의해 의제처리 된 경우의 건축물은 경관심의 대상이 아니지만, 그렇지 않은 경우에는 개발사업구역 내의 건축물에 대하여 조례로 정한 경우 경관심의가 가능합니다.

▶경관법 개정(2014.2.7.) 이전에 개발계획이 수립된 도시개발사업의 경우 실시계획 승인 전에 경관심의를 거쳐야 되나요?

개정 경관법 시행(2014.2.7) 전에 이미 개발계획이 수립되었거나 구역지정이 된 경우에는 실시계획 승인단계에서 별도로 경관심의를 하지 않습니다. 다만, 개발사업에 대한 계발계획이나 구역지정이 변경되는 경우에는 경미한 변경이 아닌 경우에는 경관심의의 대상이 됩니다.

▶사전경관계획을 수립하여 경관심의를 받고, 개발사업 지구지정 시 재차 경관심의를 받아

야 하나요?

대규모 개발사업의 경우 사전경관계획을 수립하여 향후 동 개발사업 경관심의 신청시 사전경관계획을 제출하는 것일 뿐이며, 별도로 경관심의를 받는 것이 아닙니다.

▶소규모 개발사업(대지면적 30만제곱미터 미만 등)의 경우에도 사전경관계획을 수립하고 경관법상 특별건축구역 특례를 적용할 수 있나요?

경관법 제27조제4항에서 특례적용 대상을 "제3항에 따라 사전경관계획을 수립"하는 경우로 규정하고 있기 때문에 대규모 사업의 경우에만 가능한 것으로 판단됩니다.

▶사전경관계획의 수립대상인 대규모 개발사업의 연면적 기준에 대한 판단기준은 무엇인가요?

경관심의 신청 시 사업계획에 포함된 연면적을 기준으로 판단합니다.

▶사전경관계획을 수립하는 방법은 무엇인가요?

「경관심의 운영지침」의 부록1 「대규모 개발사업의 사전경관계획 매뉴얼」을 참고하되, 사업의 특성에 따라 사전경관계획의 구체성은 차이가 있을 수 있으므로 해당 지방자치단체와 협의가 필요합니다.

▶사전경관계획은 계획을 수립해야 하는 의무대상이 아닌 경우에도 사전경관계획을 수립할 수 있나요?

사전경관계획은 계획을 수립해야 하는 의무대상이 아닌 경우에는 사전경관계획을 수립하지 않아도 됩니다. 특히 사전경관계획을 수립하야 하는 의무대상 이외에는 사전경관계획을 수립하더라도 경관법에 근거한 사전경관계획이 아닙니다.

제28조(건축물의 경관심의) ① 다음 각 호의 어느 하나에 해당하는 건축물을 건축하려는 자는 대통령령으로 정하는 바에 따라 경관위원회의 심의를 거쳐야 한다.

1. 경관지구의 건축물(해당 지방자치단체의 조례로 정하는 건축물은 제외한다)
2. 중점경관관리구역의 건축물로서 해당 지방자치단체의 조례로 정하는 건축물
3. 지방자치단체, 「공공기관의 운영에 관한 법률」에 따른 공공기관 또는 「지방공기업법」에 따른 지방공기업이 건축하는 건축물로서 해당 지방자치단체의 조례로 정하는 건축물
4. 그 밖에 관할지역의 경관관리를 위하여 필요한 건축물로서 해당 지방자치단체의 조례로 정하는 건축물

② 제1항에 따른 경관위원회의 심의기준은 환경 관계 법률에 따른 환경성평가와 중복되지 아니하도록 국토교통부장관이 환경부장관과 협의하여 고시한다.

③ 제1항제1호 및 제2호에 해당하는 건축물을 건축하려는 자는 우수한 경관을 창출하기 위하여 필요한 경우 대통령령으로 정하는 바에 따라 「건축법」 제42조, 제55조, 제58조, 제60조 및 제61조의 기준을 완화하여 적용할 것을 특별시장 · 광역시장 · 특별자치시장 · 특별자치도지사 또는 시장 · 군수 · 구청장(이하 이 조에서 "허가권자"라 한다)에게 요청할 수 있다.

④ 제3항의 허가권자는 「건축법」 제4조에 따른 건축위원회의 심의를 거쳐 해당 기준의 완화 여부와 적용 범위를 결정하고 그 결과를 신청인에게 알려야 한다.

⑤ 제3항 및 제4항에 따른 기준 완화 요청 및 결정의 절차와 그 밖에 필요한 사항은 대통령령으로 정한다.

| 요지 |

경관심의를 받아야 하는 건축물 유형과 이들에 대한 심의시기, 심의주체, 심의기준과 건축기준완화를 받을 수 있는 사항을 규정함

| 해설 |

① 건축물의 경관심의 대상

- 경관심의를 받아야 하는 건축물 유형을 밝히고 있는 조항이다.
- 경관심의의 대상이 되는 건축물은 경관지구의 건축물, 중점경관관리구역의 건축물, 조례로 정하는 공공건축물, 관할지역의 경관관리에 필요한 지방자치단체의 조례로 정하는 건축물로서 예외규정이 있다. 경관지구의 건축물 중에서 해당 지방자치단체의 경관조례로 정하는 건축물은 심의대상

에서 제외하며, 해당 지방자치단체의 경관조례가 없거나 당 지방자치단체의 경관조례에서 경관심의 제외대상을 별도로 정하지 않는 경우에는 경관지구 내의 모든 건축물이 경관심의의 대상이 된다. 또한 중점경관관리구역의 건축물은 해당 지방자치단체의 경관조례로 정하는 건축물만 심의대상이 해당된다. 중점경관관리구역의 건축물은 해당 지방자치단체의 경관조례가 없거나 해당 지방자치단체의 경관조례에서 경관심의대상을 별도로 정하지 않는 경우에는 경관심의의 대상이 없다. 즉, 해당 지방자치단체의 경관조례가 제정되지 않은 경우에는 경관지구의 건축물만 경관심의의 대상이 된다.

- 관할지역의 경관관리에 필요한 지방자치단체의 조례로 정하는 건축물은 해당 지방자치단체의 특성과 상황에 따라 다를 수 있으며, 경관계획의 미래상에 따른 계획내용을 실행하기 위해 필요한 사항을 정할 수 있다.
- 예를 들어 용인시(2015년 6월 기준)에서는 경관심의대상 건축물로 경관지구, 중점경관관리구역, 공공건축물, 기타건축물에 대해 지정하고 있으며 구체적인 내용으로는 다음과 같다. 경관지구 내 경관심의대상으로 자연경관지구의 2층 이하를 제외한 건축물, 수변경관지구의 2층 이하를 제외한 건축물, 시가지경관지구의 6층 이하를 제외한 건축물을 지정하고 있다. 중점경관관리구역 내 경관심의대상으로는 '2013 용인시 기본경관계획'에서 지정한 중점경관관리구역과 정합성을 유지하고 있으며, 광교산 주변지역에서는 3층 이상인 건축물, 한국민속촌에서는 3층 이상인 건축물, 처인구 김량장동일대에서는 7층 이상인 건축물, 전대리 상업지역에서는 5층 이상인 건축물, 이동저수지 일대에서는 3층 이상인 건축물, 용담저수지 일대에서는 3층 이상인 건축물을 지정하고 있다. 공공건축물의 경관심의대상으로는 공공청사에서는 공공청사, 공공교육·연수시설, 공공안내시설 등, 문화복지시설에서는 경기장, 공연장, 복지회관, 체육관, 의료·복지시설, 광장·공원·놀이터 등, 전시·홍보시설에서는 박물관 홍보관 기념관 등, 미술

관, 전시관, 환경시설에서는 쓰레기소각장, 재활용선별장, 음식물쓰레기처리시설, 공중화장실 등을 지정하고 있다. 기타 건축물의 경관심의대상으로는 「도시철도법」에 따른 경량전철의 경계선으로부터 양측 400미터 이내의 건축물(다만, 200미터를 초과하거나 4층 이하의 건축물로 「경관심의 운영지침」에 따른 건축물의 체크리스트 및 「2020 용인시 기본경관계획」에 따른 색채경관체크리스트의 검토항목을 반영한 경우에는 심의를 생략할 수 있다.), 「고속국도법」에 따른 고속국도의 경계선으로부터 양측 100미터 이내, 「도로법」에 따른 일반국도의 경계선 또는 「국토의 계획 및 이용에 관한 법률」에 따른 광로·대로의 경계선으로부터 각각 양측 50미터 이내의 구역의 건축물로서 7층 이상 또는 연면적 5천 제곱미터 이상인 건축물(해당 도로로부터 지형으로 인해 눈에 보이지 않는 곳으로 허가권자가 인정하는 경우는 제외한다.), 「건축법 시행령」별표1 제20호의 자동차관련시설 중 같은 호 가목에 해당하는 주차장 건축물, 「건축법 시행령」제118조제1항의 공작물 중 같은 항 제8호에 해당하는 기계식 주차장 및 철골 조립식 주차장, 공동주택의 색채경관(단, 「주택법 시행령」제48조에 따른 의무관리대상에 한정하며, 재도색을 포함한다)을 지정하고 있다.

- 경관법은 건축심의를 받는 건축물은 경관심의를 받지 않고, 건축심의를 받지 않는 건축물은 경관심의를 받도록 하는 취지로 만들었다. 이는 건축위원회에서도 경관분야의 위원이 포함되어 있어서 경관에 대한 검토가 충분히 이루어지고 있기 때문에 건축심의와 경관심의의 중복성을 피하기 위해서이다. 그러나 경관지구 내 건축물은 건축심의를 받는 건축물이지만 경관심의를 받도록 규정하고 있다. 이는 경관지구 내 건축물은 건축심의를 받는 건축물이지만 경관지구 내 건축물에 대한 경관기준의 부재로 인하여 경관관리가 제대로 이루어지지 않고 있기 때문이다.

표 5-10_ 건축물의 경관심의대상

구분	심의대상 건축물
경관지구	경관지구 내의 모든 건축물 중에서 해당 지방자치단체의 조례로 정하는 건축물은 제외함
중점경관관리구역	중점경관관리구역 내의 건축물 중에서 해당 지방자치단체의 조례로 정하는 건축물만 심의함
공공건축물	지방자치단체, 공공기관, 지방공기업이 건축하는 건축물 중에서 해당 지방자치단체의 조례로 정하는 건축물만 심의함
기타	경관관리를 위하여 필요한 건축물로서 해당 지방자치단체의 조례로 정하는 건축물만 심의함

시행령 제21조(건축물의 경관심의) ① 법 제28조제1항 각 호에 따른 건축물을 건축하려는 자는 「건축법」 제11조에 따른 건축허가를 받기 전에 특별시장 · 광역시장 · 특별자치시장 · 특별자치도지사 또는 시장 · 군수 · 구청장 소속으로 설치하는 경관위원회의 심의를 거쳐야 한다. 다만, 「건축법 시행령」 제5조의 5제1항제4호 각 목 외의 부분 후단에 따라 도에 두는 지방건축위원회의 건축 심의를 하는 경우에는 도지사 소속으로 설치하는 경관위원회의 심의를 거쳐야 한다.

○ **건축물의 경관심의와 주체**

- 건축물의 경관심의의 대상과 주체를 규정하고 있다.
- 경관심의 대상 건축물을 건축하려는 자는 건축허가를 받기 전에 건축허가권자인 특별시장 · 광역시장 · 특별자치시장 · 특별자치도지사 또는 시장 · 군수 · 구청장 소속으로 설치하는 경관위원회의 심의를 거쳐야 한다. 다만, 건물층수 21층 이상, 연면적 10만제곱미터 이상 등 도건축위원회 심의대상 건축물의 경우에는 심의결과의 통일성을 위해 도지사 소속으로 설치하는 경관위원회의 심의를 거쳐야 한다. 이 경우, 기초지방자치단체는 의견을 제시한다.
- '건축물을 건축하려는 자'에서 '건축'에 대해 경관조례에서 정하지 않았기 때문에 건축법에 따른 건축으로 해석한다. 즉 건축법에 따른 건축에는 신축, 증축, 개축, 대수선을 포함하고 있다. 그러나 대수선까지 경관심의의 대상으로 하기에는 다소 과한 측면도 있어 신축, 일정 규모 이상의 증축, 개축, 재축 정도로 한정하도록 한다.
- 경관심의의 시기는 건축심의대상 건축물과 건축허가대상 건축물에 따라 달라진다. 건축심의대상 건축물의 경관심의는 건축심의 전에 실시하고, 건축허가대상 건축물의 경관심의는 건축허가 전에 실시한다.
- 경관지구 내 건축물 중에서 건축심의대상은 건축심의 전에 경관심의를 실시하고, 건축허가대상은 건축허가 전에 경관심의를 실시한다. 중점경관관리구역 내 건축물 및 공공건축물은

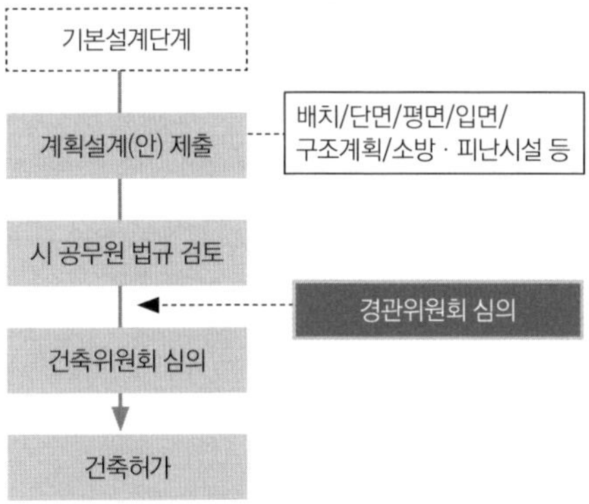

그림 5-9_ 심의대상 건축물의 경관심의시기

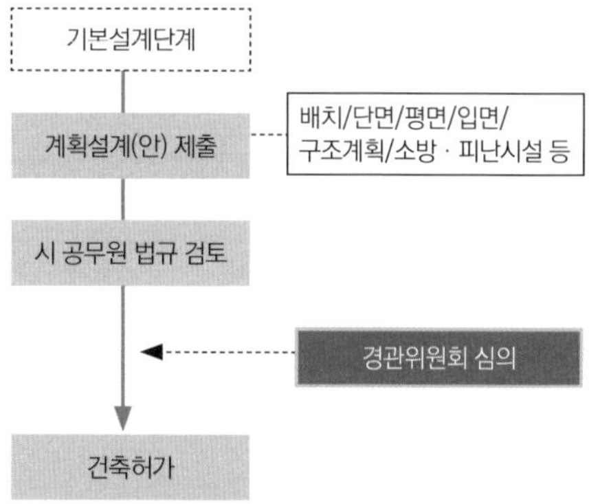

그림 5-10_ 허가대상 건축물의 경관심의시기

건축허가 전에 경관심의를 실시한다. 단, 심의대상 공공건축물은 건축심의 전에 실시한다.

② 건축물의 경관심의 기준

- 건축물에 대한 경관위원회의 심의기준을 국토교통부장관이 고시함을 규정하고 있다.
- 경관위원회의 심의기준은 국토교통부장관이 환경부장관과 협의하여 "경관심의 운영지침 4-2-1"(부록을 참조)을 고시한다. "경관심의 운영지침"의 내용은 환경성평가와 중복되지 않도록 작성해야 한다. 즉, 환경성평가의 내용 중에서 '위락·경관'을 근거로 자연경관심의제도를 운영하고 있는데 자연경관심의제도와 개발사업 심의내용이 중복되지 않도록 하기 위해서이다.
- 경관위원회의 심의기준은 심의내용의 일관성을 유지하기 위하여 필요하며, 경관심의 시에는 경관현황분석, 배치·규모·형태 계획, 외부공간 계획, 옥외광고물 계획(해당되는 경우에 한정함), 외부조명 계획(해당되는 경우에 한정함)을 중심으로 경관측면의 적정성과 타당성 등을 검토한다. 경관위원회의 심의기준에 대한 구체적인 내용은 "경관심의 운영지침 4-2-1"을 참조한다.
- 경관위원회의 주요 심의내용을 체크리스트 형태로 작성하여 심의기준으

로 활용한다. 체크리스트는 사업자용과 심의위원용이 있으며, 검토항목으로는 배치·규모·형태계획, 외부공간계획, 옥외광고물계획, 야간경관계획 등으로 구성되며, 사업자용과 심의위원용에 동일하게 적용된다. 사업자용은 사업자가 체크리스트의 각 항목에 대한 반영여부를 반영, 미반영, 해당없음으로 구분하여 체크한 후 도서와 함께 제출하며, 심의위원용은 심의위원이 심의나 자문을 할 때 체크리스트의 항목을 중심으로 심의를 진행하도록 한다. 이렇게 하는 이유는 사업자의 계획내용과 심의위원의 심의내용이 일관성을 갖도록 하기 위해서이다.

- 건축물에 대해 경관체크리스트를 규정하고, 구체적인 내용은 경관심의 운영지침의 별지서식 제7호. 제12호를 참조한다. 이 내용은 포괄적 내용으로써 지방자치단체마다 상황이 다르기 때문에 건축물특성 및 지역특성에 따라 별도의 세부 심의기준을 마련하는 것이 바람직하다.
- 지구단위계획 또는 경관지구·미관지구의 도시관리계획, 경관법에 따른 중점경관관리구역 관리계획(지방자치단체 경관계획에 포함) 등이 수립되어 있는 경우에는 구체적인 건축물 경관심의기준 마련 시 해당 계획의 내용을 반영한다.

③ 건축물의 기준완화 요청

- 건축물의 건축기준을 완화하여 적용할 것을 요청할 수 있다는 것을 밝히고 있는 조항이다.
- 건축물을 건축하려는 자는 우수한 경관을 창출하기 위하여 필요한 경우 대지의 조경, 건축물의 건폐율, 대지안의 공지, 건축물의 높이 제한, 일조 등의 확보를 위한 건축물의 높이제한 등의 건축기준을 완화하여 적용할 것을 건축허가권자인 특별시장·광역시장·특별자치시장·특별자치도지사 또는 시장·군수·구청장에게 요청할 수 있다. 이것에 관한 내용은 경관법시행령 제21조제2항을 참조한다.

표 5-11_ 건축물의 경관심의기준(사업자용)

[별지 제7호 서식]

건축물의 경관체크리스트(사업자용)

사업명 :

구분	검토항목	반영	미반영	해당 없음
배치 · 규모 · 형태 · 입면 계획	지역의 장소성 및 인접 건축물과의 연속성을 확보하는 등 주변과 조화로운 계획(건축선, 스카이라인, 형태, 입면 등)			
	구릉지의 경우 지나친 옹벽발생을 지양하고 주변 지형에 순응한 배치			
	건축물로 인해 기존 보행자들의 통행이 단절되지 않도록 주변 가로체계를 고려하여 배치하고, 필요시 공공보행통로를 계획			
	대규모 건축물의 경우 기단부를 설치하거나 전면부를 분절하는 등 휴먼스케일의 보행환경 조성			
	획일적이거나 과장된 디자인, 자극적인 색채 등은 지양			
	옥상설비 및 부속설비가 경관을 저해하지 않도록 계획			
외부공간 계획	장애인, 노인 등 보행약자의 접근, 이용, 이동에 불편이 없도록 무장애설계(Barrier free) 적용			
	담장, 울타리 등은 주변 건축물 및 지역특성과 조화되는 색채, 재료, 디자인 등 사용			
	건축물의 진입부 및 저층부는 가능한 경우 이용자 · 보행자를 위해 공원(쌈지공원, 도심형 공원 등), 광장 등으로 계획			
	건축물 진입부에 이용자의 시각을 방해하는 과도한 시설물 설치 지양			
	보행환경을 저해하지 않도록 차량 · 주차 · 보행 동선을 계획하고, 가로와 인접한 부분이나 주 보행로와 인접한 부분에는 주차장 설치 지양			
	공개공지의 경우 인접한 건축물 공개공지의 특성과 입지를 고려하여 통합적 이용이 가능하도록 계획			
	공개공간은 보행로와의 연계 등 다양한 계획기법을 통한 공공성 확보			
옥외광고물 계획 (필요시)	건축물의 입면과의 통합적 계획 및 해당 지역의 특성에 대한 배려			
	해당 지자체의 옥외광고물 가이드라인, 지침 등 준수			
야간경관계획 (필요시)	건축물의 용도 및 주변지역의 특성을 고려한 조도 · 휘도 · 색채 등을 계획하되, 과도한 연출은 지양			
[사업자 의견*]				

* 미반영 또는 해당없음에 대한 구체적인 설명, 특별히 강조하고자 하는 사항에 대한 부연 설명을 작성

표 5-12_ 건축물의 경관심의기준(심의위원용)

[별지 제12호 서식]

건축물의 경관체크리스트(심의위원용)

사업명 :

구분	검토항목
배치 · 규모 · 형태 입면 계획	지역의 장소성 및 인접 건축물과의 연속성을 확보하는 등 주변과 조화로운 계획(건축선, 스카이라인, 형태, 입면 등)
	구릉지의 경우 지나친 옹벽발생을 지양하고 주변 지형에 순응한 배치
	건축물로 인해 기존 보행자들의 통행이 단절되지 않도록 주변 가로체계를 고려하여 배치하고, 필요시 공공보행통로를 계획
	대규모 건축물의 경우 기단부를 설치하거나 전면부를 분절하는 등 휴먼스케일의 보행환경 조성
	획일적이거나 과장된 디자인, 자극적인 색채 등은 지양
	옥상설비 및 부속설비가 경관을 저해하지 않도록 계획
외부공간계획	장애인, 노인 등 보행약자의 접근, 이용, 이동에 불편이 없도록 무장애설계(Barrier free) 적용
	담장, 울타리 등은 주변 건축물 및 지역특성과 조화되는 색채, 재료, 디자인 등 사용
	건축물의 진입부 및 저층부는 가능한 경우 이용자 · 보행자를 위해 공원(쌈지공원, 도심형 공원 등), 광장 등으로 계획
	건축물 진입부에 이용자의 시각을 방해하는 과도한 시설물 설치 지양
	보행환경을 저해하지 않도록 차량 · 주차 · 보행 동선을 계획하고, 가로와 인접한 부분이나 주 보행로와 인접한 부분에는 주차장 설치 지양
	공개공지의 경우 인접한 건축물 공개공지의 특성과 입지를 고려하여 통합적 이용이 가능하도록 계획
	공개공간은 보행로와의 연계 등 다양한 계획기법을 통한 공공성 확보
옥외광고물계획 (필요시)	건축물의 입면과의 통합적 계획 및 해당 지역의 특성에 대한 배려
	해당 지자체의 옥외광고물 가이드라인, 지침 등 준수
야간경관계획 (필요시)	건축물의 용도 및 주변지역의 특성을 고려한 조도 · 휘도 · 색채 등을 계획하되, 과도한 연출은 지양

[심의의견*]

심의위원: (인)

* 경관체크리스트 검토항목을 기준으로 의견 제시

> **시행령 제21조(건축물의 경관심의)** ② 법 제28조제3항에 따라 「건축법」의 기준을 완화하여 적용받으려는 자는 「건축법」 제11조에 따른 건축허가를 신청할 때 다음 각 호의 사항이 포함된 건축기준 완화적용요청서를 제출하여야 한다.
> 1. 법 제28조제3항에 따라 기준을 완화하여 적용할 것을 요청하는 사항
> 2. 기준 완화를 요청하는 사유 및 예상효과
> 3. 건축물의 공사 및 유지 · 관리 등에 관한 계획

○ **건축기준 완화적용요청서를 제출**

- 건축법의 기준을 완화하여 적용받고자 할 때 건축기준 완화적용요청서를 제출해야 함을 규정하고 있다.
- 건축기준의 완화적용을 받으려는 자는 「건축법」 제11조에 따른 건축허가를 신청할 때 건축기준 완화적용요청서를 제출해야 한다. 건축기준 완화적용요청서에 관한 사항은 경관심의 운영지침 별표5를 참조한다. 여기서 별표5는 건축기준 완화적용계획서로 되어 있으나 건축기준 완화적용요청서이다.
- 건축기준 완화적용요청서에는 건축기준을 완화하여 적용할 것을 요청하는 사항, 건축기준 완화를 적용하는 사유 및 예상효과, 건축물의 공사 및 유지 · 관리 등에 관한 계획, 대상건축물의 개략설계도서 및 배치도 등을 포함하여야 한다.

> **시행령 제21조(건축물의 경관심의)** ③ 제1항에 따른 경관위원회의 심의절차 및 제2항에 따른 건축기준 완화적용요청서의 작성방법 등에 관하여는 국토교통부장관이 정하여 고시한다.

○ **건축물의 경관심의절차 및 건축기준 완화적용요청서 작성방법**

- 건축물의 경관심의절차 및 건축기준 완화적용요청서의 작성방법을 고시한다는 것을 규정하고 있다.
- 건축물에 대하여 경관위원회의 심의를 거치는 경우의 심의절차 및 건축기준 완화적용요청서의 작성방법 등에 관한 필요한 사항은 국토교통부장관이 정하여 고시한 "경관심의 운영지침 제5장"에 따른다.
- 건축기준 완화적용요청서의 작성방법은 "경관심의 운영지침 4-4-1"에 따른다. 건축기준 완화적용요청서에는 「건축법」의 기준을 완화적용할 것을 요청하는 사항, 완화적용 사유 및 예상효과, 공사 및 유지 · 관리 등에 관한 계획, 대상건축물의 개략설계도서 및 배치도의 사항을 포함하여야 한다.
- 건축물의 경관심의절차는 경관심의신청, 경관위원회 개최, 심의결과, 심의의견정리, 재심의, 심의결과처리 순으로 진행된다. 경관심의 절차에 대한 구체적인 내용은 "경관심의 운영

절차	내용
① 경관심의 신청	• 사업부서→경관심의부서 – 제출서류 : 경관심의신청서, 경관심의도서, 경관체크리스트 ※ 사전검토를 거친 경우 사전검토결과 및 조치계획 제출
② 경관위원회 개최	• 경관심의 요청일로부터 30일 이내 개최 ※ 사전검토를 실시한 경우 사전검토위원 2명 이상 참석 – 심의방법 : 객관성 · 효율성 확보를 위하여 체크리스트를 중심으로 검토 : 국토공간계획지원체계(KOPSS)의 경관계획지원모형 활용
③ 경관심의결과	• 원안의결, 조건부의결, 재검토의결, 반려 중 하나로 정함 ※ 사전검토를 실시한 경우 원안의결 또는 조건부의결 중 하나로 정함
④ 심의의견정리	• 조건부 또는 재검토 의결을 하는 경우 위원장은 출석위원 과반수 이상의 동의를 얻어 종합 · 조정 – 조건과 재검토 요구사항은 사업자의 부담 증가를 충분히 고려하여, 지나치게 포괄적인 의견 또는 과도하게 엄격한 의견을 제시하는 것은 지양하고, 대안을 함께 제시
⑤ 재심의	• 당초 심의위원의 3분의 2이상을 포함하여 경관위원회 구성 • 종전 심의결과와 일관성 유지
⑥ 심의결과처리	• 경관심의 부서 : 심의결과 및 위원명단 공개 – 기간 : 심의 개최 후 10일 이내에 위원명단과 회의결과 공개 – 방법 : 해당기관의 인터넷 홈페이지 ※ 공동으로 심의하는 경우 해당 법률에서 규정한 공개 기준 준수 • 사업주체 : 심의결과에 대한 조치내용 경관심의 부서에 제출

그림 5-11_ 건축물의 경관심의절차

지침 5-2-1"을 참조한다.

- 해당 건축물 인허가의 담당부서 또는 사업주체의 요청이 있는 경우에는 경관심의 전에 사전검토를 수행할 수 있다. 이때 사전검토는 사전검토 안내 및 요청, 사전검토 신청시 제출서류, 사전검토 실시, 사전검토 결과반영 순으로 진행된다. 사전검토절차는 초기단계의 경관협의로서 사전검토절차를 거친 경우에는 경관심의 시 원안가결, 조건부가결 중 하나만 가능하여 경관심의가 수월하며, 사전검토절차 시 전문가에 의한 경관에 대한 자문을 받을 수 있으며, 심의기간의 단축으로 개발사업을 용이하게 하고 사업자 부담을 최소화할 수 있다. 사전검토에 대한 구체적인 절차는 "경관심의 운영지침 5-1-1"을 참조한다.
- 사전검토절차와 사전검토의견서는 다르다. 사전검토절차는 경관심의유형 중의 하나이며, 효율적인 경관심의를 위하여 경관심의 이전에 사업자가 심의기관에 계획내용에 대한 사전검토를 요청하는 것이다. 사전검토의견서는 경관심의과정 중의 하나이며, 경관위원회를 효율적으로 운영하기 위하여 심의위원이 경관위원회에 참석하기 전에 경관심의, 자문, 검토 등의 안건에 대해 사전에 의견을 제출하고, 그 의견에 대해 신청자가 준비하고 대응할 수 있도록 하기 위한 것을 말한다. 사전검토절차는 법적 절차 중의 하나이지만, 사전검토의견서

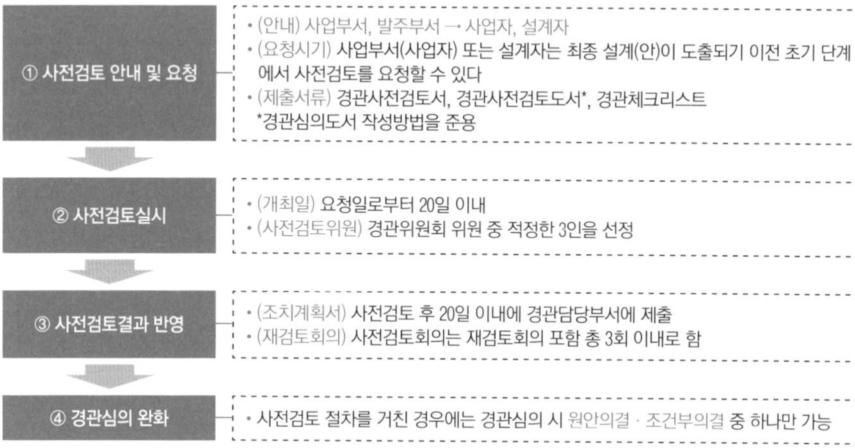

그림 5-12_ 건축물의 사전검토절차

는 심의기관에 따라 운영할 수도 있고 운영하지 않을 수도 있다.

- 건축물의 경관심의 시 제출서류는 심의신청서, 체크리스트, 심의도서이다. 심의도서에는 표지, 목차, 건축물 개요, 현황분석, 배치 · 규모 및 형태 · 입면계획, 외부공간계획, 옥외광고물계획, 야간경관계획 등을 담도록 한다. 심의도서에 대한 구체적인 내용은 "경관심의 운영지침 4-3-1"을 참조한다.

④ 건축물의 건축기준 완화결정

- 건축물의 건축기준에 대한 완화여부, 적용범위를 알려주어야 함을 밝히고 있는 조항이다.
- 우수한 경관을 창출하기 위하여 건축기준 완화적용요청서를 제출한 경우, 특별시장·광역시장·특별자치시장·특별자치도지사 또는 시장·군수·구청장 등의 건축허가권자는 건축위원회의 심의를 거쳐 해당 건축기준의 완화여부와 적용범위를 결정하고 그 결과를 신청인에게 알려야 한다. (국토교통부장관, 시·도지사 및 시장·군수·구청장은 건축물의 심의 등을 위해 설치하는 건축위원회)

⑤ 건축물의 기준완화 사항

- 건축기준의 완화요청, 완화절차, 필요한 사항 등을 정하도록 함을 밝히고 있는 조항이다. 그러나 실제는 건축물의 기준완화에 필요한 사항을 정하지 않고 있다. 건축기준 완화결정은 건축심의를 받기 때문에 결정절차는 건축법에 명시되어 있다. 이에 대한 흐름을 명시해야 한다.

| Q&A |

▶해당 지방자치단체 조례가 제 · 개정되지 않은 경우에는 경관지구 안의 모든 건축물이 경관심의의 대상인가요?

경관법시행령 제21조제1항에서는 건축허가를 받기 전에 경관심의를 받도록 하고 있으므로, 모든 건축물을 심의대상으로 보는 것이 타당합니다(다만, 해당 지방자치단체의 조례로 제외대상을 건축물을 정할 수 있습니다).

▶경관지구에서는 건축법 제14조에 의한 건축신고대상 건축물도 경관심의 대상인가요?

경관지구 내 건축물 중 경관법 제28조에 따라 경관심의 대상이 되는 것은 원칙적으로 건축허가 및 신고대상 건축물이 포함되며, 이러한 취지는 경관법 부칙 제5조에서도 확인할 수 있습니다. 경관법 부칙 제5조(건축물의 경관심의에 관한 적용례)의 내용은 '제28조의 개정규정은 이 법 시행 후 건축허가를 신청하거나 건축신고를 하는 경우부터 적용한다.'입니다. 다만, 지역의 특성에 따라 지방자치단체의 조례로 정하는 건축물은 제외하도록 규정하고 있는 바, 질의의 경우가 경관심의 대상인지 여부는 해당 지방자치단체의 조례 등을 검토하여 처리하여야 할 사항입니다.

▶경관조례가 없는 지방자치단체의 경우에는 중점경관관리구역 내 건축물과 공공건축물은 경관심의 대상이 아닌가요?

경관법 제28조제1항에 따라 중점경관관리구역의 건축물과 지방자치단체·공공기관·지방공기업이 건축하는 공공건축물은 해당 지방자치단체의 조례로 정하는 건축물이 경관심의 대상이 되기 때문에 해당 지방자치단체의 경관조례가 없는 경우에는 중점경관관리구역 내 건축물과 공공건축물은 경관심의대상이 될 수 없습니다.

▶건축심의 대상 건축물은 경관심의를 받고 또 건축심의를 받나요?

경관심의 대상 건축물 중에서 건축심의대상 건축물은 경관심의를 받은 후에 건축심의를 받게 되어 2번의 심의를 거쳐야 합니다. 이 경우 경관위원회와 건축위원회를 공동위원회를 구성하여 1번의 심의로 하는 것이 좋습니다.

예를 들어 용인시의 자연경관지구 내에 2층 건축물과 5층 건축물을 신축한다고 가정할 때 이들의 경관심의의 대상여부와 심의절차를 보면, 2층 건축물은 경관심의대상이 되지 않아 건축심의만 받게 되고, 5층 건축물은 경관심의대상이 되며 경관심의를 받은 후에 건축심의를 받아야 합니다.

제6장
경관위원회

경관법 제6장 '경관위원회'는 경관심의를 위한 경관위원회와 공동위원회에 관한 사항을 다루고 있는 부분으로, 2013년 경관법이 개정되면서 일정규모 이상의 지방자치단체 경관계획 수립이 의무화되고 사회기반시설 사업 등의 심의제도가 도입됨에 따라, 경관위원회의 역할과 위상이 강화되고 경관위원회 운영 주체가 확대되어 경관위원회 관련규정인 경관위원회 구성 및 운영관련 기준, 경관관련위원회의 범위, 공동위원회의 운영 등에 관한 사항이 새롭게 변경되었다.

특히 경관심의의 범위는 경관계획의 승인, 경관사업의 승인, 경관협정의 승인, 사회기반시설사업 등으로 확대되었고, 심의절차를 간소화하기 위해 경관과 관련된 위원회에서 심의하거나 심의위원회를 통합하여 운영할 수 있도록 하였다.

'제29조 경관위원회의 설치'은 경관과 관련된 사항에 대해 심의 및 자문할 수 있는 경관위원회를 설치하고, 경관위원회와 공동위원회의 구성 및 운영 등에 대한 사항을 다루고 있다.

'제30조 경관위원회의 기능'에서는 경관위원회의 역할을 자문과 심의로 규정하고 경관법의 주요사항인 경관계획, 경관사업, 경관협정, 경관심의, 경관조례에서 심의할 대상과 자문할 대상을 규정하고 있다.

마지막으로 '제31조 경관위원회의 구성·운영'에서는 경관위원회를 구성할 때의 위원구성, 위원자격 및 위원임기 등과, 경관위원회를 운영할 때의 회의개최, 회의운영 및 소위원회 구성·운영 등을 규정하고 있다.

경관법 '제6장 경관위원회'의 구성

<table>
<tr><th>경관법</th><th>경관법 시행령</th><th>지침</th></tr>
<tr><td rowspan="2">제29조 경관위원회의 설치
- 경관위원회 설치와 경관과 관련된 위원회의 기능 → 대통령령
- 상위기관 경관심의요청
- 공동심의 → 대통령령</td><td>제22조 경관과 관련된 위원회
- 경관과 관련된 위원회 → 지자체조례</td><td></td></tr>
<tr><td>제23조 공동위원회의 구성 및 운영
- 공동위원회의 설치
- 공동위원회의 구성
- 공동위원회의 위원장
- 공동위원회의 회의
- 공동위원회의 조직 · 운영 → 고시
→ 지자체조례</td><td>경관
심의
운영
지침</td></tr>
<tr><td>제30조 경관위원회의 기능
- 경관위원회의 심의대상 → 대통령령
- 경관위원회의 자문대상 → 지자체조례</td><td>제24조 경관위원회의 심의대상
- 경관위원회의 심의대상 → 지자체조례</td><td></td></tr>
<tr><td>제31조 경관위원회의 구성 · 운영
- 경관위원회의 구성 · 운영 → 대통령령</td><td>제25조 경관위원회의 구성 등
- 경관위원회의 구성
- 경관위원회의 위원
- 경관위원회 위원장과 부위원장
- 경관위원회 위원의 임기
제26조 경관위원회의 운영
- 경관위원회 위원장의 역할
- 경관위원회 위원장의 직무대행
- 경관위원회 회의
- 경관위원회 운영
- 경관위원회 회의내용의 공개
- 경관위원회 간사와 서기
- 경관소위원회의 설치
- 소위원회의 위원장
- 경관위원회 운영 및 소위원회 구성 · 운영 → 조례</td><td></td></tr>
</table>

제29조(경관위원회의 설치) ① 경관과 관련된 사항에 대한 심의 또는 자문을 위하여 국토교통부장관 또는 시 · 도지사등 소속으로 경관위원회를 둔다. 다만, 경관위원회를 설치 · 운영하기 어려운 경우에는 대통령령으로 정하는 경관과 관련된 위원회가 그 기능을 수행할 수 있다.

② 시장 · 군수, 행정시장, 구청장등 또는 경제자유구역청장은 별도의 경관위원회를 구성하지 아니하고, 해당 지방자치단체(행정시 및 경제자유구역청을 포함한다)가 속한 시 · 도에 설치된 경관위원회에서 심의하도록 시 · 도지사에게 요청할 수 있다.

③ 국토교통부장관 또는 시 · 도지사등은 경관관련 사항의 심의가 필요한 경우 대통령령으로 정하는 바에 따라 다른 법률에 따라 설치된 위원회와 제1항에 따른 경관위원회(같은 항 단서에 따라 경관위원회의 기능을 대신하여 수행하는 경관과 관련된 위원회를 포함한다. 이하 같다)가 공동으로 하는 심의를 거칠 수 있다.

| 요지 |

경관과 관련된 사항에 대해 심의 및 자문할 수 있는 경관위원회와 공동위원회의 설치, 구성 및 운영 등에 대한 사항을 규정함

| 해설 |

① 경관위원회 설치와 경관과 관련된 위원회의 기능

- 경관위원회의 설치와 경관과 관련된 위원회의 기능을 밝히고 있는 조항이다.
- 경관과 관련된 사항에 대한 심의 또는 자문을 위하여 경관위원회를 설치한다는 규정으로 경관위원회는 국토교통부장관 또는 시·도지사등 소속으로 설치한다는 것이다. '시·도지사등' 이라함은 시·도지사, 시장·군수, 구청장등, 행정시장, 경제자유구역청장 등으로 지방자치단체를 말한다. 현재 국토교통부는 경관위원회를 설치하지 않고 중앙도시계획위원회에서 대신하고 있으며, 지방자치단체에서는 경관위원회를 설치하고 있는 곳이 있다. 개정 경관법에서는 경관위원회를 인력풀(pool)제로 운영하여 다양한 전문가를 확보하고, 위원회 소집도 원활하게 할 수 있도록 경관법시행령 제25조에 명시되어 있다.
- 경관위원회를 설치·운영하기 어려운 경우에는 경관과 관련된 위원회가 그

기능을 수행할 수 있도록 하였고 경관법시행령 제22조에 명시되어 있다. 경관심의가 확대도입되면서 기존에 진행하던 다른 위원회의 심의내용과 중복될 수 있어 과도한 규제가 될 수 있다는 지적이 있었다. 이러한 문제점을 최소화하기 위해 경관과 관련된 위원회에서 경관심의 기능을 수행하는 방안을 마련하였다. 따라서 국토교통부장관 소속의 경관위원회는 별도의 경관위원회를 설치하지 않고 중앙도시계획위원회가 경관위원회의 기능을 대신하도록 하였다.

시행령 제22조(경관과 관련된 위원회) 법 제29조제1항 단서에서 "대통령령으로 정하는 경관과 관련된 위원회"란 다음 각 호의 위원회를 말한다.

1. 다음 각 목의 위원회로서 국토교통부장관이 지정하는 위원회
   가. 「공공주택건설 등에 관한 특별법」 제33조에 따라 국토교통부에 두는 공공주택통합심의위원회
   나. 「국토의 계획 및 이용에 관한 법률」 제106조에 따라 국토교통부에 두는 중앙도시계획위원회
   다. 「경제자유구역의 지정 및 운영에 관한 특별법」 제25조에 따라 산업통상자원부에 두는 경제자유구역위원회
   라. 「농어업 · 농어촌 및 식품산업 기본법」 제15조에 따라 농림축산식품부에 두는 중앙 농업 · 농촌및식품산업정책심의회
   마. 「산업단지 인 · 허가 절차 간소화를 위한 특례법」 제6조에 따라 국토교통부에 두는 중앙산업단지계획심의위원회
   바. 「연구개발특구의 육성에 관한 특별법」 제7조에 따라 미래창조과학부에 두는 연구개발특구위원회
   사. 「항만법」 제4조에 따라 해양수산부장관 소속으로 두는 중앙항만정책심의회
2. 다음 각 목의 위원회로서 해당 시 · 도지사등(행정시장 및 경제자유구역청장의 경우에는 시 · 도지사를 말한다)이 지정하는 위원회
   가. 「건축법」 제4조에 따라 지방자치단체에 두는 건축위원회
   나. 「국토의 계획 및 이용에 관한 법률」 제113조에 따라 지방자치단체에 두는 지방도시계획위원회
   다. 「농어업 · 농어촌 및 식품산업 기본법」 제15조에 따라 지방자치단체에 두는 농업 · 농촌및식품산업정책심의회
   라. 「도시공원 및 녹지 등에 관한 법률」 제50조에 따라 지방자치단체에 두는 도시공원위원회
   마. 「산업단지 인 · 허가 절차 간소화를 위한 특례법」 제6조에 따라 지방자치단체에 두는 지방산업단지계획심의위원회
   바. 「옥외광고물 등 관리법」 제7조에 따라 지방자치단체에 두는 광고물관리 및 디자인심의위원회
   사. 그 밖에 해당 지방자치단체의 조례로 정하는 위원회

○ **경관과 관련된 위원회**

- 경관과 관련된 위원회에는 국토교통부장관이 지정하는 위원회와 시 · 도지사등이 지정하는 위원회가 있음을 규정하고 있다.
- 국토교통부장관이 지정하는 경관과 관련된 위원회는 공공주택통합심의위원회(국토교통부), 중앙도시계획위원회(국토교통부), 경제자유구역위원회(산업통상자원부), 중앙농업 · 농촌및식품산업정책심의회(농림축산식품부), 중앙산업단지계획심의위원회(국토교통부), 연구개발특구위원회(미래창조과학부), 중앙항만정책심의회(해양수산부)를 말한다. 이는 중앙행정기관에서 승인 · 지정하는 개발사업의 원활한 경관심의를 위해 해당 사업별 위원회를 경관과 관련된 위원회로 지정하여 경관위원회의 기능을 대신할 수 있도록 하였다.
- 시 · 도지사등이 지정하는 경관과 관련된 위원회는 지방건축위원회, 지방도시계획위원회, 농업 · 농촌및식품산업정책심의회, 도시공원위원회, 지방산업단지계획심의위원회, 광고물관리및디자인심의위원회, 지방자치단체의 조례로 정하는 위원회를 말한다. 도시건축공동위원회는 지방도시계획위원회와 지방건축위원회의 위원 중에서 별도로 구성한 위원회로서 경관과 관련된 위원회에 해당된다. 또 산업단지 인 · 허가 절차 간소화를 위한 특례법에 따른 산업단지계획심의위원회도 경관과 관련된 위원회에 포함된다. 도시건축공동위원회나 산업단지계획심의위원회가 경관과 관련된 위원회임을 확실히 하기 위해서 지방자치단체의 경관조례로 정할 수도 있다. 시 · 도지사등이 승인하는 개발사업의 원활한 경관심의를 위해 경관과 관련된 위원회에서 경관위원회 기능을 수행하도록 하였다.

표 6-1_ 경관과 관련된 위원회

구분		정의	경관과 관련된 위원회
경관과 관련된 위원회	중앙위원회	국토교통부장관이 지정하는 위원회	공공주택통합심의위원회(국토교통부) 중앙도시계획위원회(국토교통부) 경제자유구역위원회(산업통상자원부) 중앙농업 · 농촌및식품산업정책심의회(농림축산식품부) 중앙산업단지계획심의위원회(국토교통부) 연구개발특구위원회(미래창조과학부) 중앙항만정책심의회(해양수산부)
	지방위원회	시 · 도지사등이 지정하는 위원회	건축위원회 도시계획위원회 농업 · 농촌및식품산업정책심의회 도시공원위원회 광고물관리및디자인심의위원회 도시건축공동위원회 산업단지계획심의위원회 지방자치단체의 조례로 정하는 위원회

② 상위기관 경관심의요청

- 기초지방자치단체장은 광역지방자치단체장에게 경관심의를 요청할 수 있음을 밝히고 있는 조항이다.
- 시장·군수, 행정시장, 구청장등 또는 경제자유구역청장 등 기초지방자치단체장은 별도의 경관위원회를 구성하지 않고, 광역지방자치단체인 시·도에 설치된 경관위원회에서 심의하도록 광역지방자치단체장인 시·도지사에게 요청할 수 있다.
- 시·군·구 등 기초지방자치단체의 규모가 작아서 경관위원회를 별도로 구성하는 것이 비효율적이거나, 별도의 경관위원회를 구성하더라도 경관심의의 수요가 적은 경우에는, 시·도 등 상위의 지방자치단체에 설치된 경관위원회에서 심의하도록 광역지방자치단체장인 시·도지사에게 요청할 수 있으며, 기초지방자치단체에 설치된 경관과 관련된 위원회에서 경관위원회의 심의를 대신하도록 할 수 있다.

③ 공동심의

- 경관위원회 및 경관과 관련된 위원회가 다른 법률에 따라 설치된 위원회와 공동으로 경관심의를 할 수 있음을 밝히고 있다.
- 국토교통부장관 또는 시·도지사등은 경관관련 사항의 심의가 필요한 경우 다른 법률에 따라 설치된 위원회와 국토교통부장관 또는 시·도지사등 소속으로 설치된 경관위원회가 공동으로 심의할 수 있으며, 경관위원회의 기능을 대신하여 수행하는 경관과 관련된 위원회도 포함된다. 다른 법률에 따라 설치된 위원회는 기술자문위원회, 도시계획위원회, 도시건축공동위원회, 건축위원회, 경관심의 대상이 되는 개발사업의 근거 법률에 따른 위원회, 지자체 조례로 정하는 위원회 등이 있다. 지자체 조례로 정하는 위원회에는 도시디자인위원회, 공공디자인위원회 등이 있을 수 있다.
- 새로 경관심의가 도입되면서 기존에 진행하던 다른 위원회의 심의내용과

중복될 수 있어 과도한 규제가 될 수 있다는 지적이 있다. 이러한 문제점을 최소화하기 위해 경관위원회와 타 위원회 위원 중 일부를 공동위원회로 구성하는 방안을 마련하였다.

- 경관의 특성상 경관위원회에서 다루고 있는 내용은 타 위원회와 관련이 많기 때문에 기존 규정에서도 공동위원회를 통해 의견을 조율하도록 하고 있다. 그러나 기존 규정에서는 공동위원회의 구성요건이 까다롭고, 공동위원회가 경관위원회를 중심으로 규정되어 있어서 타 위원회와의 공동심의가 활성화되지 못하는 실정이었다.

시행령 제23조(공동위원회의 구성 및 운영) ① 법 제29조제3항에 따라 다른 법률에 따라 설치된 위원회와 경관위원회(법 제29조제1항 단서에 따라 경관위원회의 기능을 대신하여 수행하는 경관과 관련된 위원회를 포함한다)가 공동으로 심의하려는 경우에는 공동위원회(이하 "공동위원회"라 한다)를 구성하여야 한다.

② 공동위원회는 경관위원회 및 다른 법률에 따라 설치된 위원회의 위원 중 국토교통부장관 또는 해당 시 · 도지사등이 임명하거나 위촉하는 30명 이내의 위원으로 구성하며, 경관위원회의 위원이 공동위원회 전체 위원 수의 3분의 1 이상 되어야 한다.

③ 공동위원회의 위원장은 국토교통부차관(국토교통부장관이 지명하는 국토교통부차관을 말한다) 또는 해당 지방자치단체의 부시장, 부지사, 부군수, 부구청장(해당 공무원이 두 명 이상인 경우에는 해당 지방자치체의 장이 지명하는 사람을 말하며, 행정시 및 경제자유구역청의 경우에는 행정시장 및 경제자유구역청장이 지명하는 소속 공무원을 말한다)이 된다.

④ 공동위원회의 회의는 재적위원 과반수의 출석으로 개의(開議)하고, 출석위원 과반수의 찬성으로 의결한다.

⑤ 제1항부터 제4항까지에서 규정한 사항 외에 공동위원회의 조직 · 운영에 필요한 사항은 국토교통부장관이 정하여 고시하거나 해당 지방자치단체의 조례로 정한다.

○ **공동위원회의 설치**

- 경관위원회(경관과 관련된 위원회 포함)와 다른 법률에 따라 설치된 위원회가 공동위원회를 구성할 수 있다고 규정하고 있다.
- 국토교통부장관 또는 시 · 도지사등 소속으로 설치된 경관위원회(경관과 관련된 위원회 포함)와 다른 법률에 따라 설치된 위원회가 공동으로 심의하고자 할 경우에는 공동위원회를 구성하여야 한다는 것이다. 다른 법률에 따라 설치된 위원회는 설계자문위원회, 도시계획위원회, 도시건축공동위원회, 건축위원회, 경관심의대상 개발사업의 근거법률에 따른 위

원회, 지자체 조례로 정하는 위원회 등이 있다. 지자체 조례로 정하는 위원회에는 도시디자인위원회, 공공디자인위원회 등이 있다. 다른 법률에 따라 설치된 위원회의 심의를 받아야 하는 경우에 사안에 따라 공동위원회를 구성하여 심의의 간소화를 추진할 수 있다.

- 종전의 공동위원회는 구성요건이 까다롭고, 경관위원회를 중심으로 규정되어 있어 다른 법률에 따라 설치된 위원회와의 공동심의가 활성화되지 못하였다. 그러나 경관관련 심의의 중복을 피하고 행정절차 간소화하기 위하여 공동위원회를 구성하여 심의할 필요가 있다.
- 공동위원회는 중앙행정기관장 소속의 중앙공동위원회와 지방자치단체장 소속의 지방공동위원회가 있다. 중앙공동위원회는 중앙의 경관위원회인 중앙도시계획위원회와 중앙행정기관장 소속의 위원회와 공동위원회 구성이 가능하며, 지방공동위원회는 해당 지방자치단체의 경관위원회와 지방자치단체장 소속의 위원회와 공동위원회를 구성할 수 있다.
- 중앙공동위원회는 중앙도시계획위원회와 개발사업의 근거법률에 따른 위원회와 구성할 수 있다. 지방공동위원회는 경관위원회(경관과 관련된 위원회 포함)와 다른 법률에 따라 설치된 위원회와 함께 구성할 수 있다.

표 6-2_ 공동위원회의 구성 방법

공동위원회	경관위원회(경관과 관련된 위원회)	다른 법률에 따라 설치된 위원회
중앙공동 위원회	중앙도시계획위원회	공공주택통합심의위원회(국토교통부), 중앙도시계획위원회(국토교통부), 경제자유구역위원회(산업통상자원부), 농업농촌및식품산업정책심의회(농림축산식품부) 중앙산업단지계획심의위원회(국토교통부) 연구개발특구위원회(미래창조과학부), 중앙항만정책심의회(해양수산부)
지방공동 위원회	경관위원회 건축위원회 도시건축공동위원회 도시계획위원회 도시공원위원회 산업단지계획심의위원회 광고물관리및디자인심의위원회 지방자치단체의 조례로 정하는 위원회(공공디자인위원회, 도시디자인위원회 등)	건축위원회, 도시건축공동위원회 도시계획위원회 도시공원위원회 산업단지계획심의위원회 광고물관리및디자인심의위원회 지방자치단체의 조례로 정하는 위원회 (공공디자인위원회, 도시디자인위원회 등)

○ **공동위원회의 구성**

- 공동위원회의 구성인원과 경관위원회 위원의 구성비율을 규정하고 있다.
- 공동위원회는 경관위원회 및 다른 법률에 따라 설치된 위원회의 위원 중 국토교통부장관 또는 시 · 도지사등이 임명하거나 위촉하는 30명 이내의 위원으로 구성하고, 경관위원회의 위원이 공동위원회 위원 수의 3분의 1이상 되어야 한다. 즉 경관위원회와 도시계획위원회가 공동위원회를 구성하는 경우에 공동위원회 위원은 30명 이내가 되어야 하고, 이 중에서 경관위원회 위원은 9명 이상이 되어야 하고, 나머지 21명 이내에서 도시계획위원회 위원으로 구성되도록 한다는 것이다.
- 종전의 공동위원회 구성요건은 경관위원회의 위원이 2분의 1이상 참여하도록 규정하고 있어서 어려움이 있었으나, 개정 경관법(2014.2.7.)에서는 공동위원회를 활성화하기 위해 경관위원회 위원의 수를 3분의 1이상 참여하도록 완화하고 있다. 그러나 이 비율은 공동위원회에 따라 여전히 경관위원회의 위원이 많은 비중을 차지하고 있는 경우도 있다.
- 예를 들어 경관위원회와 건축위원회가 공동위원회를 구성하는 경우에 전체 위원의 3분의 1 이상이 경관위원회 위원이 되고, 건축위원회 위원이 3분의 2가 되어야 한다. 그러나 건축위원회의 상정안건 중에서 교통영향평가를 받아야 하는 경우에는 건축위원회 위원의 4분의 1 이상이 교통위원으로 구성해야 하기 때문에 순수한 건축위원의 수가 적어 건축구조 등의 필수적으로 검토해야 할 분야의 위원수가 적어질 수 있다. 즉, 공동위원회를 20명으로 구성할 경우에 경관위원회 위원이 7명, 건축위원회 위원이 13명이 되고, 교통영향평가가 필요한 안건은 건축위원회 위원이 13명 중에서 교통위원이 4명이 되어야 하기 때문에 순수한 건축위원회 위원은 9명이 된다. 이 중에는 위원장과 부위원장, 의회의원, 당연직 등이 포함되어 있기 때문에 건축위원회 위원의 수가 경관위원회 위원의 수보다 적어져 계획, 구조, 시공, 설비, 환경 등 건축심의 필수분야에 대한 검토가 어려울 수도 있다.
- 또 3개의 위원회를 공동으로 구성할 때 위원장과 부위원장, 의회의원, 당연직 등을 어디에 포함시키느냐에 따라 공동위원회의 구성이 어려울 수도 있다. 특히 경관위원회, 도시계획위원회, 건축위원회, 도시건축공동위원회의 4개 위원회를 공동으로 구성할 때는 경관위원회 위원이 다른 위원회 위원보다 비율이 높아져 공동위원회의 구성이 어렵게 된다.
- 따라서 향후 경관법 개정에서는 "경관위원회 위원이 공동위원회 위원 수의 3분의 1이상 되도록 한다."는 규정에 대한 검토가 필요하고 다른 위원회에서 구성비율의 규정이 있는 경우나 2개, 3개, 4개, 5개 등 다수의 위원회가 공동위원회를 구성하는 경우에는 공동위원회의 구성여건에 따라 경관위원회의 비율이나 숫자 등에 대한 기준이 마련되어야 할 것이다.

○ **공동위원회의 위원장**

- 공동위원회의 위원장은 부단체장으로 한다고 규정하고 있다.
- 공동위원회를 구성할 경우 공동위원회의 위원장은 국토교통부차관 또는 지방자치단체의

부단체장인 부시장, 부지사, 부군수, 부구청장이 된다. 이때 국토교통부차관은 국토교통부장관이 지명하는 차관을 말하며, 지방자치단체의 부단체장은 지방자치체장이 지명하는 사람을 말한다. 즉 지방자치단체의 부단체장이 2명 이상인 경우에는 지방자치체장이 지명하는 사람을 말하며, 행정시 및 경제자유구역청은 행정시장 및 경제자유구역청장이 지명하는 소속 공무원을 말한다.

- 종전의 공동위원회 위원장은 경관위원장이 하도록 하였으나 공동위원회를 활성화하기 위해 개정 경관법(2014.2.7.)에서는 공동위원회의 위원장을 국토교통부차관 또는 지방자치단체 부단체장으로 규정하고 있다. 현재 운영하고 있는 도시계획위원회와 건축위원회의 공동위원회인 도시 · 건축공동위원회의 경우에도 위원장을 부시장, 부지사로 하고 있다. 공동위원회 위원장을 부단체장으로 하는 것은 현실적으로 맞지 않아 변경을 검토하고 있다.

○ **공동위원회의 회의**

- 공동위원회의 회의에 대한 개의와 의결에 대해 규정하고 있다.
- 공동위원회의 회의는 재적위원 과반수의 출석으로 개의하고, 출석위원 과반수의 찬성으로 의결한다. 종전의 공동위원회의 회의는 재적위원 3분의 2이상의 출석으로 개의하였으나 공동위원회를 활성화하기 위해 개정 경관법(2014.2.7.)에서는 재적위원 과반수의 출석으로 개의하고 출석위원 과반수 찬성으로 의결하도록 완화하고 있다.
- 예를 들어 공동위원회의 재적위원이 20명 경우에는 11명 이상이 되면 개의할 수 있으며, 11명이 출석한 경우에는 6명이 찬성하면 의결된다. 공동위원회를 구성할 때는 경관법시행령 제23조제2항에 따라 경관위원회의 위원이 공동위원회 전체 위원 수의 3분의 1이상으로 규정하고 있지만 공동위원회의 회의개의에서는 경관위원회 위원의 참석비율을 규정하지 않고 있어서, 경관위원이 1명도 참석하지 않아도 개의가 가능하기 때문에 이에 대한 규정도 필요하나.

○ **공동위원회의 조직 · 운영**

- 공동위원회의 규정사항을 고시하거나 조례로 정할 수 있음을 규정하고 있다.
- 공동위원회의 조직 · 운영에 필요한 사항은 국토교통부장관이 정하여 고시한 "경관심의 운영지침 6-2-1"에 따르며, 세부적인 사항은 지방자치단체의 상황을 고려하여 지방자치단체의 경관조례로 정하도록 한 것이다. 이때 공동위원회의 경관관련 사항에 대해서는 경관심의 기준에 따라 검토해야 한다.
- 공동위원회의 조직방법 및 운영주체 등의 규정사항은 지방자치단체의 여건에 따라 자체적으로 정할 사항으로 지방자치단체마다 달라질 수 있다. 공동위원회 위원을 고정으로 하거나 변동으로 규정할 수도 있다.
- 예를 들어 용인시는 경관위원회와 건축위원회의 경관건축공동위원회, 경관위원회와 도시

계획위원회의 경관도시공동위원회를 운영하고 있으며, 공동위원회의 운영주체는 각각 건축위원회와 도시계획위원회가 담당하고 있고, 경관관련 사항에 대해서는 경관위원회의 절차와 기준을 따르고 있다. 용인시 경관도시공동위원회는 25명의 고정위원으로 구성되어 있으며, 당연직위원(위원장 · 부위원장 · 건설국장 · 시의원 2명)이 5명이고, 경관위원이 9명, 도시계획위원이 11명으로 정해져 있고, 전체위원 중 과반수 이상인 13명 이상이 출석하면 개의되며 참석위원의 규정이 따로 없어서 경관위원이 1명도 참석하지 않아도 개의할 수 있게 된다. 용인시 경관건축공동위원회는 25명의 고정위원으로 구성되어 있으며, 경관위원이 9명(부위원장 1명 포함), 교통위원이 7명, 건축위원이 9명(위원장 1명 포함)으로 정해져 있고, 전체위원 중 과반수 이상인 13명 이상이 출석하면 개의되며 참석위원의 규정이 따로 없어서 경관위원이 1명도 참석하지 않아도 개의할 수 있게 된다. 경관건축공동위원회를 개의할 때 심의대상이 교통영향평가 대상인 경우에는 교통위원이 참석위원의 4분의 1이상이 되어야 한다는 규정에 따라 과반수 출석위원 13명일 경우에 4명이 교통위원이 되어야 하며, 교통영향평가 대상이 아닌 경우에는 교통위원이 1명도 참석하지 않아도 개의할 수 있다.

| Q&A |

▶경관법 제28조제3항에 의하면 상위기관에 경관심의를 요청할 수 있는데 대구광역시 중구가 기본경관계획을 수립할 때 상위기관인 대구광역시에 올리면서 경관심의와 경관계획의 승인을 받을 수 있는 건가요?

대구광역시 중구의 기본경관계획을 승인받기 위해서는 지방자치단체의 자문이나 심의자료를 첨부해야 하기 때문에 중구에서 경관자문이나 경관심의를 거쳐 자문결과 또는 심의결과를 첨부하도록 합니다. 현재 대구광역시 중구는 경관위원회가 없기 때문에 경관과 관련된 위원회에서 경관심의나 경관자문을 득할 수 있습니다.

▶도시건축공동위원회가 이미 있는 경우에도 경관위원회와 다른 법률에 따라 시행하는 위원회 간의 공동위원회를 별도로 만들어야 하나요?

도시건축공동위원회는 경관법에서 규정한 공동위원회가 아니라 국토의 계획 및 이용에 관한 법률에 따라 도시계획위원회와 건축위원회가 공동으로 구성한 별도의 위원회입니다. 따라서 경관법에 의거하여 경관위원회 및 경관과 관련된 위원회는 다른 법률에 따라 설치된 도시계획위원회, 건축위원회, 도시건축공동위원회 등과 별도로 공동위원회를 구성하여야 합니다. 예를 들어 경관법에 의한 공동위원회는 경관위원회+도시계획위원회, 경관위원회+건축위원회, 경관위원회+도시건축공동위원회, 경관위원회+도시계획위원회+건축위원회 등으로 구성할 수 있습니다.

▶도시계획위원회나 건축위원회와 경관위원회 간에 공동위원회를 구성하여 심의를 거친 경우 도시계획위원회 심의 또는 건축위원회 심의를 별도로 받지 않아도 되나요? 이에 대한 법적 근거는 무엇인가요?

경관법 제29조에서는 경관위원회와 다른 법률에 따라 설치된 위원회가 공동위원회를 구성하여 심의할 수 있도록 규정하였으므로 공동위원회 심의를 받은 경우 공동위원회를 구성한 다른 위원회(도시계획위원회, 건축위원회 등)의 심의를 별도로 받을 필요는 없습니다(국토교통부 건축문화경관과-695호 2014.4.4 참조).

▶공동위원회 구성 시 어느 부서에서 조례개정 및 공동위원회 심의수행 등의 절차를 진행하나요?

공동위원회의 운영주체는 해당 지방자치단체의 여건에 따라 자체적으로 정하는 사항으로 공동위원회의 운영에 관한 사항은 지방자치단체마다 달라질 수 있습니다.

▶기존에 설치되어 있는 공공디자인 위원회를 경관법에 따른 경관과 관련된 위원회로 볼 수 있나요?

경관법시행령 제22조2호사목의 '그 밖에 해당 지방자치단체의 조례로 정하는 위원회'에 근거하여 해당 지방자치단체의 조례로 공공디자인 위원회를 경관과 관련된 위원회로 정하면 가능합니다.

▶공동위원회도 인력풀제로 운영할 수 있나요?

공동위원회는 경관법시행령 제23조제2항에 따라 30인 이내의 위원으로 구성하고, 제23조제4항에 따라 재적위원 과반수의 출석으로 개의하므로 인력풀제로 운영할 수 없습니다. 그러나 사안에 따라 다른 위원으로 구성할 수 있습니다.

▶경관위원회에서 경관심의결과 지나치게 사업자에게 경제적 부담을 주거나 추상적인 조건을 부과하는 것이 바람직한가요?

「경관심의 운영지침」 5-2-1. (4)에서는 조건부 또는 재검토 의결에 따라 부과하는 조건과 재검토 요구사항의 경우에는 위원장이 출석위원 과반수의 동의를 얻어 종합·조정하여 부과하도록 규정하고 있으며, 이 경우 사업자의 부담 증가를 충분히 고려하여야 하고, 지나치게 포괄적인 의견이나, 과도하게 엄격한 의견을 제시하는 것은 지양하도록 하고 있습니다. 아울러 조건 부과나 재검토 요구 시에는 대안을 함께 제시하여야 합니다. 이러한 규정들에 대하여 경관위원회 운영주체가 위원들에게 사전에 충분히 고지하여야 합니다.

경관심의 관련사항의 종합

경관관련 사항을 심의, 자문, 검토 등을 할 수 있는 위원회는 경관위원회, 경관과 관련된 위원회, 공동위원회가 있다.

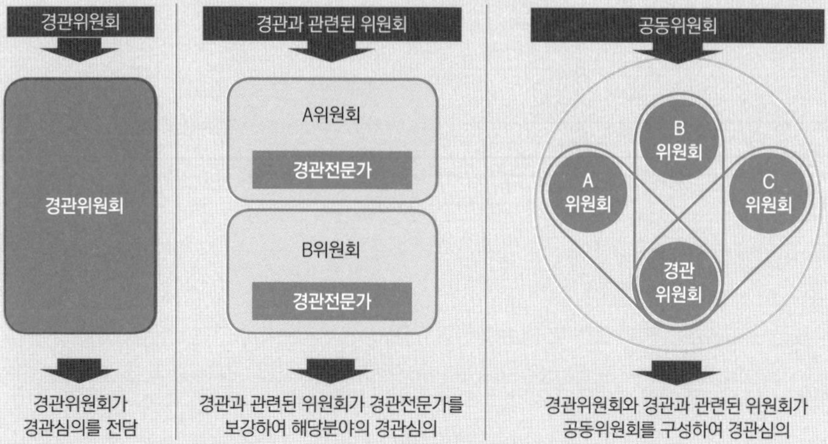

그림 6-1_ 경관심의의 방법

경관위원회, 경관과 관련된 위원회, 공동위원회의 특징은 다음과 같다.

구분	특징
경관위원회	• 발주청은 경관위원회를 설치 • 근거법이 없는 경관관련위원회(디자인위원회 등)는 경관위원회로 통합 유도 • 경관심의절차를 따름
경관과 관련된 위원회	• 경관위원회를 둘 수 없는 경우 경관과 관련된 위원회에 기능을 부여 • 도시계획위원회, 건축위원회, 도시건축공동위원회, 기술자문위원회 등이 있으며, 이때 경관전문가의 보강이 필요 • 해당 위원회의 심의절차를 따름
공동위원회	• 경관위원회와 공동으로 심의가 필요한 경우에 공동위원회를 설치 • 도시계획위원회+경관위원회, 건축위원회+경관위원회, 옥외광고물위원회+경관위원회,도시계획위원회+건축위원회+옥외광고물위원회+경관위원회 등 경관위원회와 다른 법률에 따라 설치된 위원회가 공동으로 구성할 수 있음 • 공동으로 심의절차를 정함 (경관위원회 위원이 공동위원회 위원의 1/3 이상)

그림 6-2_ 위원회별 특징

제30조(경관위원회의 기능) ① 경관위원회의 심의를 거쳐야 할 사항은 다음 각 호와 같다.

1. 제12조에 따른 경관계획의 수립 또는 변경
2. 제13조에 따른 경관계획의 승인
3. 제16조에 따른 경관사업 시행의 승인
4. 제21조에 따른 경관협정의 인가
5. 제26조에 따른 사회기반시설 사업의 경관 심의
6. 제27조에 따른 개발사업의 경관 심의
7. 제28조에 따른 건축물의 경관 심의
8. 그 밖에 경관에 중요한 영향을 미치는 사항으로서 대통령령으로 정하는 사항

② 국토교통부장관 또는 시 · 도지사등이 경관위원회에 자문하여야 하는 사항은 다음 각 호와 같다. 다만, 제3호 및 제4호는 시 · 도지사등에만 해당한다.

1. 경관계획에 관한 사항
2. 경관사업의 계획에 관한 사항
3. 경관에 관한 조례의 제정 및 개정에 관한 사항
4. 그 밖에 경관에 중요한 영향을 미치는 사항으로서 해당 지방자치단체의 조례로 정하는 사항

| 요지 |

경관위원회의 기능을 자문과 심의로 규정하고 경관법 주요사항인 경관계획, 경관사업, 경관협정, 경관심의, 경관조례에서 심의할 대상과 자문할 대상을 규정함

| 해설 |

① 경관위원회의 심의대상

- 경관위원회의 심의를 거쳐야 할 사항을 밝히고 있는 조항이다.
- 경관위원회의 역할을 경관계획 및 경관관리와 관련된 사항에 대한 경관자문과 경관심의로 규정하고 경관위원회에서 자문할 사항과 심의할 사항으로 대상을 구분하였다.
- 경관위원회의 심의를 거쳐야 할 사항은 경관법의 주요사항인 경관계획, 경관사업, 경관협정, 경관심의에 관한 것이다. 구체적으로 경관계획의 수립

또는 변경, 경관계획의 승인, 경관사업의 시행승인, 경관협정의 인가, 사회기반시설 사업의 경관심의, 개발사업의 경관심의, 건축물의 경관심의, 경관에 중요한 영향을 미치는 사항이 있고, 경관에 중요한 영향을 미치는 사항은 경관법시행령 제24조에 명시되어 있다.

시행령 제24조(경관위원회의 심의대상) 법 제30조제1항제8호에서 "대통령령으로 정하는 사항"이란 다음 각 호의 사항을 말한다. 이 경우 제3호는 시 · 도지사등 소속으로 설치하는 경관위원회인 경우만 해당한다.

1. 법 제25조제2항에 따라 비용 등을 지원받는 경관협정의 결정
2. 다른 법령에서 경관위원회의 심의를 받도록 규정한 사항
3. 그 밖에 해당 지방자치단체의 조례로 정하는 사항

○ **경관위원회의 심의대상**

- 경관에 중요한 영향을 미치는 사항은 경관위원회의 심의를 거치도록 규정하고 있다.
- 경관위원회의 심의를 거쳐야 할 경관에 중요한 영향을 미치는 사항에는 비용 등을 지원받는 경관협정의 결정, 다른 법령에서 경관위원회의 심의를 받도록 규정한 사항, 지방자치단체의 조례로 정하는 사항이 있다. 이 중에 지방자치단체의 조례로 정하는 사항은 시 · 도지사등 소속으로 설치하는 경관위원회인 경우만 해당한다.

② 경관위원회의 자문대상

- 경관위원회의 자문을 받아야 할 사항을 밝히고 있는 조항이다.
- 국토교통부장관 또는 시·도지사등이 경관위원회에 자문하여야 하는 사항은 경관계획에 관한 사항, 경관사업의 계획에 관한 사항, 경관에 관한 조례의 제정 및 개정에 관한 사항, 경관에 중요한 영향을 미치는 사항으로서 지방자치단체의 조례로 정하는 사항이 있다. 다만, 경관에 관한 조례의 제정 및 개정에 관한 사항, 경관에 중요한 영향을 미치는 사항으로서 지방자치단체의 조례로 정하는 사항은 시·도지사등에만 해당한다.

제31조(경관위원회의 구성 · 운영) 이 법에서 규정한 사항 외에 경관위원회의 구성 · 운영에 관한 사항과 그 밖에 필요한 사항은 대통령령으로 정한다.

| 요지 |

경관위원회의 구성·운영에 필요한 사항과 경관소위원회의 설치·운영에 필요한 사항을 규정함

| 해설 |

① 경관위원회의 구성 · 운영

- 경관위원회의 구성·운영에 관한 사항과 그 밖에 필요한 사항 등을 밝히고 있는 조항이다. 경관위원회의 구성 및 운영 등에 관한 사항은 "경관심의 운영지침 제6장 제1절"에 정하도록 하고 있다. 경관위원회의 구성·운영은 경관법시행령 제25조에서 설명하고 있다.

시행령 제25조(경관위원회의 구성 등) ① 경관위원회(법 제29조제1항에 따라 시 · 도지사등 소속으로 설치하는 경우로 한정한다. 이하 같다)는 위원장과 부위원장 각 1명을 포함하여 10명 이상 70명 이내의 위원으로 구성한다.

② 경관위원회의 위원은 다음 각 호의 어느 하나에 해당하는 사람 중에서 해당 시 · 도지사등이 임명하거나 위촉한다. 이 경우 제3호에 해당하는 위원의 수가 전체 위원 수의 2분의 1 이상 되어야 한다.

1. 해당 지방자치단체 지방의회(행정시 및 경제자유구역청의 경우에는 행정시 및 경제자유구역청이 소속한 시 · 도의 지방의회를 말한다)의 의원
2. 해당 지방자치단체 또는 경관계획과 관련이 있는 행정기관의 공무원
3. 건축 · 도시 · 조경 · 토목 · 교통 · 환경 · 문화 · 농림 · 디자인 · 옥외광고 등 경관계획 관련 분야에 관한 학식과 경험이 풍부한 사람

③ 위원장과 부위원장은 위원 중에서 호선(互選)한다.

④ 제2항제3호에 해당하는 위원의 임기는 2년으로 하고, 위원의 사임 등으로 새로 위촉된 위원의 임기는 전임위원 임기의 남은 기간으로 한다.

○ **경관위원회의 구성**

- 지방자치단체장 소속으로 설치하는 경관위원회의 구성인원과 방법을 규정하고 있다.
- 시 · 도지사등 소속으로 설치하는 경관위원회는 위원장 1명과 부위원장 1명을 포함하여 10명 이상 70명 이내에서 인력풀의 형태로 위원을 구성한다. 경관위원회를 인력풀(pool)제로 구성하는 것은 전문가를 다양하게 확보하고, 경관위원회 소집을 원활하게 할 수 있도록 하기 위함이다.
- 종전에 10명 이상 20명 이내로 구성하던 경관위원회를 10명 이상 70명 이내에서 지방자치단체의 조례로 정하도록 하고, 회의안건에 적합한 분야를 정하고 참석위원을 확정하는 방식으로 하게 되었다. 단, 경관위원회 회의는 위원장이 회의 시마다 지정하는 8명 이상 20명 이내의 위원을 소집한다.

○ **경관위원회의 위원**

- 경관위원회 위원의 위촉방법과 위촉위원에 대해 규정하고 있다.
- 경관위원회의 위원은 해당 지방자치단체 지방의회의 의원, 해당 지방자치단체 또는 경관계획과 관련이 있는 행정기관의 공무원, 건축 · 도시 · 조경 · 토목 · 교통 · 환경 · 문화 · 농림 · 디자인 · 옥외광고 등 경관계획 관련분야에 관한 학식과 경험이 풍부한 사람 중에서 해당 시 · 도지사등이 임명하거나 위촉한다. 이때 경관계획 관련분야에 관한 학식과 경험이 풍부한 사람에 해당하는 위원의 수가 전체 위원 수의 2분의 1이상 되어야 한다.

○ **경관위원회 위원장과 부위원장**

- 경관위원회의 위원장과 부위원장을 정하는 방법을 규정하고 있다.
- 경관위원회의 위원장과 부위원장은 경관위원 중에서 호선하여 정하도록 하고 있다. 일반적으로 경관위원회 위원장은 지방자치단체의 부단체장이 하거나 위원 중에서 호선하기도 한다. 부위원장은 부단체장이 지명하거나 위원 중에서 하기도 한다.

○ **경관위원회 위원의 임기**

- 경관위원회 위원의 임기에 대해 규정하고 있다.
- 경관위원회 위원 중에서 경관계획 관련분야에 관한 학식과 경험이 풍부한 사람에 해당하는 위원의 임기는 2년으로 하되 연임할 수 있다. 다만, 위원의 사임 등으로 새로 위촉된 위원의 임기는 전임위원 임기의 남은 기간으로 한다.

시행령 제26조(경관위원회의 운영 등) ① 경관위원회의 위원장은 경관위원회의 업무를 총괄하여, 경관위원회를 소집하고 그 의장이 된다.
② 경관위원회의 위원장이 부득이한 사유로 직무를 수행할 수 없을 때에는 부위원장이 그 직무를 대행하며, 위원장과 부위원장이 모두 부득이한 사유로 그 직무를 수행할 수 없을 때에는 위원장이 미리 지명한 위원이 그 직무를 대행한다.
③ 경관위원회의 회의는 다음 각 호의 사람으로 구성한다.
1. 위원장
2. 부위원장
3. 위원장이 회의 시마다 지정하는 8명 이상 20명 이내의 위원
④ 경관위원회의 회의는 제3항에 따른 구성위원 과반수의 출석으로 개의하고, 출석위원 과반수의 찬성으로 의결한다.
⑤ 시 · 도지사등은 경관위원회 회의를 마친 후 10일 이내에 회의에 참석한 위원 명단 및 회의 결과를 인터넷 홈페이지에 공개하여야 한다. 다만, 법 제29조제3항에 따라 다른 법률에 따라 설치된 위원회와 공동으로 심의한 경우에는 해당 법률에서 규정한 공개 기준에 따라야 한다.
⑥ 경관위원회에 간사 1명과 서기 몇 명을 둘 수 있으며, 간사와 서기는 경관위원회의 위원장이 임명한다.
⑦ 경관위원회의 경관 심의의 효율성을 높이기 위하여 필요한 경우에는 심의 대상 사업의 종류 등을 고려하여 소위원회를 둘 수 있다.
⑧ 소위원회의 위원장은 경관위원회의 위원장이 지명하는 위원이 되며, 소위원회의 회의는 소위원회의 위원장 1명을 포함하여 7명 이내의 위원으로 구성한다.
⑨ 제1항부터 제8항까지에서 규정한 사항 외에 경관위원회의 운영 및 소위원회의 구성 · 운영 등에 필요한 사항은 해당 지방자치단체의 조례로 정한다.

○ **경관위원회 위원장의 역할**

- 경관위원회의 위원장은 경관위원회가 어떤 업무를 수행하고 그 업무를 총괄해야 하며, 경관 심의, 자문, 검토 등을 위하여 경관위원회를 소집하도록 하고, 경관위원회의 개의 시 의장의 역할을 수행하도록 규정하고 있다.

○ **경관위원회 위원장의 직무대행**

- 경관위원회의 위원장이 부득이한 사유로 직무를 수행할 수 없을 때에는 부위원장이 그 직무를 대행하며, 위원장과 부위원장이 모두 부득이한 사유로 그 직무를 수행할 수 없을 때에는 위원장이 미리 지명한 위원이 경관위원회 위원장의 직무를 대행하도록 규정하고 있다.

○ **경관위원회 회의**

- 경관위원회 회의는 위원장과 부위원장을 포함하고, 위원장이 회의 시마다 지정하는 8명 이상 20명 이내의 위원으로 구성하도록 규정하고 있다. 경관위원회는 인력풀로 구성되어 있기 때문에 회의 시마다 안건에 따라 인력풀에서 위원을 선정하도록 규정하고 있다.

○ **경관위원회 운영**

- 경관위원회 회의는 구성위원 과반수의 출석으로 개의하고, 출석위원 과반수의 찬성으로 의결하도록 규정하고 있다.

○ **경관위원회 회의내용의 공개**

- 시 · 도지사등은 경관위원회 회의를 마친 후 10일 이내에 회의에 참석한 위원 명단 및 회의 결과를 인터넷 홈페이지에 공개하도록 규정하고 있다. 다만, 다른 법률에 따라 설치된 위원회와 공동위원회를 구성하여 심의한 경우에는 해당 법률에서 규정한 공개기준에 따르도록 한다. 해당 법률이 비공개라면 공개할 수 없으며 위원명단 및 회의내용 중에서 일부만 공개할 수 있다.

○ **경관위원회의 간사와 서기**

- 경관위원회에 간사 1명과 서기 몇 명을 둘 수 있으며, 간사와 서기는 경관위원회의 위원장이 임명하도록 규정하고 있다.

○ **경관소위원회의 설치**

- 경관위원회의 경관심의의 효율성을 높이기 위하여 필요한 경우에는 심의대상 사업의 종류 등을 고려하여 소위원회를 둘 수 있도록 규정하고 있다.

○ **소위원회의 위원장**

- 소위원회의 위원장과 위원구성을 규정하고 있다.
- 소위원회의 위원장은 경관위원회의 위원장이 지명하는 위원이 되며, 소위원회의 회의는 소위원회의 위원장 1명을 포함하여 7명 이내의 위원으로 구성한다. 소위원회는 심의내용에 따라 해당 위원을 다르게 구성할 수 있다. 소위원회는 구성위원 과반수의 출석으로 개의하고, 구성위원 과반수의 찬성으로 의결한다. 소위원회의 회의결과 및 위원명단은 인터넷에 공개하도록 한다.
- 경관소위원회의 위원은 임기인 2년 동안 고정위원으로 구성하거나 변동위원으로 구성할 수 있다. 그러나 경관소위원회의 위원을 고정위원으로 구성할 경우에 회의 시마다 4명 이상이 참석해야 하는데 위원들의 사정에 따라 참석이 어려울 경우에는 경관소위원회의 개의에 영향을 줄 수 있기 때문에 심의대상에 따라 다르게 구성하는 것이 좋다.

○ **경관위원회의 운영 및 소위원회의 구성 · 운영**

- 경관위원회의 운영 및 소위원회의 구성 · 운영 등에 필요한 사항은 지방자치단체의 조례로 정하도록 규정하고 있다. 경관위원회 및 소위원회 위원의 제척 · 기피 · 회피에 대해 경관심의운영지침 제6장 제1절에 정하고 있다.

제7장
보칙

경관법 제7장 '보칙'은 경관법의 보칙에 관한 사항을 다루고 있는 부분으로, 2013년 경관법이 개정되면서 국가 및 지방자치단체의 경관관리를 강화하였다.

'제32조 인력양성 및 지원'은 경관분야 전문인력의 양성, 경관형성의 지원 등에 대한 사항을 규정하였다. '제33조 경관관리정보체계의 구축·운영'은 경관관리정보체계의 구축·운영, 경관관리정보의 제공, 경관관리정보체계에 필요사항 등에 대한 사항을 규정하였다. '제34조 벌칙 적용 시의 공무원 의제'는 벌칙 적용 시의 공무원 의제 등에 대한 사항을 규정하였다.

경관법 '제7장 보칙'의 구성

경관법	경관법 시행령	지침
제32조 인력양성 및 지원 - 전문인력의 양성 - 경관형성의 지원		
제33조 경관관리정보체계의 구축 · 운영 - 경관관리정보체계의 구축 · 운영 - 경관관리정보의 제공 → 대통령령 - 경관관리정보체계의 구축, 운영에 필요한 사항 → 대통령령		
제34조 벌칙 적용 시의 공무원 의제 - 벌칙 적용 시의 공무원 의제		

제32조(인력 양성 및 지원) ① 국가 및 지방자치단체는 경관의 보전 · 관리 및 형성을 촉진하기 위하여 전문인력의 양성 및 교육, 우수한 경관의 발굴 및 그에 따른 포상 등 필요한 지원을 할 수 있다.

② 국가는 지방자치단체에 지역의 개발 또는 정비사업에 필요한 비용을 지원하는 경우 경관의 보전 · 관리 및 형성을 위한 계획 또는 실적이 우수한 지방자치단체를 우선적으로 지원할 수 있다.

| 요지 |

경관의 보전, 관리, 형성을 촉진시키기 위해 인력양성, 자원발굴, 포상, 비용지원 등의 지원사항을 규정함

| 해설 |

① 전문인력의 양성

- 국가 및 지방자치단체는 경관의 보전·관리 및 형성을 촉진하기 위하여 경관분야의 전문인력을 양성하고 교육하며, 우수한 경관자원을 발굴하고 또 그에 따른 포상 등에 필요한 지원을 할 수 있도록 규정하고 있음을 밝히고 있는 조항이다.

② 경관형성의 지원

- 국가는 지방자치단체에 지역개발 또는 정비사업에 필요한 비용을 지원하는 경우 경관의 보전·관리 및 형성을 위한 계획 또는 실적이 우수한 지방자치단체를 우선적으로 지원할 수 있도록 규정하고 있음을 밝히고 있는 조항이다.

제33조(경관관리정보체계의 구축 · 운영) ① 국토교통부장관 또는 시 · 도지사등은 경관계획 수립, 경관 심의 등 경관관리를 효율적으로 하기 위하여 경관관리정보체계를 구축하여 운영할 수 있다.
② 국토교통부장관 또는 시 · 도지사등은 경관관리정보체계를 통하여 경관자원의 현황, 경관사업의 내용 등 대통령령으로 정하는 사항을 관계 기관 및 일반 국민에게 제공할 수 있다.
③ 제1항 및 제2항에서 규정한 사항 외에 경관관리정보체계의 구축 · 운영 등에 필요한 사항은 대통령령으로 정한다.

| 요지 |

효율적인 경관관리를 위하여 경관관리정보체계를 구축하고 운영하여 경관정보를 제공할 수 있음을 규정함

| 해설 |

① 경관관리정보체계의 구축 · 운영

- 국토교통부장관 또는 시·도지사등은 경관계획 수립, 경관심의 등과 같이 경관관리를 효율적으로 하기 위하여 경관관리정보체계를 구축하여 운영할 수 있도록 규정하고 있음을 밝히고 있는 조항이다.

② 경관관리정보의 제공

- 국토교통부장관 또는 시·도지사등은 경관관리정보체계를 통하여 경관자원의 현황, 경관사업의 내용 등을 관계기관 및 일반국민에게 제공할 수 있도록 규정하고 있음을 밝히고 있는 조항이다.

③ 경관관리정보체계의 구축, 운영에 필요한 사항

- 경관관리정보체계의 구축·운영 등에 필요한 사항을 정하도록 규정하고 있음을 밝히고 있는 조항이다.

제34조(벌칙 적용 시의 공무원 의제) 제29조제1항에 따른 경관위원회의 위원 중 공무원이 아닌 사람에 대하여 「형법」 제129조부터 제132조까지의 규정을 적용할 때에는 그를 공무원으로 본다.

| 요지 |

경관위원회 위원 중 민간위원에 대해 벌칙을 적용할 경우 공무원 규정을 적용함을 규정함

| 해설 |

① 벌칙 적용 시의 공무원 의제

- 경관위원회의 위원 중 공무원이 아닌 사람에 대하여 「형법」에서 규정한 수뢰, 사전수뢰, 제삼자 뇌물제공, 수뢰후 부정처사, 사후수뢰, 알선수뢰 등을 적용할 때에는 그를 공무원으로 본다는 것을 규정하고 있음을 밝히고 있는 조항이다.

부칙

제1조(시행일) 이 법은 공포 후 6개월이 경과한 날부터 시행한다.

제2조(기초조사에 관한 적용례) 제10조 단서의 개정규정은 이 법 시행 후 경관계획을 수립하거나 변경하는 경우부터 적용한다.

제3조(사회기반시설 사업의 경관 심의에 관한 적용례) 제26조의 개정규정은 이 법 시행 후 사회기반시설 사업의 설계용역 계약을 체결하는 경우부터 적용한다.

제4조(개발사업의 경관 심의에 관한 적용례) 제27조의 개정규정은 이 법 시행 후 개발사업에 따른 지구의 지정이나 사업계획 승인 등을 요청하는 경우부터 적용한다.

제5조(건축물의 경관 심의에 관한 적용례) 제28조의 개정규정은 이 법 시행 후 건축허가를 신청하거나 건축신고를 하는 경우부터 적용한다.

제6조(경관계획의 수립에 관한 경과조치) 이 법 시행 전에 수립된 경관계획은 제7조의 개정규정에 따라 수립된 경관계획으로 본다.

제7조(시 · 군 경관계획에 관한 경과조치) 이 법 시행 전에 종전의 제11조에 따라 도지사에게 승인을 신청한 시 · 군 경관계획에 대해서는 제12조의 개정규정에도 불구하고 종전의 규정에 따른다.

제8조(「건설기술 진흥법」 시행일에 관한 경과조치) 제26조제1항의 개정규정 중 "「건설기술 진흥법」 제2조제6호"는 2014년 5월 22일까지는 "「건설기술관리법」 제2조제5호"로 본다.

제9조(다른 법률의 개정) ① 어촌특화발전 지원 특별법 일부를 다음과 같이 개정한다.
제6조제3항 중 "「경관법」 제23조제1항"을 "「경관법」 제29조제1항"으로 한다.
② 제주특별자치도 설치 및 국제자유도시 조성을 위한 특별법 일부를 다음과 같이 개정한다.
제256조제3항 중 "「경관법」 제13조제2항 후단, 제17조제2항 및 제23조제1항 단서"를 "「경관법」 제16조제2항 후단, 제20조제2항 및 제29조제1항 단서"로 한다.

제10조(다른 법령과의 관계) 이 법 시행 당시 다른 법령에서 종전의 「경관법」의 규정을 인용하고 있는 경우에는 종전의 규정을 갈음하여 이 법의 해당 규정을 인용한 것으로 본다.

| 요지 |

경관법의 시행일, 적용시기, 경과조치와 경관법 개정을 인한 타법의 개정, 타법과의 관계에 관한 사항을 규정함

| 해설 |

- 경관법은 공포 후 6개월이 경과한 2014년 2월 7일부터 시행한다.

- 경관법 개정과 관련하여 기초조사는 경관계획을 수립하거나 변경하는 경우부터, 사회기반시설 사업의 경관심의는 설계용역 계약을 체결하는 경우부터, 개발사업의 경관심의는 지구지정이나 사업계획승인을 요청하는 경우부터, 건축물의 경관심의는 건축허가나 건축신고를 하는 경우부터 적용한다.
- 기 수립된 경관계획은 개정규정에 따른 경관계획으로 보며, 도지사에게 기 승인신청한 시·군 경관계획은 종전의 규정에 따른다.
- 건설기술진흥법, 어촌특화발전지원 특별법, 제주특별자치도 설치 및 국제자유도시 조성을 위한 특별법의 단서를 개정한다.
- 다른 법령에서 종전의 경관법 규정은 경관법의 현재 규정으로 본다.

시행령 제1조(시행일) 이 영은 2014년 5월 23일부터 시행한다.

제2조부터 제12조까지 생략

제13조(다른 법령의 개정) ①부터 ⑥까지 생략

⑦ 경관법 시행령 일부를 다음과 같이 개정한다.

제18조제2항제1호 본문 중 "「건설기술관리법 시행령」 제60조"를 "「건설기술 진흥법 시행령」 제71조"로, 같은 호 단서 중 "「건설기술관리법 시행령」 제62조"를 "「건설기술 진흥법 시행령」 제73조"로 한다.

⑧부터 〈37〉까지 생략

제13조 생략

- 경관법시행령은 2014년 5월 23일부터 시행한다.

3편
부록

경관법

국토교통부(건축문화경관과)

[시행2016.1.25] [법률 제13426호, 2015.7.24, 타법개정]
[시행2014.2.7] [법률 제12013호, 2013.8.6, 전부개정]
[시행2013.3.23] [법률 제11690호, 2013.3.23, 타법개정]
[시행2012.4.15] [법률 제10599호, 2011.4.14, 타법개정]
[시행2008.3.21] [법률 제8974호, 2008.3.21, 타법개정]
[시행2008.2.29] [법률 제8852호, 2008.2.29, 타법개정]
[시행2007.11.18] [법률 제8478호, 2007.5.17, 제정]

경관법

제1장 총칙

제1조(목적) 이 법은 국토의 경관을 체계적으로 관리하기 위하여 경관의 보전·관리 및 형성에 필요한 사항을 정함으로써 아름답고 쾌적하며 지역특성이 나타나는 국토환경과 지역환경을 조성하는 데 이바지함을 목적으로 한다.

제2조(정의) 이 법에서 사용하는 용어의 뜻은 다음과 같다.

1. "경관"(景觀)이란 자연, 인공 요소 및 주민의 생활상(生活相) 등으로 이루어진 일단(一團)의 지역환경적 특징을 나타내는 것을 말한다.
2. "건축물"이란 「건축법」 제2조제1항제2호에 따른 건축물을 말한다.

제3조(경관관리의 기본원칙) 경관은 다음 각 호의 원칙에 따라 계획되고 관리되어야 한다.

1. 국민이 아름답고 쾌적한 경관을 누릴 수 있도록 할 것
2. 지역의 고유한 자연·역사 및 문화를 드러내고 지역주민의 생활 및 경제활동과의 긴밀한 관계 속에서 지역주민의 합의를 통하여 양호한 경관이 유지될 것
3. 각 지역의 경관이 고유한 특성과 다양성을 가질 수 있도록 자율적인 경관행정 운영방식을 권장하고, 지역주민이 이에 주체적으로 참여할 수 있도록 할 것
4. 개발과 관련된 행위는 경관과 조화 및 균형을 이루도록 할 것
5. 우수한 경관을 보전하고 훼손된 경관을 개선·복원함과 동시에 새롭게 형성되는 경관은 개성있는 요소를 갖도록 유도할 것
6. 국민의 재산권을 과도하게 제한하지 아니하도록 하고, 지역 간 형평성을 고려할 것

제4조(국가 및 지방자치단체 등의 책무) ① 국가 및 지방자치단체는 아름답고 쾌적한 경관을 형성하는 데 필요한 시책을 마련하여야 하며, 우수한 경관을 발굴하여 지원·육성하여야 한다.

② 국가 및 지방자치단체는 경관관리의 기본원칙에 대한 국민의 이해를 높이도록 노력하여야 한다.

③ 국민은 아름답고 쾌적한 경관을 보전하고 개선하기 위하여 국가 및 지방자치단체의 시책에

적극적으로 협력하여야 한다.

제5조(다른 법률과의 관계) 경관의 보전·관리 및 형성 등에 관하여 다른 법률에 특별한 규정이 있는 경우를 제외하고는 이 법에서 정하는 바에 따른다.

제2장 경관계획

제6조(경관정책기본계획의 수립 등) ① 국토교통부장관은 아름답고 쾌적한 국토경관을 형성하고 우수한 경관을 발굴하여 지원·육성하기 위하여 경관정책기본계획을 5년마다 수립·시행하여야 한다.

② 경관정책기본계획에는 다음 각 호의 사항이 포함되어야 한다.

1. 국토경관의 현황 및 여건 변화 전망에 관한 사항
2. 경관정책의 기본목표와 바람직한 국토경관의 미래상 정립에 관한 사항
3. 국토경관의 종합적·체계적 관리에 관한 사항
4. 사회기반시설의 통합적 경관관리에 관한 사항
5. 우수한 경관의 보전 및 그 지원에 관한 사항
6. 경관 분야의 전문인력 육성에 관한 사항
7. 지역주민의 참여에 관한 사항
8. 그 밖에 경관에 관한 중요 사항

③ 국토교통부장관은 경관정책기본계획을 수립할 때 「농어업인 삶의 질 향상 및 농어촌지역개발촉진에 관한 특별법」 제5조제1항에 따른 농어업인 삶의 질 향상 및 농어촌 지역개발 기본계획 등 경관과 관련된 계획과 연계되도록 하여야 한다.

④ 국토교통부장관은 경관정책기본계획을 수립하거나 변경하려는 경우에는 환경부장관 등 관계 중앙행정기관의 장과 협의하고, 공청회 등을 거쳐 의견을 수렴한 후 제29조제1항에 따라 국토교통부장관 소속으로 설치하는 경관위원회의 심의를 거쳐야 한다.

⑤ 국토교통부장관은 경관정책기본계획을 수립하면 이를 관보 또는 국토교통부의 인터넷 홈페이지에 공고하고, 관계 중앙행정기관의 장과 다음 각 호의 어느 하나에 해당하는 자에게 알려야 한다.

1. 특별시장·광역시장·특별자치시장·도지사·특별자치도지사(이하 "시·도지사"라 한다)
2. 시장[「제주특별자치도 설치 및 국제자유도시 조성을 위한 특별법」 제15조제2항에 따른 행정시의 시장(이하 "행정시장"이라 한다)은 제외한다. 이하 같다]·군수(광역시 관할구역에 있는 군의 군수는 제외한다. 이하 같다)
3. 행정시장
4. 구청장(자치구의 구청장을 말한다. 이하 같다) 및 광역시의 군수(이하 "구청장등"이라 한다)
5. 「경제자유구역의 지정 및 운영에 관한 특별법」 제27조의2제1항에 따라 설치되는 행정기구(이하 "경제자유구역청"이라 한다)의 장(이하 "경제자유구역청장"이라 한다)

제7조(경관계획의 수립권자 및 대상 지역) ① 다음 각 호의 자는 관할구역에 대하여 경관을 보

전·관리 및 형성하기 위한 계획(이하 "경관계획"이라 한다)을 수립하여야 한다.

1. 시·도지사
2. 인구 10만명을 초과하는 시[「제주특별자치도 설치 및 국제자유도시 조성을 위한 특별법」 제15조제2항에 따른 행정시(이하 "행정시"라 한다)는 제외한다. 이하 같다]의 시장
3. 인구 10만명을 초과하는 군(광역시 관할구역에 있는 군은 제외한다. 이하 이 조 제2항 및 제4항에서 같다)의 군수

② 인구 10만명 이하인 시·군의 시장·군수, 행정시장, 구청장등 또는 경제자유구역청장은 관할 구역에 대하여 경관계획을 수립할 수 있다.

③ 특별시장·광역시장·특별자치시장·도지사, 시장·군수, 행정시장, 구청장등 또는 경제자유구역청장은 둘 이상의 특별시·광역시·특별자치시·도, 시·군·구(자치구를 말한다. 이하 같다), 행정시 또는 경제자유구역청의 관할구역에 걸쳐 있는 지역을 대상으로 공동으로 경관계획을 수립할 수 있다.

④ 도지사는 시장·군수가 요청하거나 그 밖에 필요하다고 인정하는 경우에는 둘 이상의 시 또는 군의 관할구역에 걸쳐 있는 지역을 대상으로 경관계획을 수립할 수 있다.

제8조(경관계획 수립의 제안) ① 주민(경관계획의 수립에 따른 이해관계자를 포함한다)은 제7조에 따라 경관계획을 수립할 수 있는 자에게 제안 내용을 첨부하여 경관계획의 수립을 제안할 수 있다.

② 제1항에 따라 경관계획의 수립을 제안받은 자는 그 처리 결과를 제안자에게 알려야 한다.

③ 제1항 및 제2항에서 규정한 사항 외에 경관계획의 제안, 제안서의 처리 등에 필요한 사항은 대통령령으로 정한다.

제9조(경관계획의 내용) ① 경관계획에는 다음 각 호의 사항이 포함되어야 한다. 다만, 도지사가 수립하는 경관계획에는 제4호부터 제11호까지의 사항을 생략할 수 있고, 특별시장·광역시장·특별자치시장·특별자치도지사, 시장·군수, 행정시장, 구청장등 또는 경제자유구역청장이 수립하는 경관계획에는 제5호부터 제9호까지 및 제11호의 사항을 생략할 수 있다.

1. 경관계획의 기본방향 및 목표에 관한 사항
2. 경관자원의 조사 및 평가에 관한 사항
3. 경관구조의 설정에 관한 사항
4. 중점적으로 경관을 보전·관리 및 형성하여야 할 구역(이하 "중점경관관리구역"이라 한다)의 관리에 관한 사항
5. 「국토의 계획 및 이용에 관한 법률」 제37조제1항제1호에 따른 경관지구(이하 "경관지구"라 한다)와 같은 항 제2호에 따른 미관지구(이하 "미관지구"라 한다)의 관리 및 운용에 관한 사항
6. 제16조에 따른 경관사업의 추진에 관한 사항
7. 제19조에 따른 경관협정의 관리 및 운영에 관한 사항
8. 경관관리의 행정체계 및 실천방안에 관한 사항
9. 자연 경관, 시가지 경관 및 농산어촌 경관 등 특정한 경관 유형 또는 건축물, 가로(街路), 공원 및 녹지

등 특정한 경관 요소의 관리에 관한 사항

10. 경관계획의 시행을 위한 재원조달 및 단계적 추진에 관한 사항

11. 그 밖에 경관의 보전·관리 및 형성에 관한 사항으로서 해당 지방자치단체의 조례로 정하는 사항

② 경관계획이 이미 수립된 특별시·광역시·특별자치시·도·특별자치도(이하 "시·도"라 한다)의 관할구역에서 수립하는 시·군·구·행정시·경제자유구역청의 경관계획은 해당 시·도의 경관계획에 부합되어야 하며, 시·군·구·행정시·경제자유구역청의 경관계획 내용과 시·도의 경관계획의 내용이 다른 경우 시·도의 경관계획이 우선한다.

③ 시·도지사, 시장·군수, 행정시장, 구청장등 또는 경제자유구역청장(이하 "시·도지사등"이라 한다)은 경관계획을 수립하는 경우에는 이미 수립된 다른 법률에 따른 경관 관련 계획에 부합되게 하여야 하고, 경관계획이 수립된 이후 다른 법률에 따른 경관 관련 계획을 수립하는 경우에는 이미 수립된 경관계획에 부합되게 하여야 한다.

④ 경관계획은 도시·군기본계획(「국토의 계획 및 이용에 관한 법률」 제2조제3호에 따른 도시·군기본계획을 말한다. 이하 같다)에 부합되어야 하며, 경관계획의 내용과 도시·군기본계획의 내용이 다른 경우 도시·군기본계획이 우선한다.

⑤ 국토교통부장관은 경관계획의 수립기준 등에 관하여 대통령령으로 정하는 바에 따라 관계 중앙행정기관의 장과 공동으로 정하여 고시하여야 한다.

제10조(경관계획의 수립 또는 변경을 위한 기초조사) 시·도지사등은 경관계획을 수립하거나 변경하려는 경우에는 대통령령으로 정하는 바에 따라 경관계획의 수립 또는 변경에 필요한 사항을 조사하여야 한다. 다만, 경관계획의 수립 또는 변경에 필요한 사항에 대하여 다른 법령에 따라 조사한 결과가 있는 경우에는 그 조사한 결과를 활용할 수 있다.

제11조(공청회 및 지방의회의 의견청취) ① 시·도지사등은 경관계획을 수립하거나 변경하려는 경우에는 미리 공청회를 개최하여 주민 및 관계 전문가 등의 의견을 들어야 하며, 공청회에서 제시된 의견이 타당하다고 인정할 때에는 경관계획에 반영하여야 한다.

② 제1항에 따른 공청회 개최에 필요한 사항은 대통령령으로 정하는 바에 따라 해당 지방자치단체의 조례로 정한다.

③ 시·도지사등은 경관계획을 수립하거나 변경하려는 경우에는 해당 지방의회(행정시 및 경제자유구역청의 경우에는 행정시 및 경제자유구역청이 소속한 지방자치단체의 의회를 말한다. 이하 이 항에서 같다)의 의견을 들어야 한다. 이 경우 지방의회는 특별한 사유가 없으면 30일 이내에 의견을 제시하여야 하며, 그 기한 내에 의견을 제출하지 아니하면 의견이 없는 것으로 본다.

④ 도지사는 제7조제4항에 따라 경관계획을 수립하거나 변경하려는 경우에는 관계 시장·군수의 의견을 듣기 위하여 기한을 명시하여 경관계획안을 관계 시장·군수에게 보내야 한다.

⑤ 제4항에 따라 경관계획안을 받은 시장·군수는 명시된 기한까지 그 경관계획안에 대한 의견을 도지사에게 제출하여야 하며, 그 기한 내에 의견을 제출하지 아니하면 의견이 없는 것으로 본다.

제12조(경관계획의 수립절차) ① 시·도지사 또는 시장·군수는 경관계획을 수립하거나 변경하

는 경우에는 환경부장관 등 관계 행정기관의 장과 미리 협의한 후 제29조제1항에 따라 해당 시·도지사 또는 시장·군수 소속으로 설치하는 경관위원회의 심의를 거쳐야 한다.

② 제1항에 따라 협의를 요청받은 관계 행정기관의 장은 특별한 사유가 없으면 그 요청을 받은 날부터 30일 이내에 의견을 제출하여야 하며, 그 기간 내에 의견을 제출하지 아니하면 협의가 이루어진 것으로 본다.

③ 시·도지사 또는 시장·군수는 경관계획을 수립하거나 변경하였을 경우에는 관계 행정기관의 장에게 관계 서류를 보내야 하며, 대통령령으로 정하는 바에 따라 공고하고 주민이 열람할 수 있도록 하여야 한다.

제13조(경관계획의 승인) ① 행정시장, 구청장등 또는 경제자유구역청장은 제7조제2항에 따라 경관계획을 수립하거나 변경하려면 대통령령으로 정하는 바에 따라 관할 시·도지사의 승인을 받아야 한다.

② 시·도지사는 제1항에 따라 경관계획을 승인하려면 환경부장관 등 관계 행정기관의 장과 미리 협의한 후 제29조제1항에 따라 해당 시·도지사 소속으로 설치하는 경관위원회의 심의를 거쳐야 한다.

③ 시·도지사는 경관계획을 승인하면 관계 행정기관의 장 및 해당 행정시장, 구청장등 또는 경제자유구역청장에게 관계 서류를 보내야 하며, 관계 서류를 받은 행정시장, 구청장등 또는 경제자유구역청장은 대통령령으로 정하는 바에 따라 공고하고 주민이 열람할 수 있도록 하여야 한다.

④ 제2항에 따른 협의에 관하여는 제12조제2항을 준용한다.

제14조(경관지구와 미관지구의 지정 및 관리) ① 시·도지사등은 경관계획에 따라 경관지구와 미관지구를 지정하거나 지정을 요청할 수 있다. 이 경우 경관지구와 미관지구의 지정절차 등은 「국토의 계획 및 이용에 관한 법률」 제37조에 따른다.

② 경관계획을 수립한 시·도지사등은 경관지구와 미관지구를 경관계획에 따라 관리하여야 한다.

제15조(경관계획의 정비) 제7조에 따라 경관계획을 수립한 자는 5년마다 같은 조에 따른 경관계획에 대하여 그 타당성을 재검토하여 정비하여야 한다.

제3장 경관사업

제16조(경관사업의 대상 등) ① 중앙행정기관의 장 또는 시·도지사등은 지역의 경관을 향상시키고 경관의식을 높이기 위하여 경관계획이 수립된 지역에서 다음 각 호의 사업(이하 "경관사업"이라 한다)을 시행할 수 있다.

1. 가로환경의 정비 및 개선을 위한 사업
2. 지역의 녹화(綠化)와 관련된 사업
3. 야간경관의 형성 및 정비를 위한 사업
4. 지역의 역사적·문화적 특성을 지닌 경관을 살리는 사업
5. 농산어촌의 자연경관 및 생활환경을 개선하는 사업

6. 그 밖에 경관의 보전·관리 및 형성을 위한 사업으로서 해당 지방자치단체의 조례로 정하는 사업

② 제1항에 따라 경관사업을 시행할 수 있는 자 외의 자는 경관계획이 수립된 지역에서 관계 중앙행정기관의 장 또는 그 경관계획을 수립한 시·도지사등의 승인을 받아 경관사업을 시행할 수 있다. 이 경우 경관사업의 시행을 승인받으려는 자는 대통령령으로 정하는 바에 따라 중앙행정기관의 장 또는 시·도지사등에게 사업계획서를 제출하여야 한다.

③ 제2항에 따른 승인신청을 받은 중앙행정기관의 장은 경관사업의 시행을 승인하기 전에 대통령령으로 정하는 바에 따라 제29조제1항에 따라 국토교통부장관 소속으로 설치하는 경관위원회 또는 승인신청을 받은 중앙행정기관의 장 소속으로 설치하는 경관과 관련된 위원회의 심의를 거쳐야 하고, 시·도지사등이 경관사업의 승인신청을 받은 경우에는 경관사업의 시행을 승인하기 전에 제29조제1항에 따라 해당 시·도지사등 소속으로 설치하는 경관위원회의 심의를 거쳐야 한다.

제17조(경관사업추진협의체) ① 중앙행정기관의 장 또는 시·도지사등은 경관사업을 원활하게 추진하기 위하여 필요한 경우 지역주민, 시민단체, 관계 전문가 등으로 구성된 경관사업추진협의체를 설치할 수 있다.

② 경관사업추진협의체는 경관사업의 계획 수립, 경관사업의 추진 및 사후관리 등 경관사업의 각 단계에 참여하여 경관사업이 일관성을 유지하도록 노력하여야 한다.

③ 경관사업추진협의체의 조직·운영 및 업무 등에 관하여 필요한 사항은 대통령령으로 정한다.

제18조(경관사업에 대한 재정지원 등) ① 국가 및 지방자치단체는 제16조제1항 및 제2항에 따른 경관사업에 필요한 자금의 전부 또는 일부를 보조하거나 융자할 수 있으며, 경관사업에 필요한 기술적 지원을 할 수 있다.

② 중앙행정기관의 장 또는 시·도지사등이 필요하다고 인정할 때에는 경관사업을 시행하는 자로 하여금 감독에 필요한 보고를 하게 하거나 자료를 제출하도록 명령할 수 있다.

제4장 경관협정

제19조(경관협정의 체결) ① 토지소유자와 그 밖에 대통령령으로 정하는 자(이하 "토지소유자등"이라 한다)는 전원의 합의로 쾌적한 환경과 아름다운 경관을 형성하기 위한 협정(이하 "경관협정"이라 한다)을 체결할 수 있다. 이 경우 경관협정의 효력은 경관협정을 체결한 토지소유자등에게만 미친다.

② 일단의 토지 또는 하나의 토지의 소유자가 1인인 경우에도 그 토지의 소유자는 해당 토지의 구역을 경관협정 대상지역으로 하는 경관협정을 정할 수 있다. 이 경우 그 토지소유자 1인을 경관협정 체결자로 본다.

③ 토지소유자등은 제1항에 따라 경관협정을 체결(제2항에 따라 토지소유자 1인이 경관협정을 정하는 경우를 포함한다. 이하 같다)하는 경우 다음 각 호의 사항을 준수하여야 한다.

1. 이 법 및 관계 법령을 위반하지 아니할 것
2. 「국토의 계획 및 이용에 관한 법률」 제2조제6호에 따른 기반시설의 입지를 제한하는 내용을 포함하지 아니할 것

④ 경관협정은 다음 각 호의 사항을 포함할 수 있다.

1. 건축물의 의장(意匠)·색채 및 옥외광고물(「옥외광고물 등 관리법」 제2조제1호에 따른 옥외광고물을 말한다)에 관한 사항
2. 공작물[「건축법」 제83조제1항에 따라 특별자치도지사 또는 시장·군수(광역시 관할구역에 있는 군의 군수를 포함한다. 이하 제27조제4항 및 제28조제3항에서 같다)·구청장에게 신고하여 축조하는 공작물을 말한다. 이하 같다] 및 건축설비(「건축법」 제2조제1항제4호에 따른 건축설비를 말한다)의 위치에 관한 사항
3. 건축물 및 공작물 등의 외부 공간에 관한 사항
4. 토지의 보전 및 이용에 관한 사항
5. 역사·문화 경관의 관리 및 조성에 관한 사항
6. 그 밖에 대통령령으로 정하는 사항

⑤ 토지소유자등이 경관협정을 체결하는 경우에는 경관협정서를 작성하여야 하며, 경관협정서에는 다음 각 호의 사항이 명시되어야 한다.

1. 경관협정의 명칭
2. 경관협정 대상지역의 위치 및 범위
3. 경관협정의 목적
4. 경관협정의 내용
5. 제1항에 따라 경관협정을 체결하는 자(이하 "협정체결자"라 한다) 및 제20조제1항에 따른 경관협정운영회의 성명·명칭과 주소
6. 경관협정의 유효기간
7. 경관협정 위반 시 제재에 관한 사항
8. 그 밖에 경관협정에 필요한 사항으로서 해당 지방자치단체의 조례로 정하는 사항

제20조(경관협정운영회의 설립) ① 협정체결자는 경관협정서의 작성 및 경관협정의 관리 등을 위하여 필요한 경우 협정체결자 간의 자율적 기구로서 운영회(이하 "경관협정운영회"라 한다)를 설립할 수 있다.

② 경관협정운영회를 설립하려면 협정체결자 과반수의 동의를 받아 경관협정운영회의 대표자 및 위원을 선임하고, 대통령령으로 정하는 바에 따라 해당 시·도지사등에게 신고하여야 한다.

제21조(경관협정의 인가) ① 협정체결자 또는 경관협정운영회의 대표자는 경관협정서를 작성하여 대통령령으로 정하는 바에 따라 해당 시·도지사등의 인가를 받아야 한다. 이 경우 인가신청을 받은 시·도지사등은 인가를 하기 전에 제29조제1항에 따라 해당 시·도지사등 소속으로 설치하는 경관위원회의 심의를 거쳐야 한다.

② 시·도지사등은 제1항에 따라 경관협정을 인가하였을 때에는 대통령령으로 정하는 바에 따라 그 내용을 공고하고 주민이 열람할 수 있게 하여야 한다.

제22조(경관협정의 변경) 경관협정의 변경에 관하여는 제19조 및 제21조를 준용한다. 다만, 대

통령령으로 정하는 경미한 사항을 변경하는 경우에는 그러하지 아니하다.

제23조(경관협정의 폐지) ① 협정체결자 또는 경관협정운영회의 대표자는 경관협정을 폐지하려는 경우 협정체결자 과반수의 동의를 받아 대통령령으로 정하는 바에 따라 해당 시·도지사등의 인가를 받아야 한다.

② 경관협정의 폐지에 관하여는 제21조제2항을 준용한다.

제24조(경관협정의 준수 및 승계) ① 경관협정의 대상이 되는 구역에서 제19조제4항 각 호의 사항에 해당하는 행위를 하려는 협정체결자는 제21조 및 제22조에 따라 인가된 경관협정의 내용을 준수하여야 한다.

② 경관협정이 제21조제2항에 따라 공고된 후 경관협정의 대상이 되는 구역에서 협정체결자인 토지소유자등으로부터 권리를 이전 또는 설정 받은 자 중 대통령령으로 정하는 자는 협정체결자로서의 지위를 승계한다. 다만, 경관협정에서 달리 정한 경우에는 그에 따른다.

제25조(경관협정에 관한 지원) ① 시·도지사등은 경관협정서 작성 등의 자문에 대한 응답 등 경관협정에 관한 기술적·재정적 지원을 할 수 있다.

② 협정체결자 또는 경관협정운영회의 대표자는 경관협정에 필요한 비용 등을 지원받으려는 경우 대통령령으로 정하는 바에 따라 시·도지사등에게 사업계획서를 제출하여야 한다.

제5장 사회기반시설 사업 등의 경관 심의

제26조(사회기반시설 사업의 경관 심의) ① 「건설기술 진흥법」 제2조제6호에 따른 발주청(이하 이 조에서 "발주청"이라 한다)은 다음 각 호의 사회기반시설 사업으로서 대통령령으로 정하는 규모 이상의 사업을 실시하려고 하는 경우 대통령령으로 정하는 바에 따라 제29조제1항에 따른 경관위원회(이하 이 장에서 "경관위원회"라 한다)의 심의를 거쳐야 한다.

1. 「도로법」에 따른 도로
2. 「철도건설법」에 따른 철도시설
3. 「도시철도법」에 따른 도시철도시설
4. 「하천법」에 따른 하천시설
5. 그 밖에 지방자치단체의 조례로 정하는 시설

② 제1항에 따른 경관위원회의 심의기준은 환경 관계 법률에 따른 환경성평가와 중복되지 아니하도록 국토교통부장관이 환경부장관과 협의하여 고시한다.

③ 제1항에도 불구하고 대통령령으로 정하는 바에 따라 발주청에서 구성한 경관과 관련된 위원회의 심의를 거친 경우 경관위원회의 심의를 받지 아니한다. 이 경우 발주청은 심의 결과를 15일 이내에 해당 경관위원회에 제출하여야 한다.

제27조(개발사업의 경관 심의) ① 「도시개발법」 제2조제1항제2호에 따른 도시개발사업 등 대통령령으로 정하는 개발사업을 시행하려는 자는 개발사업에 따른 지구의 지정이나 사업계획의 승인 등을 받기 전에 대통령령으로 정하는 바에 따라 경관위원회의 심의를 거쳐야 한다.

② 제1항에 따른 경관위원회의 심의기준은 환경 관계 법률에 따른 환경성평가와 중복되지 아니하도록 국토교통부장관이 환경부장관과 협의하여 고시한다.

③ 제1항의 개발사업 중 대통령령으로 정하는 규모 이상의 개발사업을 시행하려는 자는 다음 각 호의 사항을 포함하여 대통령령으로 정하는 바에 따라 사전경관계획을 수립하여 경관위원회의 심의를 거쳐야 한다. 다만, 개발사업의 계획에 다음 각 호의 사항이 포함되어 있는 경우에는 사전경관계획을 수립한 것으로 본다.

1. 경관계획의 기본방향 및 목표에 관한 사항
2. 주변 지역의 경관 현황에 관한 사항
3. 경관 구조의 설정에 관한 사항
4. 건축물, 가로, 공원 및 녹지 등 주요 경관 요소를 통한 도시공간구조의 입체적 기본구상에 관한 사항

④ 제3항에 따라 사전경관계획을 수립(같은 항 각 호 외의 부분 단서에 따라 사전경관계획을 수립한 것으로 보는 경우를 포함한다)하여 경관위원회의 심의를 받으려는 자는 우수한 경관을 창출하기 위하여 필요한 경우 시·도지사 또는 시장·군수·구청장에게 「건축법」 제71조제1항에 따른 특별건축구역 지정 신청을 요청할 수 있다. 이 경우 특별건축구역 지정 신청을 요청받은 시·도지사 또는 시장·군수·구청장은 특별한 사유가 없으면 요청에 따라야 한다.

제28조(건축물의 경관 심의) ① 다음 각 호의 어느 하나에 해당하는 건축물을 건축하려는 자는 대통령령으로 정하는 바에 따라 경관위원회의 심의를 거쳐야 한다.

1. 경관지구의 건축물(해당 지방자치단체의 조례로 정하는 건축물은 제외한다)
2. 중점경관관리구역의 건축물로서 해당 지방자치단체의 조례로 정하는 건축물
3. 지방자치단체, 「공공기관의 운영에 관한 법률」에 따른 공공기관 또는 「지방공기업법」에 따른 지방공기업이 건축하는 건축물로서 해당 지방자치단체의 조례로 정하는 건축물
4. 그 밖에 관할지역의 경관관리를 위하여 필요한 건축물로서 해당 지방자치단체의 조례로 정하는 건축물

② 제1항에 따른 경관위원회의 심의기준은 환경 관계 법률에 따른 환경성평가와 중복되지 아니하도록 국토교통부장관이 환경부장관과 협의하여 고시한다.

③ 제1항제1호 및 제2호에 해당하는 건축물을 건축하려는 자는 우수한 경관을 창출하기 위하여 필요한 경우 대통령령으로 정하는 바에 따라 「건축법」 제42조, 제55조, 제58조, 제60조 및 제61조의 기준을 완화하여 적용할 것을 특별시장·광역시장·특별자치시장·특별자치도지사 또는 시장·군수·구청장(이하 이 조에서 "허가권자"라 한다)에게 요청할 수 있다.

④ 제3항의 허가권자는 「건축법」 제4조에 따른 건축위원회의 심의를 거쳐 해당 기준의 완화 여부와 적용 범위를 결정하고 그 결과를 신청인에게 알려야 한다.

⑤ 제3항 및 제4항에 따른 기준 완화 요청 및 결정의 절차와 그 밖에 필요한 사항은 대통령령으로 정한다.

제6장 경관위원회

제29조(경관위원회의 설치) ① 경관과 관련된 사항에 대한 심의 또는 자문을 위하여 국토교통부장관 또는 시·도지사등 소속으로 경관위원회를 둔다. 다만, 경관위원회를 설치·운영하기 어

려운 경우에는 대통령령으로 정하는 경관과 관련된 위원회가 그 기능을 수행할 수 있다.

② 시장·군수, 행정시장, 구청장등 또는 경제자유구역청장은 별도의 경관위원회를 구성하지 아니하고, 해당 지방자치단체(행정시 및경제자유구역청을 포함한다)가 속한 시·도에 설치된 경관위원회에서 심의하도록 시·도지사에게 요청할 수 있다.

③ 국토교통부장관 또는 시·도지사등은 경관 관련 사항의 심의가 필요한 경우 대통령령으로 정하는 바에 따라 다른 법률에 따라 설치된 위원회와 제1항에 따른 경관위원회(같은 항 단서에 따라 경관위원회의 기능을 대신하여 수행하는 경관과 관련된 위원회를 포함한다. 이하 같다)가 공동으로 하는 심의를 거칠 수 있다.

제30조(경관위원회의 기능) ① 경관위원회의 심의를 거쳐야 할 사항은 다음 각 호와 같다.

1. 제12조에 따른 경관계획의 수립 또는 변경
2. 제13조에 따른 경관계획의 승인
3. 제16조에 따른 경관사업 시행의 승인
4. 제21조에 따른 경관협정의 인가
5. 제26조에 따른 사회기반시설 사업의 경관 심의
6. 제27조에 따른 개발사업의 경관 심의
7. 제28조에 따른 건축물의 경관 심의
8. 그 밖에 경관에 중요한 영향을 미치는 사항으로서 대통령령으로 정하는 사항

② 국토교통부장관 또는 시·도지사등이 경관위원회에 자문하여야 하는 사항은 다음 각 호와 같다. 다만, 제3호 및 제4호는 시·도지사등에만 해당한다.

1. 경관계획에 관한 사항
2. 경관사업의 계획에 관한 사항
3. 경관에 관한 조례의 제정 및 개정에 관한 사항
4. 그 밖에 경관에 중요한 영향을 미치는 사항으로서 해당 지방자치단체의 조례로 정하는 사항

제31조(경관위원회의 구성 · 운영) 이 법에서 규정한 사항 외에 경관위원회의 구성·운영에 관한 사항과 그 밖에 필요한 사항은 대통령령으로 정한다.

제7장 보칙

제32조(인력 양성 및 지원) ① 국가 및 지방자치단체는 경관의 보전·관리 및 형성을 촉진하기 위하여 전문인력의 양성 및 교육, 우수한 경관의 발굴 및 그에 따른 포상 등 필요한 지원을 할 수 있다.

② 국가는 지방자치단체에 지역의 개발 또는 정비사업에 필요한 비용을 지원하는 경우 경관의 보전·관리 및 형성을 위한 계획 또는 실적이 우수한 지방자치단체를 우선적으로 지원할 수 있다.

제33조(경관관리정보체계의 구축 · 운영) ① 국토교통부장관 또는 시·도지사등은 경관계획 수립, 경관 심의 등 경관관리를 효율적으로 하기 위하여 경관관리정보체계를 구축하여 운영할 수

있다.

② 국토교통부장관 또는 시·도지사등은 경관관리정보체계를 통하여 경관자원의 현황, 경관사업의 내용 등 대통령령으로 정하는 사항을 관계 기관 및 일반 국민에게 제공할 수 있다.

③ 제1항 및 제2항에서 규정한 사항 외에 경관관리정보체계의 구축·운영 등에 필요한 사항은 대통령령으로 정한다.

제34조(벌칙 적용 시의 공무원 의제) 제29조제1항에 따른 경관위원회의 위원 중 공무원이 아닌 사람에 대하여 「형법」 제129조부터 제132조까지의 규정을 적용할 때에는 그를 공무원으로 본다.

부칙 〈제12013호, 2013.8.6.〉

제1조(시행일) 이 법은 공포 후 6개월이 경과한 날부터 시행한다.

제2조(기초조사에 관한 적용례) 제10조 단서의 개정규정은 이 법 시행 후 경관계획을 수립하거나 변경하는 경우부터 적용한다.

제3조(사회기반시설 사업의 경관 심의에 관한 적용례) 제26조의 개정규정은 이 법 시행 후 사회기반시설 사업의 설계용역 계약을 체결하는 경우부터 적용한다.

제4조(개발사업의 경관 심의에 관한 적용례) 제27조의 개정규정은 이 법 시행 후 개발사업에 따른 지구의 지정이나 사업계획 승인 등을 요청하는 경우부터 적용한다.

제5조(건축물의 경관 심의에 관한 적용례) 제28조의 개정규정은 이 법 시행 후 건축허가를 신청하거나 건축신고를 하는 경우부터 적용한다.

제6조(경관계획의 수립에 관한 경과조치) 이 법 시행 전에 수립된 경관계획은 제7조의 개정규정에 따라 수립된 경관계획으로 본다.

제7조(시 · 군 경관계획에 관한 경과조치) 이 법 시행 전에 종전의 제11조에 따라 도지사에게 승인을 신청한 시·군 경관계획에 대해서는 제12조의 개정규정에도 불구하고 종전의 규정에 따른다.

제8조(「건설기술 진흥법」 시행일에 관한 경과조치) 제26조제1항의 개정규정 중 "「건설기술 진흥법」 제2조제6호"는 2014년 5월 22일까지는 "「건설기술관리법」 제2조제5호"로 본다.

제9조(다른 법률의 개정) ① 어촌특화발전 지원 특별법 일부를 다음과 같이 개정한다. 제6조제3항 중 "「경관법」 제23조제1항"을 "「경관법」 제29조제1항"으로 한다.

② 제주특별자치도 설치 및 국제자유도시 조성을 위한 특별법 일부를 다음과 같이 개정한다. 제256조제3항 중 "「경관법」 제13조제2항 후단, 제17조제2항 및 제23조제1항 단서"를 "「경관법」 제16조제2항 후단, 제20조제2항 및 제29조제1항 단서"로 한다.

제10조(다른 법령과의 관계) 이 법 시행 당시 다른 법령에서 종전의 「경관법」의 규정을 인용하고 있는 경우에는 종전의 규정을 갈음하여 이 법의 해당 규정을 인용한 것으로 본다.

경관법 시행령

국토교통부(건축문화경관과)

[시행2014.11.19] [대통령령 제25751호, 2014.11.19, 타법개정]
[시행2014.5.23] [대통령령 제25358호, 2014.5.22, 타법개정]
[시행2014.2.7] [대통령령 제25150호, 2014.2.5, 전부개정]
[시행2013.3.23] [대통령령 제24484호, 2013.3.23, 타법개정]
[시행2013.3.23] [대통령령 제24443호, 2013.3.23, 타법개정]
[시행2011.10.10] [대통령령 제23215호, 2011.10.10, 타법개정]
[시행2009.11.28] [대통령령 제21847호, 2009.11.26, 타법개정]
[시행2008.6.22] [대통령령 제20854호, 2008.6.20, 타법개정]
[시행2008.2.29] [대통령령 제20722호, 2008.2.29, 타법개정]
[시행2007.11.18] [대통령령 제20376호, 2007.11.13, 제정]

경관법 시행령

제1조(목적) 이 영은 「경관법」에서 위임된 사항과 그 시행에 필요한 사항을 규정함을 목적으로 한다.

제2조(경관계획의 수립에 관한 제안의 처리절차) ① 「경관법」(이하 "법"이라 한다) 제8조제1항에 따라 법 제7조제1항에 따른 경관계획(이하 "경관계획"이라 한다)의 수립을 제안하려는 주민(경관계획의 수립에 따른 이해관계인을 포함한다)은 경관계획수립제안서를 작성하여 다음 각 호의 어느 하나에 해당하는 자에게 제출하여야 한다.

1. 특별시장·광역시장·특별자치시장·도지사·특별자치도지사(이하 "시·도지사"라 한다)
2. 시장[「제주특별자치도 설치 및 국제자유도시 조성을 위한 특별법」 제15조제2항에 따른 행정시(이하 "행정시"라 한다)의 시장(이하 "행정시장"이라 한다)은 제외한다. 이하 같다]·군수(광역시의 관할구역에 있는 군의 군수는 제외한다. 이하 같다)
3. 행정시장
4. 구청장(자치구의 구청장을 말한다. 이하 같다) 및 광역시의 군수(이하 "구청장등"이라 한다)
5. 「경제자유구역의 지정 및 운영에 관한 특별법」 제27조의2제1항에 따라 설치되는 행정기구(이하 "경제자유구역청"이라 한다)의 장(이하 "경제자유구역청장"이라 한다)

② 제1항에 따라 경관계획의 수립을 제안받은 시·도지사, 시장·군수, 행정시장, 구청장등 또는 경제자유구역청장(이하 "시·도지사등"이라 한다)은 제안일부터 60일 이내에 그 제안을 경관계획에 반영할 것인지를 제안자에게 알려야 한다. 다만, 부득이한 사정이 있는 경우에는 그 기간을 30일의 범위에서 한차례만 연장할 수 있다.

③ 시·도지사등은 제1항에 따른 제안을 경관계획에 반영할 것인지를 결정하려는 경우 필요하면 법 제29조제1항에 따라 해당 시·도지사등 소속으로 설치된 경관위원회에 자문할 수 있다.

④ 제1항부터 제3항까지에서 규정한 사항 외에 경관계획의 수립 제안에 필요한 세부적인 절차는 해당 지방자치단체의 조례[행정시 및 경제자유구역청의 경우에는 행정시 및 경제자유구역청이 소속한 특별시·광역시·특별자치시·도·특별자치도(이하 "시·도"라 한다)의 조례를 말한다. 이하 같다]로 정한다.

제3조(경관계획의 수립기준 등) ① 국토교통부장관은 법 제9조제5항에 따라 관계 중앙행정기관의 장과 경관계획의 수립기준 등을 공동으로 정하여 고시하려는 경우에는 다음 각 호의 사항을 고려하여야 한다.

1. 자연경관, 역사·문화 경관, 농촌·산촌·어촌 경관 및 시가지 경관에 대한 장기적 방향을 제시하고 삶의 질을 향상시키기 위한 내용이 반영되도록 할 것
2. 지역적 특성과 요구를 충분히 반영하여 경관계획의 독창성과 다양성이 확보되도록 할 것
3. 경관계획이 실질적으로 추진될 수 있도록 상세하고 구체적으로 수립되도록 할 것

② 법 제9조제5항에 따른 관계 중앙행정기관의 장은 행정자치부장관, 문화체육관광부장관, 농림축산식품부장관, 환경부장관 및 산림청장으로 한다. 〈개정 2014.11.19.〉

제4조(경관계획의 수립 또는 변경을 위한 기초조사의 대상) 시·도지사등이 법 제10조에 따라 기초조사를 하는 경우에는 다음 각 호의 사항을 대상으로 한다.

1. 지형, 지세(地勢), 수계(水界) 및 식생(植生) 등 자연적 여건
2. 인구, 토지 이용, 산업, 교통 및 문화 등 인문·사회적 여건
3. 경관과 관련된 다른 계획 및 사업의 내용
4. 그 밖에 경관계획의 수립 또는 변경에 필요한 사항

제5조(경관계획의 수립 또는 변경을 위한 공청회) ① 시·도지사등은 법 제11조제1항에 따라 공청회를 개최하려면 다음 각 호의 사항을 해당 경관계획의 수립 지역을 주된 보급지역으로 하는 일반일간신문에 공청회 개최예정일 14일 전까지 1회 이상 공고하여야 한다.

1. 공청회의 개최목적
2. 공청회의 개최예정 일시 및 장소
3. 수립하거나 변경하려는 경관계획의 개요
4. 그 밖에 공청회 개최에 필요한 사항

② 법 제11조제1항에 따른 공청회는 시·도지사등이 지명하는 사람이 주재한다.

제6조(경관계획의 수립절차) 경관계획을 수립하거나 변경한 시·도지사 또는 시장·군수는 법 제12조제3항에 따라 그 내용을 해당 지방자치단체의 공보에 공고하고, 관계 서류를 30일 이상 주민이 열람할 수 있도록 하여야 한다.

제7조(경관계획의 승인 등) ① 행정시장, 구청장등 또는 경제자유구역청장은 법 제13조제1항에 따라 경관계획의 승인을 받으려면 경관계획안에 다음 각 호의 서류를 첨부하여 관할 시·도지사에게 제출하여야 한다.

1. 법 제10조에 따른 기초조사 결과
2. 법 제11조제1항에 따른 공청회 개최 결과
3. 법 제11조제3항에 따른 해당 지방의회의 의견
4. 법 제29조제1항에 따라 행정시장, 구청장등 또는 경제자유구역청장 소속으로 설치하는 경관위원회의 심의(법 제29조제3항에 따라 다른 법률에 따라 설치된 경관과 관련된 위원회와 공동으로 하는 심의를 포함한다) 또는 자문을 거친 경우에는 그 결과

② 법 제13조제3항에 따라 관계 서류를 받은 행정시장, 구청장등 또는 경제자유구역청장은 그 내용을 해당 지방자치단체의 공보(행정시 및 경제자유구역청의 경우에는 행정시 및 경제자유구역청이 소속한 시·도의 공보를 말한다. 이하 같다)에 공고하고, 관계 서류를 30일 이상 주민이 열람할 수 있도록 하여야 한다.

제8조(경관사업 사업계획서 등) ① 법 제16조제2항에 따라 경관계획이 수립된 지역에서 경관사업의 시행을 승인받으려는 자는 다음 각 호의 사항이 포함된 사업계획서를 관계 중앙행정기관의 장 또는 그 경관계획을 수립한 시·도지사등에게 제출하여야 한다. 다만, 관계 중앙행정기관의 장에게 제출하는 경우 제7호의 사항은 제외한다.

1. 사업의 목표
2. 사업주체
3. 사업 내용 및 추진방법
4. 경관계획과의 연계성
5. 유지관리 방안
6. 사업비용
7. 그 밖에 해당 지방자치단체의 조례로 정하는 사항

② 법 제16조제3항에 따라 법 제29조제1항에 따른 경관위원회(이하 "경관위원회"라 한다) 또는 중앙행정기관의 장 소속으로 설치하는 경관과 관련된 위원회에서 경관사업을 심의하는 경우에는 다음 각 호의 사항을 고려하여야 한다.

1. 경관사업의 효과 및 필요성
2. 경관사업 대상지역의 경관계획
3. 주변지역의 경관에 미치는 영향 및 주변지역 경관과의 조화
4. 그 밖에 국토교통부장관이 정하여 고시하거나 해당 지방자치단체의 조례로 정하는 사항

제9조(경관사업추진협의체의 조직 등) ① 법 제17조제1항에 따른 경관사업추진협의체(이하 "경관사업추진협의체"라 한다)는 경관사업 대상지역의 주민 및 이해관계인, 시민단체가 추천하는 사람, 경관 관련 전문가 또는 공무원 등을 포함하여 20명 이내로 구성한다.

② 경관사업추진협의체는 다음 각 호의 업무를 수행한다.

1. 경관사업에 관한 의견수렴 및 개선사항의 건의
2. 경관사업에 대한 교육 및 홍보
3. 경관사업 추진에 따른 이해관계의 조정

③ 제1항 및 제2항에서 규정한 사항 외에 경관사업추진협의체의 조직·운영 및 업무 등에 관하여 필요한 사항은 해당 중앙행정기관의 장이 정하여 고시하거나 해당 지방자치단체의 조례로 정한다.

제10조(경관협정 체결자의 범위) 법 제19조제1항 전단에서 "대통령령으로 정하는 자"란 다음 각 호의 자를 말한다.

1. 건축물소유자

2. 지상권자
3. 그 밖에 해당 토지 또는 건축물에 이해관계가 있는 자로서 해당 지방자치단체의 조례로 정하는 자 중 그 토지소유자 및 건축물소유자의 동의를 받은 자

제11조(경관협정의 내용) 법 제19조제4항제6호에서 "대통령령으로 정하는 사항"이란 다음 각 호의 사항을 말한다.

1. 녹지, 가로, 수변공간(水邊空間) 및 야간조명 등의 관리 및 조성에 관한 사항
2. 경관적으로 가치가 있는 수목(樹木)이나 구조물 등의 관리 및 조성에 관한 사항
3. 그 밖에 해당 지방자치단체의 조례로 정하는 사항

제12조(경관협정운영회의 설립신고) ① 법 제20조제1항에 따른 경관협정운영회(이하 "경관협정운영회"라 한다)의 대표자는 법 제20조제2항에 따라 경관협정운영회의 설립신고를 하려면 다음 각 호의 사항이 포함된 경관협정운영회 설립신고서를 설립한 날부터 15일 이내에 제2항에 따른 해당 시·도지사등에게 제출하여야 한다.

1. 명칭 및 소재지
2. 대표자 및 회원명단
3. 운영 목적 및 방법
4. 기능과 역할
5. 그 밖에 해당 지방자치단체의 조례로 정하는 사항

② 제1항에 따른 경관협정운영회의 설립신고는 다음 각 호의 구분에 따른 시·도지사등에게 한다.

1. 경관협정 대상지역이 하나의 특별자치시, 시(행정시는 제외한다)·군·행정시·자치구(이하 "시·군등"이라 한다) 또는 「경제자유구역의 지정 및 운영에 관한 특별법」 제2조제1호에 따른 경제자유구역(이하 "경제자유구역"이라 한다)에 속하는 경우: 해당 특별자치시장·시장·군수·행정시장·구청장등 또는 경제자유구역청장
2. 경관협정 대상지역이 하나의 특별시·광역시·도 또는 특별자치도 내에서 둘 이상의 시·군등에 걸쳐 있는 경우 또는 시·군등과 경제자유구역에 걸쳐 있는 경우: 해당 특별시장·광역시장·도지사 또는 특별자치도지사
3. 경관협정 대상지역이 둘 이상의 특별시·광역시·특별자치시 또는 도에 걸쳐 있는 경우: 해당 경관협정 대상지역이 속한 각각의 특별시장·광역시장·특별자치시장 또는 도지사

제13조(경관협정의 인가 및 폐지인가) 법 제21조제1항 및 제23조제1항에 따른 경관협정의 인가 및 폐지인가를 받아야 하는 시·도지사등의 구분에 관하여는 제12조제2항을 준용한다. 이 경우 "경관협정운영회의 설립신고"는 "경관협정의 인가 신청" 또는 "경관협정의 폐지인가 신청"으로 본다.

제14조(경관협정의 공고 등) ① 법 제21조제2항에 따른 경관협정의 공고는 해당 지방자치단체의 공보에 게재하는 방법으로 한다.

② 특별자치시장·시장·군수·행정시장·구청장등 또는 경제자유구역청장은 법 제21조제1항에

따라 경관협정을 인가하였을 때에는 법 제21조제2항에 따라 특별자치시, 시·군등, 경제자유구역청의 사무소 또는 경관협정 대상지역이 속한 관할 지역의 읍·면·동 사무소에 경관협정 관련 서류를 갖추어 두고 일반인이 열람할 수 있도록 하여야 한다.

③ 특별시장·광역시장·도지사 또는 특별자치도지사는 법 제21조제1항에 따라 경관협정을 인가하였을 때에는 법 제21조제2항에 따라 특별시·광역시·도 또는 특별자치도의 사무소에 경관협정 관련 서류를 갖추어 두고 일반인이 열람할 수 있도록 하여야 하며, 시장·군수·행정시장·구청장등 또는 경제자유구역청장에게 관련 서류를 보내 시·군등, 경제자유구역청의 사무소 또는 경관협정 대상지역이 속한 관할 지역의 읍·면·동 사무소에 경관협정 관련 서류를 갖추어 두고 일반인이 열람할 수 있도록 하여야 한다.

제15조(경관협정의 변경) 법 제22조 단서에서 "대통령령으로 정하는 경미한 사항을 변경하는 경우"란 다음 각 호의 어느 하나에 해당하는 경우를 말한다.

1. 법 제19조제1항에 따라 경관협정을 체결한 자(이하 "협정체결자"라 한다)의 수가 10분의 1 이내의 범위에서 변경되는 경우
2. 「국토의 계획 및 이용에 관한 법률 시행령」 제25조제4항에 따른 지구단위계획의 경미한 변경 등 관련 계획의 경미한 변경에 따른 경우

제16조(경관협정의 승계자) 법 제24조제2항 본문에서 "대통령령으로 정하는 자"란 협정체결자로부터 권리를 이전받거나 설정받은 날부터 60일 이내에 해당 경관협정을 인가한 시·도지사등에게 해당 지방자치단체의 조례로 정하는 바에 따라 협정체결자로서의 지위를 승계하기로 신고한 자를 말한다.

제17조(경관협정 지원 대상 사업계획서) 법 제25조제2항에 따라 경관협정에 필요한 비용 등을 지원받기 위하여 제출하는 사업계획서에는 다음 각 호의 사항이 포함되어야 한다.

1. 사업의 목표
2. 협정체결자 또는 경관협정운영회의 대표자
3. 사업내용 및 추진계획
4. 사업비용(지원이 필요한 금액을 포함한다)
5. 그 밖에 해당 지방자치단체의 조례로 정하는 사항

제18조(사회기반시설 사업의 경관 심의 대상 등) ① 법 제26조제1항 각 호 외의 부분에서 "대통령령으로 정하는 규모 이상의 사업"이란 다음 각 호의 어느 하나에 해당하는 사업을 말한다.

1. 총사업비가 500억원 이상인 도로·철도시설·도시철도시설 사업
2. 총사업비가 300억원 이상인 하천시설 사업
3. 그 밖에 지방자치단체의 조례로 정하는 규모 이상의 사회기반시설 사업

② 제1항 각 호의 어느 하나에 해당하는 사회기반시설 사업에 대하여 법 제26조제1항에 따라 경관위원회의 심의를 거치는 경우에는 다음 각 호의 기준에 따라야 한다. 〈개정 2014.5.22.〉

1. 심의는 「건설기술 진흥법 시행령」 제71조에 따른 기본설계(이하 이 호에서 "기본설계"라 한다)를 완료하기 전에 마칠 것. 다만, 사업의 특성 등을 고려하여 경관위원회에서 기본설계를 완료하기 전에 심

의를 마치기 어렵다고 인정하는 경우에는 「건설기술 진흥법 시행령」 제73조에 따른 실시설계를 완료하기 전에 심의를 마쳐야 한다.

2. 사회기반시설 사업별로 다음 각 목의 구분에 따른 경관위원회의 심의를 거칠 것

가. 도로 사업의 경우: 「도로법」 제23조에 따른 도로관리청 소속으로 설치한 경관위원회

나. 철도시설 및 도시철도시설 사업의 경우: 법 제29조제1항에 따라 국토교통부장관 소속으로 설치한 경관위원회

다. 하천 사업의 경우: 「하천법」 제8조에 따른 하천관리청 소속으로 설치한 경관위원회

③ 법 제26조제3항 전단에 따라 「건설기술 진흥법」 제2조제6호에 따른 발주청(이하 이 항에서 "발주청"이라 한다)에서 경관과 관련된 위원회를 구성하는 경우에는 다음 각 호의 기준에 따른다.

1. 「건설기술 진흥법」 제6조제1항에 따른 기술자문위원회 등 발주청에 설치된 기존 위원회에서 경관 심의를 하는 경우: 해당 위원회의 위원 중 건축·도시·조경·환경 등 경관 관련 분야에 대한 학식과 경험이 풍부한 사람이 전체 위원 수의 3분의 1 이상 되어야 하며, 3명 이상이 경관 심의에 참여하도록 할 것

2. 발주청에서 경관과 관련된 위원회를 새로 구성하는 경우

가. 해당 위원회의 위원은 다음의 어느 하나에 해당하는 사람 중에서 발주청의 장이 임명하거나 위촉할 것. 이 경우 2)에 해당하는 위원의 수가 전체 위원 수의 3분의 2 이상 되어야 한다.

1) 발주청에서 경관 관련 업무를 담당하는 직원

2) 건축·도시·조경·토목·교통·환경·문화·농림·디자인·옥외광고 등 경관계획 관련 분야에 관한 학식과 경험이 풍부한 사람

나. 가목에서 규정한 사항 외에 해당 위원회의 구성에 관하여는 제25조제1항·제3항 및 제4항을 준용한다. 이 경우 제25조제1항 중 "경관위원회"는 "발주청에서 구성하는 경관과 관련된 위원회"로, 제25조제4항 중 "제2항제3호"는 "가목2)"로 본다.

④ 제2항에서 규정한 사항 외에 사회기반시설 사업에 대하여 경관위원회의 심의를 거치는 경우의 심의절차 등에 관하여 필요한 사항은 국토교통부장관이 정하여 고시한다.

제19조(개발사업의 경관 심의 대상 등) ① 법 제27조제1항에서 "도시개발사업 등 대통령령으로 정하는 개발사업"이란 별표의 사업으로서 다음 각 호의 어느 하나에 해당하는 개발사업을 말한다.

1. 「국토의 계획 및 이용에 관한 법률」 제6조제1호에 따른 도시지역(이하 이 항에서 "도시지역"이라 한다)에서 시행하는 개발사업 대상지역 면적이 3만제곱미터 이상인 개발사업

2. 도시지역 외의 지역에서 시행하는 개발사업 대상지역 면적이 30만제곱미터 이상인 개발사업

3. 제1호 및 제2호에도 불구하고 별표 제3호다목에 해당하는 개발사업의 경우에는 개발사업 대상지역 면적이 20만제곱미터 이상인 개발사업

② 법 제27조제1항에 따라 개발사업에 대하여 경관위원회의 심의를 거치는 경우 그 심의 시기

는 별표와 같다.

③ 제1항 및 제2항에서 규정한 사항 외에 개발사업에 대하여 경관위원회의 심의를 거치는 경우의 심의절차, 제출서류 등에 관하여 필요한 사항은 국토교통부장관이 정하여 고시한다.

제20조(사전경관계획의 수립 등) ① 법 제27조제3항 각 호 외의 부분 본문에서 "대통령령으로 정하는 규모 이상의 개발사업"이란 개발사업 대상지역 면적이 30만제곱미터 이상이거나 개발사업으로 건축되는 건축물 연면적의 합계가 20만제곱미터 이상인 개발사업을 말한다.

② 법 제27조제3항에 따라 사전경관계획을 수립하려는 개발사업 시행자는 사전경관계획에 해당 지역의 경관계획이 반영되도록 하여야 한다.

③ 법 제27조제3항에 따라 사전경관계획을 수립하려는 개발사업 시행자는 사전경관계획을 수립하여 경관위원회의 심의를 신청할 때 사전경관계획과 관련된 종합계획도, 실행계획 등 국토교통부장관이 정하여 고시하는 서류를 첨부하여야 한다.

④ 제1항부터 제3항까지에서 규정한 사항 외에 사전경관계획의 세부적인 작성방법, 심의절차 등에 관하여 필요한 사항은 국토교통부장관이 정하여 고시한다.

제21조(건축물의 경관심의) ① 법 제28조제1항 각 호에 따른 건축물을 건축하려는 자는 「건축법」 제11조에 따른 건축허가를 받기 전에 특별시장·광역시장·특별자치시장·특별자치도지사 또는 시장·군수·구청장 소속으로 설치하는 경관위원회의 심의를 거쳐야 한다. 다만, 「건축법 시행령」 제5조의5제1항제4호 각 목 외의 부분 후단에 따라 도에 두는 지방건축위원회의 건축 심의를 하는 경우에는 도지사 소속으로 설치하는 경관위원회의 심의를 거쳐야 한다.

② 법 제28조제3항에 따라 「건축법」의 기준을 완화하여 적용받으려는 자는 「건축법」 제11조에 따른 건축허가를 신청할 때 다음 각 호의 사항이 포함된 건축기준 완화적용요청서를 제출하여야 한다.

1. 법 제28조제3항에 따라 기준을 완화하여 적용할 것을 요청하는 사항
2. 기준 완화를 요청하는 사유 및 예상효과
3. 건축물의 공사 및 유지·관리 등에 관한 계획

③ 제1항에 따른 경관위원회의 심의절차 및 제2항에 따른 건축기준 완화적용요청서의 작성방법 등에 관하여는 국토교통부장관이 정하여 고시한다.

제22조(경관과 관련된 위원회) 법 제29조제1항 단서에서 "대통령령으로 정하는 경관과 관련된 위원회"란 다음 각 호의 위원회를 말한다.

1. 다음 각 목의 위원회로서 국토교통부장관이 지정하는 위원회
   가. 「공공주택건설 등에 관한 특별법」 제33조에 따라 국토교통부에 두는 공공주택통합심의위원회
   나. 「국토의 계획 및 이용에 관한 법률」 제106조에 따라 국토교통부에 두는 중앙도시계획위원회
   다. 「경제자유구역의 지정 및 운영에 관한 특별법」 제25조에 따라 산업통상자원부에 두는 경제자유구역위원회
   라. 「농어업·농어촌 및 식품산업 기본법」 제15조에 따라 농림축산식품부에 두는 중앙 농업·농촌및식품산업정책심의회

마. 「산업단지 인·허가 절차 간소화를 위한 특례법」 제6조에 따라 국토교통부에 두는 중앙산업단지계획심의위원회

바. 「연구개발특구의 육성에 관한 특별법」 제7조에 따라 미래창조과학부에 두는 연구개발특구위원회

사. 「항만법」 제4조에 따라 해양수산부장관 소속으로 두는 중앙항만정책심의회

2. 다음 각 목의 위원회로서 해당 시·도지사등(행정시장 및 경제자유구역청장의 경우에는 시·도지사를 말한다)이 지정하는 위원회

가. 「건축법」 제4조에 따라 지방자치단체에 두는 건축위원회

나. 「국토의 계획 및 이용에 관한 법률」 제113조에 따라 지방자치단체에 두는 지방도시계획위원회

다. 「농어업·농어촌 및 식품산업 기본법」 제15조에 따라 지방자치단체에 두는 농업·농촌및식품산업정책심의회

라. 「도시공원 및 녹지 등에 관한 법률」 제50조에 따라 지방자치단체에 두는 도시공원위원회

마. 「산업단지 인·허가 절차 간소화를 위한 특례법」 제6조에 따라 지방자치단체에 두는 지방산업단지계획심의위원회

바. 「옥외광고물 등 관리법」 제7조에 따라 지방자치단체에 두는 광고물관리및디자인심의위원회

사. 그 밖에 해당 지방자치단체의 조례로 정하는 위원회

제23조(공동위원회의 구성 및 운영) ① 법 제29조제3항에 따라 다른 법률에 따라 설치된 위원회와 경관위원회(법 제29조제1항 단서에 따라 경관위원회의 기능을 대신하여 수행하는 경관과 관련된 위원회를 포함한다)가 공동으로 심의하려는 경우에는 공동위원회(이하 "공동위원회"라 한다)를 구성하여야 한다.

② 공동위원회는 경관위원회 및 다른 법률에 따라 설치된 위원회의 위원 중 국토교통부장관 또는 해당 시·도지사등이 임명하거나 위촉하는 30명 이내의 위원으로 구성하며, 경관위원회의 위원이 공동위원회 전체 위원 수의 3분의 1 이상 되어야 한다.

③ 공동위원회의 위원장은 국토교통부차관(국토교통부장관이 지명하는 국토교통부차관을 말한다) 또는 해당 지방자치단체의 부시장, 부지사, 부군수, 부구청장(해당 공무원이 두 명 이상인 경우에는 해당 지방자치체의 장이 지명하는 사람을 말하며, 행정시 및 경제자유구역청의 경우에는 행정시장 및 경제자유구역청장이 지명하는 소속 공무원을 말한다)이 된다.

④ 공동위원회의 회의는 재적위원 과반수의 출석으로 개의(開議)하고, 출석위원 과반수의 찬성으로 의결한다.

⑤ 제1항부터 제4항까지에서 규정한 사항 외에 공동위원회의 조직·운영에 필요한 사항은 국토교통부장관이 정하여 고시하거나 해당 지방자치단체의 조례로 정한다.

제24조(경관위원회의 심의 대상) 법 제30조제1항제8호에서 "대통령령으로 정하는 사항"이란 다음 각 호의 사항을 말한다. 이 경우 제3호는 시·도지사등 소속으로 설치하는 경관위원회인 경우만 해당한다.

1. 법 제25조제2항에 따라 비용 등을 지원받는 경관협정의 결정
2. 다른 법령에서 경관위원회의 심의를 받도록 규정한 사항

3. 그 밖에 해당 지방자치단체의 조례로 정하는 사항

제25조(경관위원회의 구성 등) ① 경관위원회(법 제29조제1항에 따라 시·도지사등 소속으로 설치하는 경우로 한정한다. 이하 같다)는 위원장과 부위원장 각 1명을 포함하여 10명 이상 70명 이내의 위원으로 구성한다.

② 경관위원회의 위원은 다음 각 호의 어느 하나에 해당하는 사람 중에서 해당 시·도지사등이 임명하거나 위촉한다. 이 경우 제3호에 해당하는 위원의 수가 전체 위원 수의 2분의 1 이상 되어야 한다.

1. 해당 지방자치단체 지방의회(행정시 및 경제자유구역청의 경우에는 행정시 및 경제자유구역청이 소속한 시·도의 지방의회를 말한다)의 의원
2. 해당 지방자치단체 또는 경관계획과 관련이 있는 행정기관의 공무원
3. 건축·도시·조경·토목·교통·환경·문화·농림·디자인·옥외광고 등 경관계획 관련 분야에 관한 학식과 경험이 풍부한 사람

③ 위원장과 부위원장은 위원 중에서 호선(互選)한다.

④ 제2항제3호에 해당하는 위원의 임기는 2년으로 하고, 위원의 사임 등으로 새로 위촉된 위원의 임기는 전임위원 임기의 남은 기간으로 한다.

제26조(경관위원회의 운영 등) ① 경관위원회의 위원장은 경관위원회의 업무를 총괄하여, 경관위원회를 소집하고 그 의장이 된다.

② 경관위원회의 위원장이 부득이한 사유로 직무를 수행할 수 없을 때에는 부위원장이 그 직무를 대행하며, 위원장과 부위원장이 모두 부득이한 사유로 그 직무를 수행할 수 없을 때에는 위원장이 미리 지명한 위원이 그 직무를 대행한다.

③ 경관위원회의 회의는 다음 각 호의 사람으로 구성한다.

1. 위원장
2. 부위원장
3. 위원장이 회의 시마다 지정하는 8명 이상 20명 이내의 위원

④ 경관위원회의 회의는 제3항에 따른 구성위원 과반수의 출석으로 개의하고, 출석위원 과반수의 찬성으로 의결한다.

⑤ 시·도지사등은 경관위원회 회의를 마친 후 10일 이내에 회의에 참석한 위원 명단 및 회의 결과를 인터넷 홈페이지에 공개하여야 한다. 다만, 법 제29조제3항에 따라 다른 법률에 따라 설치된 위원회와 공동으로 심의한 경우에는 해당 법률에서 규정한 공개 기준에 따라야 한다.

⑥ 경관위원회에 간사 1명과 서기 몇 명을 둘 수 있으며, 간사와 서기는 경관위원회의 위원장이 임명한다.

⑦ 경관위원회의 경관 심의의 효율성을 높이기 위하여 필요한 경우에는 심의 대상 사업의 종류 등을 고려하여 소위원회를 둘 수 있다.

⑧ 소위원회의 위원장은 경관위원회의 위원장이 지명하는 위원이 되며, 소위원회의 회의는 소위원회의 위원장 1명을 포함하여 7명 이내의 위원으로 구성한다.

⑨ 제1항부터 제8항까지에서 규정한 사항 외에 경관위원회의 운영 및 소위원회의 구성·운영 등에 필요한 사항은 해당 지방자치단체의 조례로 정한다.

부칙 〈제25751호, 2014.11.19.〉 (행정자치부와 그 소속기관 직제)

제1조(시행일) 이 영은 공포한 날부터 시행한다. 다만, 부칙 제5조에 따라 개정되는 대통령령 중 이 영 시행 전에 공포되었으나 시행일이 도래하지 아니한 대통령령을 개정한 부분은 각각 해당 대통령령의 시행일부터 시행한다.

제2조부터 제4조까지 생략

제5조(다른 법령의 개정) ①부터 〈349〉까지 생략

〈350〉 경관법 시행령 일부를 다음과 같이 개정한다.

제3조제2항 중 "안전행정부장관"을 "행정자치부장관"으로 한다.

〈351〉부터 〈418〉까지 생략

[별표]

경관 심의 대상 개발사업의 종류 및 심의 시기

(제19조제1항 및 제2항 관련)

구분	경관심의 대상 개발사업	심의 시기
1. 도시의 개발	가. 「공공기관 지방이전에 따른 혁신도시 건설 및 지원에 관한 특별법」 제2조제5호에 따른 혁신도시개발사업	「공공기관 지방이전에 따른 혁신도시 건설 및 지원에 관한 특별법」 제11조에 따른 혁신도시 개발계획의 승인 전
	나. 「공공주택건설 등에 관한 특별법」 제2조제3호가목에 따른 공공주택지구조성사업	「공공주택건설 등에 관한 특별법」 제17조에 따른 공공주택지구계획의 승인 전
	다. 「도시개발법」 제2조제1항제2호에 따른 도시개발사업	「도시개발법」 제3조에 따른 도시개발구역의 지정 전. 다만, 「도시개발법」 제4조제1항 단서에 따라 도시개발구역을 지정한 후에 개발계획을 수립하는 경우에는 개발계획의 수립 전을 말한다.
	라. 「도시 및 주거환경정비법」 제2조제2호에 따른 정비사업(주거환경개선사업은 제외한다)	「도시 및 주거환경정비법」 제4조에 따른 정비계획의 수립 및 정비구역의 지정 전
	마. 「도시재정비 촉진을 위한 특별법」 제2조제2호에 따른 재정비촉진사업	「도시재정비 촉진을 위한 특별법」 제12조에 따른 재정비촉진계획의 결정 전
	바. 「도청이전을 위한 도시건설 및 지원에 관한 특별법」 제2조제5호에 따른 도청이전신도시 개발사업	「도청이전을 위한 도시건설 및 지원에 관한 특별법」 제13조에 따른 도청이전신도시 개발계획의 승인 전
	사. 「물류시설의 개발 및 운영에 관한 법률」 제2조제9호에 따른 물류단지개발사업	「물류시설의 개발 및 운영에 관한 법률」 제22조에 따른 물류단지개발계획의 수립 및 물류단지의 지정 전
	아. 「역세권의 개발 및 이용에 관한 법률」 제2조제2호에 따른 역세권개발사업	「역세권의 개발 및 이용에 관한 법률」 제4조 및 제7조에 따른 역세권개발구역의 지정 및 역세권개발사업계획의 수립 전
	자. 「주택법」 제16조에 따른 주택건설사업 및 대지조성사업	「주택법」 제16조에 따른 사업계획의 승인 전
	차. 「택지개발촉진법」 제2조제4호에 따른 택지개발사업	「택지개발촉진법」 제3조 및 제8조에 따른 택지개발지구의 지정 및 택지개발계획의 수립 전
2. 산업단지의 조성	가. 「산업입지 및 개발에 관한 법률」 제2조제9호에 따른 산업단지개발사업	「산업입지 및 개발에 관한 법률」 제6조, 제7조, 제7조의2 및 제8조에 따른 산업단지개발계획의 수립 및 산업단지의 지정 전
	나. 「산업입지 및 개발에 관한 법률」 제2조제11호에 따른 산업단지 재생사업	「산업입지 및 개발에 관한 법률」 제39조의2에 따른 산업단지 재생계획의 수립 및 재생사업지구의 지정 전
	다. 「산업입지 및 개발에 관한 법률」 제2조제12호에 따른 준산업단지의 정비사업	「산업입지 및 개발에 관한 법률」 제8조의3에 따른 준산업단지 정비계획의 수립 및 준산업단지의 지정 전
	라. 「산업단지 인 · 허가 절차 간소화를 위한 특례법」 제2조제3호에 따른 국가산업단지, 일반산업단지, 도시첨단산업단지, 농공단지의 개발사업	「산업단지 인 · 허가 절차 간소화를 위한 특례법」 제15조제1항에 따른 산업단지계획의 수립 또는 승인 전
	마. 「연구개발특구의 육성에 관한 특별법」 제2조제1호에 따른 연구개발특구의 개발사업	「연구개발특구의 육성에 관한 특별법」 제6조의2에 따른 특구개발계획의 수립 전
	바. 「중소기업진흥에 관한 법률」 제29조 및 제31조에 따른 단지조성사업	「중소기업진흥에 관한 법률」 제31조에 따른 단지조성사업의 실시계획의 승인 전

3. 특정 지역의 개발	가. 「경제자유구역의 지정 및 운영에 관한 특별법」 제2조제1호에 따른 경제자유구역에서 실시되는 개발사업	「경제자유구역의 지정 및 운영에 관한 특별법」 제4조제4항에 따른 경제자유구역개발계획의 확정 및 경제자유구역의 지정 전
	나. 「기업도시개발 특별법」 제2조제3호에 따른 기업도시개발사업	「기업도시개발 특별법」 제11조에 따른 기업도시개발계획의 승인 전
	다. 「농어촌정비법」 제101조에 따른 마을정비구역에서 시행하는 같은 법 제2조제10호에 따른 생활환경정비사업	「농어촌정비법」 제101조에 따른 마을정비계획의 수립 및 마을정비구역의 지정 전
	라. 「농업생산기반시설 및 주변지역 활용에 관한 특별법」 제2조제5호에 따른 농업생산기반시설 및 주변지역 활용사업	「농업생산기반시설 및 주변지역 활용에 관한 특별법」 제5조제2항에 따른 도시 · 군관리계획의 결정 전
	마. 「동 · 서 · 남해안 및 내륙권 발전 특별법」 제2조제4호에 따른 해안권 또는 내륙권 개발사업	「동 · 서 · 남해안 및 내륙권 발전 특별법」 제7조에 따른 개발구역의 지정 전
	바. 「지역균형개발 및 지방중소기업 육성에 관한 법률」 제4조에 따른 광역개발권역에서 시행하는 지역개발사업	「지역균형개발 및 지방중소기업 육성에 관한 법률」 제5조에 따른 광역개발사업계획 수립 전
	사. 「지역균형개발 및 지방중소기업 육성에 관한 법률」 제9조에 따른 개발촉진지구에서 시행되는 지역개발사업	「지역균형개발 및 지방중소기업 육성에 관한 법률」 제14조에 따른 개발촉진지구 개발계획의 수립 전
	아. 「지역균형개발 및 지방중소기업 육성에 관한 법률」 제26조의3에 따른 특정지역에서 시행되는 지역개발사업	「지역균형개발 및 지방중소기업 육성에 관한 법률」 제26조의4에 따른 특정지역개발계획의 수립 전
	자. 「지역균형개발 및 지방중소기업 육성에 관한 법률」 제38조의2에 따른 지역종합개발지구에서 시행하는 개발사업	「지역균형개발 및 지방중소기업 육성에 관한 법률」 제38조의3에 따른 지역종합개발지구 개발계획 수립 전
	차. 「친수구역 활용에 관한 특별법」 제2조제3호에 따른 친수구역조성사업	「친수구역 활용에 관한 특별법」 제4조제1항에 따른 친수구역의 지정 전. 다만, 「친수구역 활용에 관한 특별법」 제4조제2항 단서에 따라 친수구역을 지정한 후에 사업계획을 수립하는 경우에는 사업계획의 수립 전을 말한다.
4. 관광단지의 개발	가. 「관광진흥법」 제2조제6호 및 제7호에 따른 관광지 및 관광단지의 조성사업	「관광진흥법」 제54조에 따른 관광지 및 관광단지 조성계획의 승인 전
	나. 「온천법」 제10조에 따른 온천개발사업	「온천법」 제10조제1항에 따른 온천개발계획의 승인 전
5. 항만의 건설	「항만법」 제2조제8호에 따른 항만재개발사업	「항만법」 제54조에 따른 항만재개발사업계획 수립 전
6. 교통시설의 개발	「국가통합교통체계효율화법」 제2조제15호가목 및 나목에 따른 국가기간복합환승센터 및 광역복합환승센터의 개발사업	「국가통합교통체계효율화법」 제45조에 따른 복합환승센터의 개발에 관한 계획의 수립 및 복합환승센터의 지정 전

비고: 위 표의 심의 시기란에서 각종 개발계획의 승인, 수립, 결정, 확정 또는 각종 구역, 지구 등의 지정은 같은 절차를 거치는 변경승인, 변경수립, 변경결정, 변경 또는 변경 지정을 포함한다.

경관 계획 수립 지침

행정자치부 · 문화체육관광부 · 농림수산식품부 ·
환경부 · 해양수산부 · 국토교통부 · 산림청

개정 2015.3.11 국토교통부 고시 제 2015-145 호
개정 2014.11.5 국토교통부 고시 제 2014-685 호
개정 2012.12. 국토해양부 고시 제 2012-954호
개정 2009.8.31 국토해양부 고시 제2009-695호
개정 2008.8.27 국토해양부 고시 제2008-464호
제정 2007.12.18 건설교통부 고시 제597호

- 이 지침은 경관계획 수립기준을 제시하여 지방자치단체가 경관계획을 원활히 수립할 수 있도록 도움을 주기 위한 것입니다.
- 자연환경, 옥외광고물, 건축 등 경관과 관련된 분야별 별도지침이 있을 경우 이에 따릅니다.
- 본 지침에서 제시하고 있는 경관계획 분류(도경관계획, 시군경관계획, 특정경관계획), 계획수립체계(기본구상, 경관계획 수립, 경관설계지침), 실행계획 등 관련사항은 지역여건에 따라 선택적으로 활용할 수 있습니다.
- 특색있는 경관계획 수립이 필요한 경우 본 지침의 내용은 지역별 특성과 여건에 맞게 변경적용할 수 있으며, 본 지침에 제시되지 않은 내용이 있을 경우 지방자치단체별로 따로 정하여 적용할 수 있습니다.

제 1 장 총칙

제1절 지침의 목적
제2절 경관계획의 지위 및 성격
제3절 법적 근거
제4절 계획수립 대상지역 및 수립권자
제5절 경관계획의 유형

제 2 장 경관계획의 내용과 작성원칙

제1절 경관계획의 내용
제2절 경관계획 수립의 기본원칙

제 3 장 경관계획의 수립절차

제1절 경관계획의 입안
제2절 주민 등의 의견청취

제 4 장 도 경관계획

제1절 경관계획의 개요
제2절 경관현황조사 및 분석
제3절 경관 기본구상
제4절 경관기본계획
제5절 경관부문별계획
제6절 실행계획

제 5 장 시 · 군 경관

제1절 경관계획의 개요
제2절 경관현황조사 및 분석
제3절 경관 기본구상
제4절 경관기본계획
제5절 경관가이드라인
제6절 실행계획

제 6 장 특정경관 계획

제1절 특정경관계획의 개요
제2절 특정경관계획의 경관자원조사 및 분석
제3절 특정경관계획의 기본구상
제4절 특정경관계획의 수립
제5절 특정경관계획의 경관설계지침
제6절 실행계획

제 7 장 실행계획

제1절 실행계획의 성격 및 내용적 범위
제2절 경관관련 지역, 지구 및 구역 등의 적용 및 연계방안
제3절 경관조례의 제정 및 개정 등의 제안
제4절 지구단위계획 등 관리계획과의 연계방안
제5절 경관사업 추진에 관한 사항
제6절 경관협정의 적용 및 운영에 관한 사항
제7절 경관관련 자문 및 심의에 관한 사항
제8절 단계별 추진계획 수립
제9절 예산계획 수립
제10절 경관관리 실행조직 및 실행체계에 관한 사항

제 8 장 도서의 작성

제1절 규격 및 작성기준
제2절 도면의 작성수준

제 9 장 행정사항

재검토기한

경관 계획 수립 지침

제1장 총 칙

제1절 지침의 목적

1-1-1. 이 지침은 경관법(이하 "법"이라 한다) 제9조제5항 및 경관법 시행령(이하 "영"이라 한다) 제3조에 따라 경관계획의 수립방향, 계획체계 등 필요한 사항을 정하여 지방자치단체가 경관계획을 수립할 때 해당 지침을 참조하여 체계적인 경관계획을 수립할 수 있도록 지원하기 위함이다.

제2절 경관계획의 지위 및 성격

1-2-1. 경관계획은 지역의 자연경관 및 역사·문화경관, 도시·농산어촌의 우수한 경관을 보전하고, 훼손된 경관을 개선·복원함과 동시에 새로운 경관을 개성 있게 창출하기 위한 정책방향, 기본구상 및 계획을 수립하고, 그 실행방안 등을 제시하는 해당 지방자치단체의 자치적 법정계획이다.

1-2-2. 경관계획은 법 제7조제1항에 따라 시·도 및 인구 10만명을 초과하는 시·군에서 반드시 수립(특정경관계획은 선택적으로 수립)하여야 하며, 그 밖의 지방자치단체에서는 지역주민의 의견과 요구, 지방재정의 고려, 정책집행의 우선순위 등 지역의 여건과 상황에 따라 필요하다고 판단될 경우에 선택적으로 수립하는 계획이다.

1-2-3. 경관계획은 경관을 보전·관리 및 형성하는 수단으로서 경관사업, 경관협정 및 경관심의 및 경관조례 등을 통한 행정적, 기술적, 재정적 지원을 포함함으로써 규제적 수법 외에 유도적 수법을 통한 경관관리를 포함하는 계획이다.

1-2-4. 경관의 보전·관리 및 형성 등에 관하여 다른 법률에 특별한 규정이 있는 경우를 제외하고는 이 법이 정하는 바에 따른다.(법 제5조)

1-2-5. 경관계획은 도시·군기본계획(「국토의 계획 및 이용에 관한 법률」 제2조제3호에 따른 도시·군기본계획을 말한다. 이하 같다)에 부합되어야 하며, 경관계획의 내용이 도시·군기본계획의 내용과 다른 때에는 도시·군기본계획의 내용이 우선한다..(법 제9조제4항)

1-2-6. 특별시장·광역시장·특별자치시장·도지사·특별자치도지사·시장·군수·행정시장·구청

장·경제자유구역청장은 경관지구 및 미관지구를 경관계획에 따라 관리하여야 한다.(법 제14조제2항)

1-2-7. 경관법에 따른 경관계획은 지역의 자연경관, 역사·문화경관, 도시·농산어촌경관에 관한 종합계획으로서 도시·군기본계획, 경관형성계획, 농산어촌 경관보전 시책, 고도보존계획 등 다른 법률에 따른 경관 관련 계획을 수립시 참조계획으로서의 지위를 갖는다.

제3절 법적 근거

1-3-1. 본 수립지침은 법 제9조제5항 및 영 제3조에 근거한다.

제4절 계획수립 대상지역 및 수립권자

1-4-1. 특별시장·광역시장·도지사·특별자치도지사·특별자치시장(이하 "시·도지사"라 한다), 또는 인구 10만을 초과하는 시·군의 시장·군수(광역시 관할구역 안에 있는 군의 군수를 제외한다.)는 관할구역에 대한 경관계획을 수립하여야 한다.

1-4-2. 인구 10만 이상의 시·군의 시장·군수 또는 행정시장, 구청장, 경제자유구역청장은 필요한 경우 관할 구역의 전부 또는 일부에 대하여 경관계획을 수립할 수 있다.

1-4-3. 경관계획의 대상지역이 2 이상의 특별시·광역시·시 또는 군의 관할구역에 걸쳐 있는 경우에는 관할 특별시장·광역시장·시장 또는 군수가 공동으로 수립한다.

1-4-4. 경관계획의 대상지역이 2 이상의 시 또는 군의 관할구역에 걸쳐 있는 경우로서 해당 시장·군수가 요청하거나 도지사가 필요하다고 인정하는 경우에는 관할 도지사가 수립한다.

제5절 경관계획의 유형

1-5-1. 경관계획은 계획의 목적과 내용적 범위, 계획수준, 계획수립주체에 따라 아래와 같이 구분할 수 있다.

(1) 도 경관계획 : 도 관할구역 전체에 대한 경관계획의 목표를 제시하고, 주요 경관권역, 경관축, 경관거점 등을 설정하며, 경관을 보전, 관리 및 형성하기 위한 기본방향 및 기본방침을 제시하는 계획

(2) 시·군 경관계획 : 시(특·광역시 및 특별자치시 포함)·군 관할구역 전체에 대한 경관계획의 기본방향을 제시하고, 구체적인 장소를 대상으로 경관 보전·관리 및 형성을 위한 실행계획 등을 제시하는 계획

(3) 특정경관계획 : 관할지역의 특정한 경관유형(산림, 수변, 가로, 농산어촌, 역사문화, 시가지 등)이나 특정한 경관요소(야간경관, 색채, 옥외광고물, 공공시설물 등)를 대상으로 경관의 보전·관리 및 형성을 위한 실행방안을 제시하는 계획

제2장 경관계획의 내용과 작성원칙

제1절 경관계획의 내용

2-1-1. 도 경관계획 및 시·군 경관계획에는 법 제9조(경관계획의 내용) 제1항에 명시된 다음의 내용을 포함해야 한다.

(1) 경관계획의 기본방향 및 목표에 관한 사항

① 계획의 배경, 수립범위(공간적, 내용적, 시간적 범위), 수립과정 등

② 계획의 목표 및 기본방향

(2) 경관자원의 조사 및 평가에 관한 사항

① 대상지의 경관적 가치를 판단하고 경관적 특성을 파악하기 위한 기초조사

② 경관자원 특성분석, 경관의식조사, 관련계획 및 법규조사, 국내외 사례분석, 분석의 종합 등 경관 현황조사 및 분석, 평가 등

(3) 경관구조의 설정에 관한 사항

① 경관권역의 설정 및 계획에 관한 사항

② 경관축의 설정 및 계획에 관한 사항

③ 경관거점의 설정 및 계획에 관한 사항

(4) 중점경관관리구역의 관리에 관한 사항

(5) 경관지구, 미관지구의 관리 및 운용에 관한 사항

① 「국토의 계획 및 이용에 관한 법률」 제37조(용도지구의 지정)에 따른 경관지구와 미관지구의 설정

② 이미 설정되었거나 신설할 경관지구와 미관지구에 대한 관리운용방안의 제시

(6) 경관사업의 추진에 관한 사항

(7) 경관협정의 관리 및 운영에 관한 사항

(8) 경관관리의 행정체계 및 실천방안에 관한 사항

(9) 자연 경관, 시가지 경관 및 농산어촌 경관 등 특정한 경관 유형 또는 건축물, 가로 (街路), 공원 및 녹지 등 특정한 경관 요소의 관리에 관한 사항

(10) 경관계획의 시행을 위한 재원조달 및 단계적 추진에 관한 사항

(11) 그 밖에 경관의 보전·관리 및 형성에 관한 사항으로서 해당 지방자치단체의 조례로 정하는 사항

제2절 경관계획 수립의 기본원칙

2-2-1. 삶의 질을 높이는 계획 : 경관계획은 도시미관의 향상뿐만 아니라 자연경관의 보존 및 관리, 역사·문화자원의 가치제고, 농산어촌의 어메니티 증진, 마을가꾸기 사업추진 등 생활환경 개선과 삶의 질 향상을 위한 방향으로 계획되어야 한다.

2-2-2. 계획의 독창성과 다양성, 유연성 제고 : 경관계획은 정해진 하나의 일률적인 기준보다는 지역적 특성과 요구를 고려하여 독창성이 확보되고, 다양한 가치가 상존할 수 있는 것이어야 하며, 계획의 자율성과 유연성을 최대한 확보해주는 방향으로 수립되어야 한다.

2-2-3. 총체적 계획 : 경관계획은 경관관리와 관련된 도시계획, 자연환경관리, 역사문화 보존, 농산어촌 생활환경 개선 등 행정자치부, 문화체육관광부, 농림축산식품부, 환경부, 국토교통부, 해양수산부, 산림청 등 각 소관부처의 경관관리의 목표와 추진방향, 실행수단을 고려한 총체적인 계획이어야 한다.

2-2-4. 계획의 실행력 확보 : 경관계획은 계획의 실천력을 담보할 수 있도록 자연경관, 농산어촌경관, 역사문화경관 관련 사업계획 및 지구지정 등과의 연계, 실행을 위한 행정체계, 조직 및 절차, 예산확보 및 재원조달, 주민참여계획 등 구체적 실행계획이 제시되어야 한다.

제1절 경관계획의 입안

3-1-1. 경관계획의 입안권자는 시·도지사 또는 시장·군수로서 관할 구역의 전부 또는 일부에 대해 경관계획을 입안할 수 있다.

3-1-2. 경관계획 입안은 계획의 종합성과 집행성을 확보하기 위하여 경관 관련부서 및 기획·예산·집행부서간의 긴밀한 협의에 따라 추진될 수 있도록 한다.

3-1-3. 경관계획 입안은 시·군의 게시판 및 인터넷, 언론 등을 통하여 주민에게 알려 참여할 수 있게 하여야 한다.

3-1-4. 경관계획은 해당 시·군의 자연적·사회적·경제적 조사와 시행이 예정된 개발사업 등 계획에 필요한 조사를 실시하여 수립한다.

제2절 주민 등의 의견청취

3-2-1. 작성된 경관계획안에 대하여는 해당분야 전문가와 각계 주민대표 및 관계기관이 참석하는 공청회를 개최하여 의견을 청취해야 한다.

3-2-2. 시·도지사 또는 시장·군수는 법 제11조 제1항에 따른 공청회를 개최할 때에는 공청회 개최예정일 14일 전까지 다음 각 호의 사항을 해당 경관계획의 수립지역을 주된 보급지역으로 하는 일간신문에 1회 이상 공고한다.

(1) 공청회 개최목적

(2) 공청회 개최예정 일시 및 장소

(3) 수립하거나 변경하려는 경관계획의 개요

(4) 그 밖에 공청회 개최에 필요한 사항

3-2-3. 공청회 개최시 제출된 의견이 타당하다고 인정될 경우에는 이를 경관계획에 반영한다.

3-2-4. 공청회에서 제안된 의견은 조치결과 또는 미조치사유 등의 의견청취결과 요지를 승인신청시 첨부한다.

제4장 도 경관계획

제1절 경관계획의 개요

4-1-1. 배경 및 목적

(1) 계획을 수립하고자 하는 배경 및 필요성을 기술한다.

(2) 계획을 통해 달성하고자 하는 목표와 목적을 제시한다.

4-1-2. 범위 및 내용

(1) 관할구역 전체를 대상으로 경관의 보전·관리 및 형성을 위한 기본 골격을 설정하고, 중장기적인 기본방향을 제시하기 위한 계획의 공간적, 내용적, 시간적 범위를 제시한다.

① 공간적 범위는 관할구역 전체를 대상으로 한다.

② 내용적 범위는 관할구역의 경관계획방향 등을 대상으로 한다.

③ 시간적 범위는 경관계획의 내용이 시작되는 시작연도와 계획이 완성, 종료되는 연도를 대상으로 한다.

(2) 관할구역 전체 경관에 대한 기본방향을 수립하고 기본방침을 제시함으로써 관할 시·군의 경관계획 수립시 참고가 될 수 있도록 한다.

(3) 경관계획의 개요, 경관현황조사 및 분석, 경관기본구상, 경관기본계획, 경관부문별계획, 실행계획 등으로 구성한다.

4-1-3. 수립방법 및 수립과정

(1) 계획의 배경 및 목적, 내용에 적합한 계획수립방법을 제시하고, 계획 수립과정을 기술한다.

제2절 경관현황조사 및 분석

4-2-1. 경관자원조사

(1) 조사대상

① 해당 도의 경관특성을 나타내거나 여러 시·군에 걸쳐 있는 경관자원 중에서 자원의 중요도, 가치 등을 기준으로 도에서 관리하여야 할 주요 경관자원을 조사하며, 경관자원의 분포 및 특성 등을 종합적으로 조사한다.

② 경관자원은 자연경관자원, 산림경관자원, 농산어촌경관자원, 시가지경관자원, 도시기반시설경관자원, 역사문화경관자원, 지역상징경관자원 등의 유형으로 구분할 수 있다. 다만, 경관자원 유형별로 조사, 분석 등에 관한 별도의 법정 지침이나 기준이 있는 경우에는 이에 따른다.

- 자연경관자원 : 주요 지형, 산림, 하천, 호수, 해변 등
- 산림경관자원 : 주요 식생현황, 보안림, 마을숲 및 보전대상 산림 등
- 농산어촌경관자원 : 주요 경작지, 농업시설, 염전, 갯벌, 포구, 취락지, 마을공동시설 등
- 시가지경관자원 : 주요 건물 및 시설물, 상징가로, 광장, 기념물, 주요 주거경관·상업업무경관·공업경관 자원 등
- 도시기반시설경관자원 : 도로, 철도 등
- 역사문화경관자원 : 지역고유의 경관을 나타내는 성곽, 서원, 전통사찰(경내지 포함) 등의 문화재와 그 밖의 한옥, 근대건축물, 역사적문화적 기념물 등

③ 경관자원은 긍정적·기회적인 자원뿐만 아니라 경관에 부정적·제약적인 자원을 함께 조사한다.

④ 필요시 상징적 지역이미지, 지역의 생활상, 그 밖의 역사문화자원 등 비물질적 경관자원도 포함하여 조사한다.

(2) 조사범위

① 경관자원이 관할구역의 경계 밖으로 연결되어 있거나 경계 밖에 인접하여 있을 경우에는 그 경계로부터 가시권 주변지역을 포함하여 조사하거나 경관계획수립에 필요하다고 인정되는 경계 밖의 일정범위를 정하여 조사한다.

② 관할구역 주변지역에 포함되지 않더라도 해당 계획에 영향을 줄 수 있는 경관자원은 조사대상에 포함한다.

(3) 조사내용

① 문헌조사와 현장조사를 병행하며, 현황사진을 포함하여야 한다.

② 다른 법령의 규정에 따라 조사한 결과가 있는 경우에는 그 조사결과를 활용할 수 있다.

③ 경관자원 조사결과는 경관기본구상-경관기본계획-경관부문별계획-실행계획 등과 연계하고, 관할구역 경관의 보전, 관리 및 형성의 대상을 설정하는 데 활용한다.

④ 한옥, 근대산업유산, 역사·문화·경관적 기념물, 수목, 산림, 길, 염전, 농경지 등 관할구역 내 경관자원 중에서 우수경관 창출을 위해 도의 적극적인 관리 및 지원이 필요한 중요 경관자원을 보존자원, 관리자원 및 형성자원으로 구분·지정하여, 실행계획 등에서 중요 경관자원의 보전·활용 촉진을 위한 관리·지원계획을 수립한다.

⑤ 관할구역의 경관을 저해하는 주요 경관위해요소를 설정하여, 실행계획 등에서 주요 경관위해요소에 대한 관리·정비계획을 수립한다.

4-2-2. 경관구조분석

(1) 거시적 차원에서 관할구역의 경관 구조 및 특성을 분석하고 이를 계획에 반영한다.

4-2-3. 경관의식조사

(1) 관할구역의 경관특성에 대한 주민과 방문자 등의 의식을 파악하기 위한 설문조사 등을 시행한다.

(2) 대상자의 속성(연령, 성별, 거주자와 방문자의 구분 등)을 고려하고 지역적으로 편중되지 않도록 대상자를 선정한다.

(3) 경관유형 및 지역특성을 고려하여 시행하고, 관할지역의 경관기본계획, 경관부문별계획 등에 활용할 수 있는 내용으로 한다.

(4) 경관의식조사는 색채에 대한 선호, 수목에 대한 선호 등 개인적 취향에 대한 항목은 포함하지 않는 것을 원칙으로 한다.

4-2-4. 관련법규 및 유사사례 검토

(1) 관할구역에 이미 수립되어 있는 도시계획, 농산어촌계획, 산림기본계획, 역사문화계획 등 관련 계획을 조사한다.

(2) 해당 계획내용과 관련 있는 경관계획, 제도와 법규정, 계획기법 등을 조사하여 시사점을 도출한다.

제3절 경관 기본구상

4-3-1. 기본방향 설정

(1) 관할구역 전체의 거시적 경관이 지향해야 할 목표와 방향을 제시한다.

4-3-2. 미래상 설정

(1) 미래상은 지역의 역사, 문화·생활상, 입지, 잠재력, 주민의식, 미래 변화방향 등 다양한 측면을 고려하여 설정한다.

(2) 관할구역의 상징성 제고, 고유의 정체성 확보, 거주민의 자긍심 고양 등을 위한 경관 이미지의 미래상을 설정한다.

4-3-3. 추진전략의 설정

(1) 경관계획의 목표와 기본방향, 미래상을 구현하고 실행하기 위한 전략을 제시한다.

(2) 경관을 보전·관리 및 형성할 과제를 분류하고, 과제별 추진전략을 제시하며, 경관 저해요소

의 극복수단이나 잠재력을 강화할 수 있는 방향을 제시한다.

(3) 관할구역 내 기초지자체 경관계획의 경관기본방향 설정시 참고할 수 있도록 한다.

4-3-4. 경관구조 설정

(1) 경관구조의 설정 방향

① 관할구역 전체의 경관 골격을 형성하고 양호한 경관자원을 보전하며, 경관을 형성하거나 관리하기 위한 구상을 제시한다.

② 경관골격은 경관자원조사 및 분석결과에 따라 면적인 경관권역, 선적인 경관축, 점적인 경관거점 등의 공간설정을 통하여 제시한다. 이때 각 공간을 상호 중첩하여 설정할 수 있다.

설정된 경관권역, 경관축, 경관거점 등에 대해서는 관할구역 전체적 관점에서 경관 이미지나 주제 등 거시적으로 경관을 보전·관리 및 형성할 방향을 설정한다.

(2) 경관권역의 설정

① 경관권역은 경관자원이 넓은 면적에 걸쳐 동질적 또는 유사한 경관특성을 보일 경우에 설정한다.

② 경관권역 설정시 관할구역 내 기초지자체의 영역을 고려한다.

③ 관할구역이 매우 넓고, 다양한 경관특성이 혼재하는 경우에 계획의 편의를 위해 토지이용, 지형적 특성, 생활권 분포 등을 고려하여 권역을 세분할 수 있다.

(3) 경관축의 설정

① 경관축은 동질한 경관이 선의 형태로 연속하여 형성되거나 형성될 잠재성이 있는 경우에 설정한다.

② 경관적으로 우수한 자연물이나 경작지, 기념물, 랜드마크 등으로의 조망을 확보하거나, 녹지, 산림, 도로, 가로, 해안, 하천 등의 경관요소를 바탕으로 선적으로 연속된 경관을 형성하거나 보전 또는 관리할 필요가 있는 곳을 경관축으로 설정할 수 있다.

③ 그 밖에 우수한 선적 경관을 형성하거나 관리, 보전하려는 곳에는 해당 경관자원의 특성을 주제로 하는 경관축을 설정할 수 있다.

(4) 경관거점의 설정

① 경관거점은 우세한 경관이 점적으로 위치하여 경관적 특성을 부여하는데 중요한 역할을 하거나 잠재성이 있는 지역에 설정할 수 있다.

② 문화재, 향토문화유적, 기념탑, 청사·철도역사 등의 공공건축물, 광장, 교량, 지역의 경계부에서 진출입 역할을 하는 장소 등과 같이 시각적으로 우세하여 랜드마크가 되거나 그러한 잠재성이 있는 공간이나 장소 등을 경관거점으로 설정할 수 있다.

③ 그밖에 우수한 경관이 점적인 형태로 입지하거나 잠재력을 지닌 건축물이나 장소를 거점경관으로 보전·관리 및 형성하려는 경우에는 해당 경관자원의 특성을 주제로 하는 경관거점을 설정할 수 있다.

제4절 경관기본계획

4-4-1. 경관기본계획의 내용

(1) 경관기본계획은 경관기본구상에서 제시한 경관권역, 경관축, 경관거점 등에 대한 내용을

보다 발전시킨 것으로 관할구역 전체 경관에 대한 보전·관리 및 형성을 위한 계획방향을 제시한다.

(2) 경관기본계획은 관할 기초 지방자치단체 경관계획의 근거가 되는 기본방침 성격의 계획이다.

(3) 중점적으로 경관을 보전·관리 및 형성해야 할 필요가 있는 구역을 중점경관관리구역으로 설정하고 계획방향을 제시한다. 중점경관관리구역은 경관권역, 경관축, 경관거점을 포함하거나 그 일부에 설정할 수 있으며, 중첩하여 설정할 수도 있다.

(4) 경관지구 및 미관지구의 관리방향을 제시하고 필요시 경관지구 및 미관지구의 신규 지정을 제안한다.

(5) 경관현황조사·분석 등을 통해 설정된 중요경관자원 및 주요 경관위해요소에 대한 관리·지원 및 정비계획을 제시한다.

4-4-2. 경관권역계획

(1) 경관권역의 목표, 구현방향, 경관자원의 보전, 관리 및 형성하기 위한 기본방향을 수립한다.

(2) 농산어촌의 경우 생산활동과 주민생활의 반영 등을 통해 나타나는 경관의 보전 또는 관리방향을 수립한다.

(3) 우수한 산림경관의 경우 생태적 경관미를 제고하기 위하여 산림경관의 유형과 조성목적에 맞는 조성, 관리방향을 수립한다.

(4) 주거지, 상업지 등 시가지의 경우 지역의 공간이용 특성 등을 고려하여 계획방향을 수립한다.

(5) 공장이전지 등 과거 산업경관의 흔적이 있거나 그 특성이 형성된 지역의 경우 경관적 특성이 복원되거나 표출될 수 있도록 계획방향을 수립한다.

(6) 역사문화자원 및 주변지역의 경우 역사적 가치를 보존하고 그 이미지에 맞는 경관특성이 유지되도록 계획방향을 수립한다..

4-4-3. 경관축계획

(1) 경관축의 설정 배경과 목표, 구현방향, 경관축 자원의 보전·관리 및 형성을 위한 계획방향을 제시한다.

(2) 지역을 대표하는 뛰어난 자연경관, 랜드마크, 역사문화자원, 상징적 건축물이나 구조물 등에 대한 조망경관축의 경우 주요 접근로와 조망점, 조망경관자원과 조망점 사이에 있는 건축물과 가로의 규모 등에 대한 계획방향을 수립한다.

(3) 시가지의 중심가로와 상징성이 큰 가로, 경관자원이 많은 가로에 설정된 가로경관축의 경우 가로경관자원을 보전하기 위한 목표와 방향이나 특색있는 가로경관을 연속적·통합적으로 형성하기 위한 방향 등을 수립한다.

(4) 우수한 산림, 공원, 녹지 등에 설정된 녹지경관축의 경우 연속성을 확보하거나 조망을 확보하기 위한 계획방향을 수립한다.

(5) 강이나 수로, 호수, 해안을 따라 형성되는 수변경관축의 경우 조망기회 확대, 개방감 확보, 연속적 경관의 보전·관리 및 형성을 위한 계획방향을 수립한다.

4-4-4. 경관거점계획

(1) 경관거점의 목표, 구현방향, 경관자원의 보전, 관리 및 형성을 위한 계획방향을 수립한다.

(2) 지역의 랜드마크가 되는 건축물, 시설물, 수목, 장소 등의 경우 경관형성과 조망확보를 위한 계획방향을 수립한다.

(3) 전통마을이나 전통건축물, 근현대적 중요 건축물, 전통문화, 생활상 등 역사문화자원의 경우 보존과 활용을 위한 계획방향을 수립한다.

4-4-5. 중점경관관리구역계획

(1) 중점경관관리구역의 명칭·위치·기본방향 등을 제시하고, 구역 내에 포함된 경관자원의 보전·관리 및 형성을 위한 계획방향을 수립한다.

(2) 중점경관관리구역의 계획방향을 실행하기 위한 경관 관련 지역·지구·구역 지정, 지구단위계획 수립, 경관조례 관리, 경관사업 및 경관협정 우선 적용 등의 방안을 검토·제시한다.

(3) 경관계획 수립권자는 중점경관관리구역을 설정하고자 하는 경우에는 토지이용규제기본법 제12조에 따른 국토이용정보체계상에 구축되어 있는 지적(地籍)이 표시된 지형도에 중점경관관리구역의 경계를 표시한 도면을 작성하여야 한다.

(4) (3)에 따른 도면을 작성할 때에는 축척 500분의 1 이상 1천500분의 1 이하(녹지지역의 임야, 관리지역, 농림지역 및 자연환경보전지역은 축척 3천분의 1 이상 6천분의 1 이하로 할 수 있다)로 작성하여야 한다.

4-4-6. 경관지구 및 미관지구 계획

(1) 도에서 관리할 필요가 있다고 판단되는 경관지구 및 미관지구 등에 대해서는 지구별 경관관리요소와 경관관리방향을 제시하고 관리계획을 수립한다.

(2) 도시·군관리계획의 관련 내용을 참고하여, 3차원의 입체적·통합적 경관관리를 위해 보완이 필요한 사항을 추가적으로 제시한다.

4-4-7. 중요 경관자원 및 주요 경관위해요소 관리계획

(1) 경관현황조사·분석 등을 거쳐 지정한 중요경관자원의 보전 및 활용을 촉진하기 위한 관리계획 및 지원방안을 제시한다.

(2) 경관자원조사·분석 등을 거쳐 설정한 주요 경관위해요소의 정비를 촉진하기 위한 관리계획 및 지원방안을 제시한다.

제5절 경관 부문별 계획

4-5-1. 경관 부문별 계획의 개요

(1) 경관기본계획의 내용을 바탕으로 관할구역 내의 기초 지자체에서 공통으로 관리할 필요가 있는 경관유형 또는 경관요소에 대해서는 기초 지자체가 공통으로 적용할 수 있는 경관유형별 또는 경관요소별 관리계획을 제시할 수 있다.

(2) 경관유형별 관리계획은 관할구역 내에 동일한 경관유형(산림, 수변, 가로, 농산어촌, 역사문화, 시가지 등)에 대해서 경관관리방향, 관리요소 및 원칙 등을 적용할 필요가 있을 경우에 제시한다.

(3) 경관요소별 관리계획은 경관의 보전, 관리 및 형성을 위한 계획내용을 건축물, 오픈스페이

스, 옥외광고물, 공공시설물, 색채, 야간조명 등의 경관구성 요소별로 경관설계의 방향, 원칙 등을 적용할 필요가 있을 경우에 제시한다.

(4) 관할구역의 경관특성에 따라 관리가 필요한 경관유형 또는 경관요소를 부분적으로 선택하여 수립할 수 있다.

4-5-2. 경관유형별 관리계획

(1) 경관유형별 계획은 관할구역의 경관특성을 고려하여 시가지경관, 산림경관, 수변경관, 가로경관, 농산어촌경관, 역사문화경관 등으로 구분하여 작성할 수 있으며, 필요한 경우 세분하거나 추가할 수 있다.

(2) 각 경관유형별로 해당지역 경관을 일관되고 체계적으로 관리하기 위한 통합방안을 포함한다.

(3) 경관유형별 경관계획은 보존, 관리 및 형성을 위한 기본방향을 제시하되 유형별로 다음사항을 고려하여 작성한다.

① 시가지경관의 경우 주거지, 상업지 등의 특성에 따른 지역경관을 통합적으로 관리하기 위한 경관관리요소와 관리방향을 제시한다.

② 산림경관의 경우 산림, 가로수, 마을숲 등의 녹지와 주변경관을 관리w하기 위한 경관관리요소와 관리방향을 제시한다.

③ 수변경관의 경우 바다, 하천, 저수지 등의 물과 주변경관을 관리하기 위한 경관관리요소와 관리방향을 제시한다.

④ 가로경관의 경우 가로를 중심으로 가로시설물, 주변건축물 등 주변경관을 통합적으로 관리하기 위한 경관관리요소와 관리방향을 제시한다.

⑤ 농산어촌경관의 경우 농촌, 산촌, 어촌 등의 취락과 주변경관을 관리하기 위한 경관관리요소와 관리방향을 제시한다.

⑥ 역사문화경관의 경우 역사자원, 문화자원, 관광자원 등의 경관자원과 주변경관을 통합적으로 관리하기 위한 경관관리요소와 관리방향을 제시한다.

4-5-3. 경관요소별 관리계획

(1) 경관요소별 계획은 건축물, 오픈스페이스, 옥외광고물, 공공시설물, 경관색채, 야간경관 등으로 구분하여 작성할 수 있으며, 필요한 경우 세분하거나 추가할 수 있다.

(2) 해당지역 경관을 일관되고 체계적으로 관리하기 위해 경관구성요소에 대한 통합적인 경관관리방안을 포함한다.

(3) 경관요소에 따라 다음 사항을 고려하여 작성한다.

① 건축물의 경우 주변 경관과의 조화 및 연속성 등을 유지하기 위한 기본방향을 제시하고, 통일 또는 강조 등의 경관창출에 필요한 경관관리요소와 관리방향을 제시한다.

② 오픈스페이스의 경우 경관적 연계성, 가로의 연속성 등을 확보하기 위한 기본방향을 제시하고, 연계성, 연속성 등의 경관창출에 필요한 경관관리요소와 관리방향을 제시한다.

③ 옥외광고물의 경우 가로경관의 통일, 건물과의 조화 등을 위한 기본방향을 제시하고, 관리지역별

광고물 종류 및 수량 등의 경관관리요소와 관리방향을 제시한다.

④ 공공시설물의 경우 조화성, 가로의 연속성·쾌적성 등을 확보하기 위한 기본방향을 제시하고, 시설물의 배치, 형태, 규모, 통합설치계획 등의 경관관리요소와 관리방향을 제시한다.

⑤ 색채경관의 경우 지역의 통일성, 조화성 등을 위한 기본방향을 제시하고, 사용색 범위와 사용방법 등의 경관관리요소와 관리방향을 제시한다. 이 때, 색채표기는 먼셀, NCS 등 국제표준규격을 사용한다.

⑥ 야간경관의 경우 상징성, 연속성 등을 위한 기본방향을 제시하고, 연출 및 관리를 위한 경관관리요소와 관리방향을 제시한다.

제6절 실행계획

4-6-1. 도 경관계획의 실행계획은 제7장의 내용에 따른다.

제5장 시 · 군 경관계획

제1절 경관계획의 개요

5-1-1. 배경 및 목적

(1) 계획을 수립하고자 하는 배경 및 필요성을 기술한다.

(2) 계획을 통해 달성하고자 하는 목표와 목적을 제시한다.

5-1-2. 범위 및 내용

(1) 관할구역 전체를 대상으로 경관의 보전, 관리 및 형성을 위한 기본골격을 설정하고, 이를 구현하기 위한 계획의 공간적, 시간적, 내용적 범위를 제시한다.

① 공간적 범위는 관할구역의 전체를 대상으로 한다.

② 내용적 범위는 관할구역의 경관계획방향 및 실행계획 등을 대상으로 한다.

③ 시간적 범위는 경관계획의 내용이 시작되는 시작연도와 완성, 종료되는 목표연도를 대상으로 한다.

(2) 경관계획의 개요, 경관현황조사 및 분석, 경관기본구상, 경관기본계획, 중점경관관리구역계획, 경관가이드라인, 실행계획 등으로 구성한다.

(3) 상위 지자체(일반 시·군에 한한다. 이하 같다.)의 경관계획이 수립되어 있는 경우 해당 계획의 내용을 바탕으로 지역의 특성을 살린 실천적 경관계획을 수립한다.

5-1-3. 수립방법 및 수립과정

(1) 계획의 배경 및 목적, 내용에 적합한 계획수립방법을 제시하고, 계획 수립과정을 기술한다.

제2절 경관현황조사 및 분석

5-2-1. 경관자원조사

(1) 조사대상

① 해당 시·군의 경관특성을 나타내는 경관자원 중에서 자원의 중요도, 가치 등을 기준으로 시·군에서 관리하여야 할 주요 경관자원을 조사하며, 경관자원의 분포 및 특성 등을 종합적으로 조사한다.

② 상위 지자체의 경관계획에서 조사한 경관자원이 있는 경우 그 내용을 참고한다.

③ 경관자원은 다음의 분류를 참고하여 지역의 경관특성을 반영하여 적정한 유형으로 구분할 수 있다.

- 자연경관자원 : 주요 지형, 산림, 하천, 호수, 해변 등
- 산림경관자원 : 주요 식생현황, 보안림, 마을숲 및 보전대상 산림 등
- 농산어촌경관자원 : 주요 경작지, 농업시설, 염전, 갯벌, 포구, 취락지, 마을공동시설 등
- 시가지경관자원 : 주요 건물 및 시설물, 상징가로, 광장, 기념물, 주요 주거경관·상업업무경관·공업경관 자원 등
- 도시기반시설경관자원 : 도로, 철도 등
- 역사문화경관자원 : 지역고유의 경관을 나타내는 성곽, 서원, 전통사찰(경내지 포함) 등의 문화재와 그 밖의 한옥, 근대건축물, 역사적문화적 기념물 등

④ 경관자원은 긍정적·기회적인 자원뿐만 아니라 부정적·제약적인 자원을 함께 조사한다.

⑤ 필요시 상징적 지역이미지, 지역의 생활상, 그 밖의 역사문화자원 등 비물질적 경관자원도 포함하여 조사한다.

(2) 조사범위

① 경관자원이 관할구역의 경계 밖으로 연결되어 있거나 경계 밖에 인접하여 있을 경우에는 그 경계로부터 가시권 주변지역을 포함하여 조사하거나 경관계획수립에 필요하다고 인정되는 경계 밖의 일정범위를 정하여 조사한다.

② 관할구역 주변지역에 포함되지 않더라도 해당 계획에 영향을 줄 수 있는 경관자원은 조사대상에 포함한다.

(3) 조사방법

① 현장조사를 중심으로 진행하되 문헌조사를 병행할 수 있으며, 현황사진을 포함하여야 한다.

② 다른 법령의 규정에 따라 조사한 결과가 있는 경우에는 그 조사결과를 활용할 수 있다.

③ 경관자원 조사결과는 경관기본구상-경관기본계획-중점경관관리구역계획-경관가이드라인-실행계획 등과 연계하고, 관할구역 경관의 보전, 관리 및 형성의 대상을 설정하는 데 활용한다.

④ 한옥, 근대산업유산, 역사·문화·경관적 기념물, 수목, 산림, 길, 염전, 농경지 등 관할구역 내 경관자원 중에서 우수경관 창출을 위해 시·군의 적극적인 관리 및 지원이 필요한 중요 경관자원을 보존자원, 관리자원 및 형성자원으로 구분·지정하여, 실행계획 등에서 중요 경관자원의 보전·활용 촉진을 위한 관리·지원계획을 수립한다.

⑤ 시·군의 경관을 저해하는 주요 경관위해요소를 설정하고, 중점경관관리구역계획, 실행계획 등에서 주요 경관위해요소에 대한 관리·정비계획을 수립할 수 있도록 한다.

⑥ 상위 지자체에서 중요 경관자원 및 주요 경관위해요소를 정하여 관리하는 경우 이와 연계한다.

5-2-2. 경관구조분석

(1) 관할구역의 경관특성과 중요경관자원에 의해 형성되는 지역의 경관특성, 경관적 민감지역 등을 파악하기 위해 경관구조 및 특성을 분석하고 이를 계획에 반영한다.

5-2-3. 경관의식조사

(1) 관할구역의 경관특성에 대한 주민과 방문자 등의 경관의식을 파악하기 위해 설문조사, 인터뷰조사 등을 시행한다.

(2) 대상자의 속성(연령, 성별, 거주자와 방문자의 구분 등)을 고려하고 지역적으로 편중되지 않도록 대상자를 선정한다.

(3) 경관요소 및 지역특성을 고려하여 시행하고, 관할구역의 경관기본계획, 중점경관관리구역 계획, 경관가이드라인 등에 활용할 수 있는 내용으로 한다.

(4) 경관의식조사는 색채에 대한 선호, 수목에 대한 선호 등 개인적 취향에 대한 항목은 포함하지 않는 것을 원칙으로 한다.

5-2-4. 관련법규 및 유사사례 검토

(1)관할구역에 이미 수립되어 있는 도시계획, 농산어촌계획, 산림기본계획, 역사문화계획 등 관련 계획을 조사한다.

(2) 해당 계획내용과 관련 있는 경관계획, 제도와 법규정, 계획기법 등을 조사하여 시사점을 도출한다.

(3) 관할구역에 이미 수립되어 있는 건축물, 시설물, 광고물, 색채, 야간경관 등 주요 경관요소에 관한 계획, 조례, 기준 등의 경관 관련 내용을 검토한다.

제3절 경관기본구상

5-3-1. 기본방향 설정

(1) 관할구역의 경관이 지향해야 할 목표와 방향을 제시한다.

5-3-2. 미래상 설정

(1) 미래상은 지역의 역사, 문화·생활상, 입지, 잠재력, 주민의식, 미래 변화방향 등 다양한 측면을 고려하여 설정한다.

(2) 관할구역의 상징성 제고, 정체성 확보, 거주민의 자긍심 고양 등을 위한 경관이미지의 미래상을 설정한다.

5-3-3. 추진전략 설정

(1) 경관계획의 목표와 방향, 미래상을 구현하고 실행하기 위한 전략을 제시한다.

(2) 경관의 보전, 관리 및 형성과제로 분류하고, 과제별 추진전략을 제시하며, 경관저해요소의 극복수단이나 잠재력을 강화할 수 있는 방향을 제시한다.

5-3-4. 경관구조 설정

(1) 경관구조의 설정 방향

① 관할구역 전체의 경관 골격을 형성하고 양호한 경관자원을 보전하며, 경관을 형성하거나 관리하기 위한 구상을 제시한다.

② 경관골격은 경관자원조사 및 분석결과에 따라 면적인 경관권역, 선적인 경관축, 점적인 경관거점 등의 공간설정을 통하여 제시한다. 이때 각 공간을 상호 중첩하여 설정할 수 있다.

③ 설정된 경관권역, 경관축, 경관거점 등에 대해서는 관할구역 전체적관점에서 경관 이미지나 주제 등 거시적으로 경관을 보전·관리 및 형성하기 위한 방향을 설정한다.

(2) 경관권역의 설정

① 경관권역은 경관자원이 넓은 면적에 걸쳐 동질적 또는 유사한 경관특성을 보일 경우에 설정한다.

② 경관권역 설정시 관할구역 내 기초지자체의 영역을 고려한다.

③ 관할구역이 매우 넓고, 다양한 경관특성이 혼재하는 경우에 계획의 편의를 위해 토지이용, 지형적 특성, 생활권 분포 등을 고려하여 권역을 세분할 수 있다.

(3) 경관축의 설정

① 경관축은 동질한 경관이 선의 형태로 연속하여 형성되거나 형성될 잠재성이 있는 경우에 설정한다.

② 경관적으로 우수한 자연물이나 경작지, 기념물, 랜드마크 등에 대한 조망을 확보하거나, 녹지, 산림, 도로, 가로, 해안, 하천 등의 경관요소를 바탕으로 선적으로 연속된 경관을 형성하거나 보전 또는 관리할 필요가 있는 곳을 경관축으로 설정할 수 있다.

③ 그 밖에 우수한 선적 경관을 형성하거나 관리, 보전하려는 곳에는 해당 경관자원의 특성을 주제로 하는 경관축을 설정할 수 있다.

(4) 경관거점의 설정

① 경관거점은 우세한 경관이 점적으로 위치하여 경관적 특성을 부여하는데 중요한 역할을 하거나 잠재성이 있는 지역에 설정할 수 있다.

② 문화재, 향토문화유적, 기념탑, 청사·철도역사 등의 공공건축물, 광장, 교량, 지역의 경계부에서 진출입 역할을 하는 장소 등과 같이 시각적으로 우세하여 랜드마크가 되거나 그러한 잠재성이 있는 공간이나 장소 등을 경관거점으로 설정할 수 있다.

③ 그밖에 우수한 경관이 점적인 형태로 입지하거나 잠재력을 지닌 건축물이나 장소를 거점경관으로 보전·관리 및 형성하려는 경우에는 해당 경관자원의 특성을 주제로 하는 경관거점을 설정할 수 있다.

제4절 경관기본계획

5-4-1. 경관기본계획의 개요

(1) 경관기본구상에서 설정한 경관권역, 경관축, 경관거점, 중점경관관리구역 등에 대해 경관의 보전, 관리 및 형성을 위한 계획방향 및 관리방안을 제시한다.

(2) 경관사업, 경관협정, 경관심의, 경관조례 등에 반영할 수 있도록 구체적으로 작성한다.

(3) 관할구역의 경관 창출에 중요한 역할을 하여 보다 중점적으로 경관을 보전·관리 및 형성해야 할 필요가 있는 지역을 중점경관관리구역으로 설정하고, 경관관리의 목표 및 보전·관리·형성을 위한 실행수단 등을 검토·제시한다. 중점경관관리구역은 경관권역, 경관축, 경관거점을 포함하거나 그 일부에 설정할 수 있으며, 중첩하여 설정할 수 있다.

(4) 경관지구 및 미관지구의 관리방향을 제시하고, 필요시 경관지구 및 미관지구의 신규 지정을 제안한다.

(5) 경관현황조사·분석 등을 통해 중요경관자원을 지정한 경우에는 중요경관자원에 대한 보전, 관리 및 형성을 위한 계획을 수립한다.

(6) 경관현황조사·분석 등을 통해 경관을 저해하는 주요 경관위해요소를 설정한 경우에는 이

에 대한 관리·정비계획을 수립한다.

5-4-2. 경관권역 계획

(1) 경관권역의 목표, 구현방향, 경관자원의 보전, 관리 및 형성을 위한 계획방향 및 관리방안을 수립한다.

(2) 농산어촌의 경우 생산활동과 주민생활의 반영 등을 통해 나타나는 경관의 보전 또는 관리방향을 수립한다.

(3) 우수한 산림경관의 경우 생태적 경관미를 제고하기 위하여 산림경관의 유형과 조성목적에 맞는 조성, 관리방향을 수립한다.

(4) 주거지, 상업지 등 시가지의 경우 지역의 공간이용 특성 등을 고려하여 계획방향을 수립한다.

(5) 공장이전지 등 과거 산업경관의 흔적이 있거나 그 특성이 형성된 지역의 경우 경관적 특성이 복원되거나 표출될 수 있도록 계획방향을 수립한다.

(6) 역사문화자원 및 주변지역의 경우 역사적 가치를 보존하고 그 이미지에 맞는 경관특성이 유지되도록 계획방향을 수립한다.

5-4-3. 경관축 계획

(1) 경관축의 목표, 구현방향, 경관자원의 보전·관리 및 형성을 위한 계획방향 및 관리방안을 수립한다.

(2) 지역을 대표하는 뛰어난 자연경관, 랜드마크, 역사문화자원, 상징적 건축물이나 구조물 등에 대한 조망경관축의 경우 주요 접근로와 조망점, 조망경관자원과 조망점 사이에 있는 건축물과 가로의 규모 등에 대한 계획방향을 수립한다.

(3) 시가지의 중심가로와 상징성이 큰 가로, 경관자원이 많은 가로에 설정된 가로경관축의 경우 가로경관자원을 보전하기 위한 목표와 방향이나 특색있는 가로경관을 연속적·통합적으로 형성하기 위한 방향 등을 수립한다.

(4) 우수한 산림, 공원, 녹지 등에 설정된 녹지경관축의 경우 연속성을 확보하거나 조망을 확보하기 위한 계획방향을 수립한다.

(5) 강이나 수로, 호수, 해안을 따라 형성되는 수변경관축의 경우 조망기회 확대, 개방감 확보, 연속적 경관의 보전·관리 및 형성을 위한 계획방향을 수립한다.

5-4-4. 경관거점 계획

(1) 경관거점의 목표, 구현방향, 경관자원의 보전, 관리 및 형성하기 위한 계획방향 및 관리계획을 수립한다.

(2) 지역의 랜드마크가 되는 건축물, 시설물, 수목, 장소 등의 경우 경관형성과 조망 확보를 위한 계획방향을 수립한다.

(3) 전통마을이나 전통건축물, 근현대의 중요 건축물, 전통문화, 생활상 등 역사문화자원의 경우 보존과 활용을 위한 계획방향을 수립한다.

5-4-5. 중점경관관리구역 계획

(1) 중점경관관리구역의 명칭·위치·기본방향 등을 제시하고, 구역 내에 포함된 경관자원의 보

전·관리 및 형성을 위한 계획방향 및 관리계획을 수립한다.

(2) 중점경관관리구역의 계획방향을 실행하기 위한 경관 관련 지역·지구·구역 지정, 지구단위계획 수립, 경관사업 및 경관협정 우선 적용 등의 방안을 검토·제시한다.

(3) 경관계획 수립권자는 중점경관관리구역을 설정하고자 하는 경우에는 토지이용규제기본법 제12조에 따른 국토이용정보체계상에 구축되어 있는 지적(地籍)이 표시된 지형도에 중점경관관리구역의 경계를 표시한 도면을 작성하여야 한다.

(4) (3)에 따른 도면을 작성할 때에는 축척 500분의 1 이상 1천500분의 1 이하(녹지지역의 임야, 관리지역, 농림지역 및 자연환경보전지역은 축척 3천분의 1 이상 6천분의 1 이하로 할 수 있다)로 작성하여야 한다.

5-4-6. 경관지구 및 미관지구 계획

(1) 기 지정되어 있는 경관지구 및 미관지구에 대하여 지구별 경관관리요소와 경관관리방향을 제시하고 관리계획을 수립한다.

(2) 경관의 보전·관리 및 형성을 위해 필요한 경우 경관지구 및 미관지구의 신규 지정을 제안한다.

(3) 경관지구 및 미관지구에 대한 관리계획은 도시·군관리계획의 관련 내용을 참고하여, 3차원의 입체적·통합적인 경관관리를 위해 보완이 필요한 사항을 추가적으로 제시한다.

(4) 경관계획 내용의 실현을 위해 상세한 구분이 필요한 경우에는 시·군 도시계획조례에 반영할 수 있도록 경관지구 및 미관지구의 세분을 제안한다.

5-4-7. 중요 경관자원 및 주요 경관위해요소 관리계획

(1) 경관현황조사·분석 등을 거쳐 지정한 중요경관자원에 대한 보전 및 활용을 촉진하기 위한 관리계획 및 지원방안을 제시한다.

(2) 경관자원조사·분석 등을 거쳐 설정한 주요 경관위해요소에 대한 정비를 촉진하기 위한 관리계획 및 지원방안을 제시한다.

제5절 경관가이드라인

5-5-1. 경관가이드라인의 개요

(1) 경관권역, 경관축, 경관거점, 경관지구·미관지구 및 중점경관관리구역에 대한 경관기본계획 내용의 실행을 위해 해당 구역별로 경관요소에 대한 구체적인 설계방향, 원칙 등을 제시할 필요가 있을 경우 경관가이드라인을 작성하고, 이를 경관설계지침도로 제시한다.

(2) 상위지자체의 경관계획 중 경관부문별 계획이 수립되어 있는 경우에는 해당 내용과 연계하고, 해당 구역의 장소성과 경관적 특성을 반영하여 작성한다.

5-5-2. 경관권역 등의 경관가이드라인

(1) 경관권역, 경관축 및 경관거점에 대해 해당 구역의 경관특성을 고려하여 공간단위별로 경관관리요소를 정하고 이에 대한 설계지침 등 관리기준을 제시한다.

(2) 설계지침은 경관권역 등의 구역에 전반적으로 적용되는 일반설계지침과 경관권역 등의 구역 중 특정 장소나 대상에만 적용되는 상세지침으로 구분하여 제시할 수 있다.

5-5-3. 경관지구 및 미관지구의 경관가이드라인

(1) 지구별 특성을 고려한 건축물, 오픈스페이스, 옥외광고물, 공공시설물, 색채 등의 경관관리 요소와 이에 대한 설계지침 등 관리기준을 제시한다.

(2) 도시·군관리계획에서 규정하고 있는 내용과 연계하여 보다 입체적·통합적 경관관리를 위해 필요한 내용을 추가·보완하고 운영방안을 제시한다.

5-5-4. 중점경관관리구역의 경관가이드라인

5-5-4-1. 작성방향

(1) 중점경관관리구역의 특성을 반영하여 경관의 보전, 관리 및 형성을 위한 장소중심의 구체적이고 입체적인 경관계획을 수립한다.

(2) 공간구조, 가로경관, 건축물, 오픈스페이스 등에 대한 보전·관리 및 형성을 위한 계획내용을 포함하되, 개별 요소단위의 계획이 아닌 공간 단위의 통합적 계획을 수립한다.

(3) 중점경관관리구역의 내용은 향후 경관조례, 경관사업, 경관협정, 경관심의, 지구단위계획 등의 실행방안에 반영할 수 있도록 구체적으로 작성한다.

5-5-4-2. 작성내용

(1) 공간구조

① 공간의 위계와 성격을 고려하여, 공간의 특성이 잘 드러날 수 있도록 계획한다.

② 단지 및 블록 배치 시 가로변 경관과 인접대지와의 관계, 보행활동 등을 고려하여 경관계획을 수립한다.

③ 주변 지역의 지형·지세 및 건축물·시설물 현황을 고려하여 구역의 전체적인 경관을 향상시킬 수 있도록 스카이라인을 계획한다.

(2) 가로경관

① 전체적으로 조화롭고 통일감 있는 가로경관을 조성할 수 있도록 공공과 민간이 관리하는 대상·장소를 포괄하여 건축물, 식재, 가로시설물, 공원 및 녹지 등 다양한 요소들의 통합적인 계획을 작성하도록 한다.

② 가로의 위계에 따른 특성이 나타날 수 있도록 계획하며, 특화가로 및 자전거도로, 보행자 전용도로 등의 계획을 검토한다.

③ 안전하고 쾌적한 가로경관을 조성할 수 있도록 차량, 주차 및 보행동선을 검토하고, 각종 가로시설물은 가능한 통합하여 설치되도록 계획한다.

(3) 건축물

① 건축물의 통일 또는 강조 등 경관 창출이 필요한 경우에 경관보전, 관리 형성 등의 경관계획을 작성한다.

② 가로의 연속성 확보를 위한 건축선, 건축형태, 광고물, 아케이드 등의 계획방향을 제시한다.

③ 주변 건축물과의 조화를 위한 외관, 출입구, 경계부, 조경 등의 계획방향을 제시한다.

④ 필요시 공동주택, 단독주택, 상업시설, 근린생활시설, 공공시설, 도시지원시설 등에 대한 건축물의 규모 및 배치, 형태 및 외관, 외부공간 등의 계획을 제시할 수 있다.

가. 공동주택의 경우 다음 각 호에 관한 계획을 제시할 수 있다.

㉠ 건축물의 규모 및 배치 : 스카이라인, 건축선, 통경축, 주동형태, 중저층 배치구간, 탑상형 배치구간, 단지경계부 처리, 부속동의 위치 등

㉡ 건축물의 형태 및 외관 : 주동길이, 지붕형태, 부속동, 필로티, 색채 등

㉢ 외부공간 : 단지입구, 공공조경, 광장, 담장, 지상주차, 보행자 통로 등

나. 단독주택의 경우 다음에 각 호에 관한 계획을 제시할 수 있다.

㉠ 건축물의 규모 및 배치 : 건축선, 배치, 길이 등

㉡ 건축물의 형태 및 외관 : 지붕, 창문, 발코니, 형태, 색채, 재료 등

㉢ 외부공간 : 전면공지, 담장, 대문, 주차장 등

다. 상업 및 근린생활시설의 경우 각 호에 관한 계획을 제시할 수 있다.

㉠ 건축물의 규모 및 배치 : 건축선, 배치방향, 필지크기 등

㉡ 건축물의 형태 및 외관 : 입면설계, 1층부 높이, 아케이드, 지붕, 색채 등

㉢ 외부공간 : 공개공지, 전면공지, 담장, 진출입구, 공공통로, 주차장 등

라. 공공건축물의 경우 다음 각 호에 관한 계획을 제시할 수 있다.

㉠ 건축물의 규모 및 배치 : 건축선, 배치방향 등

㉡ 건축물의 형태 및 외관 : 형태, 재료, 색채, 지붕 등

㉢ 외부공간 : 공개공지, 조경, 입구, 경계부 등

⑤ 옥외광고물은 관리할 지역을 유도 및 규제수준의 관리등급에 따라 일반지역과 특정구역 등으로 구분하여 다르게 계획한다.

가. 가로의 조화성 형성을 위한 광고물 종류, 형태, 색채, 재료 등의 경관계획을 작성한다.

나. 관리지역별로 가로형 간판 등(가로형, 돌출형, 지주이용형, 창문이용형 광고물 등)의 설치 가능한 광고물 종류를 구분하고, 이에 대한 상세도를 작성할 수 있다. 또한 각 종류별 설치위치, 수량, 크기, 색채, 재료, 서체, 조명 등의 항목별 지침을 계획할 수 있다.

다. 필요한 경우 차양막, 전자식광고물, 현수막 등의 설치계획을 정할 수 있다.

(4) 오픈스페이스

① 공간구조에 대한 이해를 전제로, 이와 연계된 오픈스페이스의 위치 및 공간기능, 역할 등에 대한 계획을 작성한다.

② 경관적 측면에서 기여할 수 있는 녹지율 증진, 녹지 접근성의 확대 및 생태 환경개선에 기여할 수 있는 경관계획을 수립한다.

③ 공간의 주요축 형성을 위한 공원, 녹지, 도로, 수변 등과의 연계를 고려한 경관계획을 작성한다.

④ 건축물 외부공간 형성을 위한 공개공지, 공공공지, 경계부등의 경관계획을 작성한다.

⑤ 세부요소로는 도입 테마, 도입수종의 종류와 크기와 배치, 공간의 형태와 설계 등에 대해 작성할 수 있다.

5-5-4-3. 작성방법

(1) 공간구조, 가로, 건축물, 오픈스페이스를 통합적, 입체적으로 표현하여 한눈에 알아보기 쉽

게 작성한다.

(2) 공간 및 계획의 위계를 고려하여, 중점경관관리구역에 일반적으로 적용되는 기본지침과 특정 장소·대상에 적용되는 상세지침으로 구분하여 작성할 수 있다.

(3) 계획의 목적과 내용을 쉽게 이해할 수 있도록 서술하며, 지침내용의 전달이 용이하도록 이미지 및 도면, 예시 등을 통해 제시한다.

제6절 실행계획

5-6-1. 시·군 경관계획의 실행계획은 제7장의 내용에 따른다.

제6장 특정경관계획

제1절 특정경관계획의 개요

6-1-1. 배경 및 목적

(1) 계획을 수립하고자 하는 배경 및 필요성을 기술한다.

(2) 계획을 통해 달성하고자 하는 목표와 목적을 제시한다.

6-1-2. 특정경관계획의 범위

(1) 특정경관계획은 특정 경관유형이나 특정 경관요소에 대한 특정경관계획을 수립하는 경우에는 관할구역 전체를 공간적 범위로 포함할 수 있다.

(2) 내용적으로는 특정 경관유형, 특정 경관요소를 보전·관리 및 형성하기 위한 구체적인 실행계획 수립을 대상으로 한다.

(3) 특정경관계획의 내용이 시작되는 시작연도와 계획이 완성, 종료되는 목표연도를 제시한다.

6-1-3. 특정경관계획 수립 방법과 과정

(1) 계획의 수립 방법을 구체적으로 제시하고, 계획 수립과정을 단계별로 기술한다.

(2) 특정경관계획의 수립이 필요할 때에는 도경관계획 또는 시·군경관계획의 수립시 포함하여 수립한다.

(3) 자연경관, 농산어촌경관 및 문화 역사경관 등 특정 경관유형과 관련한 별도의 법정 경관계획수립 지침이나 기준이 있을 경우에는 이를 따른다.

제2절 특정경관계획의 경관자원조사 및 분석

6-2-1. 유형별 경관자원조사

(1) 특정 경관유형과 요소에 대한 미시적 차원의 조사로 경관자원의 구체적 위치, 규모, 특성 및 영향도 등을 포함한다.

(2) 특정 경관유형이나 특정 경관요소에 대한 특정경관계획을 수립하는 경우에는 해당 경관유형이나 요소와 관련된 경관자원을 중심으로 조사한다.

(3) 해당 경관자원 유형별 조사항목, 내용, 방법 등에 대한 별도의 법정 지침이나 기준 있는 경우에는 이를 따르고, 별도의 기초자료가 있는 경우에는 이를 활용할 수 있다.

6-2-2. 경관자원조사의 종합

(1) 특정경관계획 수립에 필요한 현장조사를 중심으로 진행한다.

(2) 특정 경관자원의 위치, 특성, 중요성 등을 표시한 경관자원조사표와 경관자원분포도를 작

성한다.

(3) 경관자원분포도는 특정경관의 특성이 충분히 파악될 수 있는 축척을 사용하여, 필요한 경우 구역별로 경관자원분포도와 경관자원조사표를 작성할 수 있다.

(4) 경관자원조사 결과는 해당 특정경관의 기본구상, 특정경관계획 수립시 특정경관의 보전·관리 및 형성의 대상을 설정하는데 반영하거나 경관설계지침에 연계시킨다.

6-2-3. 경관구조분석

(1) 지형지세 및 중요 구조물에 의해 형성되는 특정경관유형의 특성을 파악하기 위해 미시적인 경관 및 공간구조분석을 시행한다.

(2) 특정경관유형 및 경관요소의 특성파악에 필요한 내용을 포함하여 조사, 분석한다.

6-2-4. 경관의식조사

(1) 특정 경관유형 또는 특정 경관요소에 대한 주민이나 방문자들의 경관의식을 파악하기 위해 설문조사, 인터뷰 등의 조사를 한다.

(2) 설문조사나 인터뷰 조사는 대상자의 속성(연령, 성별, 거주자와 방문자의 구분 등)과 조사시기 등을 고려하고, 지역적으로 편중되지 않도록 대상자를 선정한다.

(3) 경관의식조사는 계획대상지역의 대표경관, 경관현황 및 문제점, 경관개선 방향 및 지역이미지 등을 포함해야 하며, 그 결과는 경관계획에 연계하여 활용한다.

(4) 특정경관계획의 경관의식 조사항목은 특정경관유형 및 지구별 특성을 고려하여 결정한다.

6-2-5. 관련법규 및 유사사례 검토

(1) 경관 관련 계획, 지역 및 지구, 지구단위계획, 경관사업, 경관협정, 경관규제 사항 및 심의규정 등의 각종 관련계획 및 법규를 조사하여 계획 수립시 반영하거나 연계시킨다.

(2) 해당 특정경관계획과 관련 있는 국내외 경관계획, 관련 제도와 법규정, 계획기법 등을 조사하여 특정경관계획에 적용하기 위한 시사점을 도출, 적용방향을 제시한다.

제3절 특정경관계획의 기본구상

6-3-1. 기본방향의 설정

(1) 경관유형·요소별로 경관을 특정하게 보전·관리 및 형성하려는 기본방향을 제시한다.

(2) 경관유형·요소별 경관특성, 주변환경, 입지적 특성, 현안 등을 고려하여 기본구상의 방향을 설정한다.

6-3-2. 미래상의 설정

(1) 특정경관유형이나 요소, 경관적 상징성과 장소성 등을 다른 경관유형·요소와 차별화할 수 있는 미래상을 설정한다.

6-3-3. 추진전략의 제시

(1) 특정경관계획의 목표와 기본방향, 미래상 등에서 제시된 내용을 실현하기 위한 구체적인 추진전략을 제시한다.

(2) 추진전략은 특정경관유형이나 요소의 특성에 따라 세분하여 구체적으로 기술한다.

6-3-4. 공간구조 설정

(1) 경관유형·요소별로 입체적인 경관구조 및 공간특성이 특화될 수 있도록 구상한다.

(2) 필요할 경우 점, 선, 면 등으로 경관유형별로 구분하여 구상할 수 있다.

(3) 경관권역

① 건물, 산림, 녹지, 수공간 등의 경관적 특성이 동일하며, 면적으로 분포하는 일정지역에 대해서 계획상 필요한 경우 경관권역으로 설정할 수 있다.

② 공간적 범위가 작지만 건물의 양식이나 형태, 식생 등이 면적으로 동질의 독특한 경관특성을 형성하는 지역에도 설정할 수 있다.

(4) 경관축

① 특정한 경관자원의 조망을 연속적으로 보전·관리 및 형성하려는 선적형태의 도로나 가로, 산책로, 수변, 녹지대 등에 설정한다.

② 공간적 범위는 작지만 세밀한 구상이 필요한 경관축의 경우에는 입체적으로 설정할 수 있다.

(5) 경관거점

① 우세한 경관요소가 점적으로 입지하면서 랜드마크가 되는 곳, 장소성을 형성하거나 그 잠재성이 있는 지점에 대해 설정할 수 있다.

② 독특한 경관이 국지적으로 나타나는 지점, 경관특성이 우수한 점적 형태의 건물, 구조물, 시설물, 산림 또는 수목, 역사물 및 문화재 주변의 일정지역에 대해서 설정할 수 있다.

제4절 특정경관계획의 수립

6-4-1. 특정경관계획의 내용

(1) 특정경관계획은 특정한 경관유형 및 요소를 대상으로 경관사업, 경관협정, 경관심의 등을 통해 실행될 수 있는 구체적 수준의 실행방안 수립을 내용으로 한다.

(2) 특정경관계획은 특정경관계획의 기본구상 체계를 동일하게 유지하도록 수립한다.

(3) 특정경관계획은 입체적으로 수립되어야 하며, 대상을 명확하게 하고, 실현가능한 실행방안을 제시하여야 한다.

(4) 특정경관계획 내용의 설계사항은 경관설계지침과 경관설계지침도로 작성, 제시한다. 특정경관계획의 경관설계지침은 입체적으로 수립하고, 이해하기 쉽도록 단면, 이미지도 등을 작성한다.

(5) 경관사업이나 경관조례에 반영해야 할 계획내용은 적용할 공간적 대상을 구체적으로 표기한다.

6-4-2. 경관권역계획

(1) 경관권역의 계획 방향을 실행하기 위한 계획방안을 제시한다.

(2) 경관권역 내외부의 주요 조망점에서 보이는 입체적 경관을 보전·관리 및 형성하기 위한 주요 경관요소들의 구체적인 계획방안을 제시한다.

6-4-3. 경관축계획

(1) 경관축을 형성하는 주변지역의 토지이용 및 도로계획, 건축계획 등과 연계하여 물리적, 시각적 접근성을 높이기 위한 입체적인 경관계획을 수립한다.

(2) 주요 조망축이나 시각회랑에 대해서는 시각적 연속성과 개방감을 확보하기 위한 입체적인

계획방안을 제시한다.

(3) 경관자원과 조망점 사이의 건축물, 가로시설물, 가로수 등의 높이와 배치, 단면 등을 검토하고, 필요한 경우 야간경관 등에 관한 계획을 수립한다.

(4) 보행자 전용도로, 녹도, 연결녹지 등의 시각적 연속성, 주제의 통일성을 확보하기 위한 계획방안을 수립한다.

(5) 테마가로의 경우, 주제를 구현할 수 있도록 가로시설물, 교통안내판, 포장재료 등의 형태와 색채 등에 대한 계획방안을 제시한다.

(6) 주요가로와 접근로, 보행로 등에서의 조망점을 설정하고, 교량 및 주요 건축물 등에 대한 랜드마크 조망계획을 수립한다.

6-4-4. 경관거점계획

(1) 경관거점이 되는 건축물이나 구조물의 경관 보전·관리 및 형성을 위한 입체적인 계획방안을 제시한다. 경관거점 주변의 건축물이나 구조물의 높이와 규모, 외관, 건축선 지정, 가로시설물, 포장, 가로수 등의 경관관리방안을 수립한다.

(2) 경관거점의 물리적, 시각적 접근성을 높이기 위한 토지이용, 도로, 건축물 등에 대한 입체적 계획방안을 수립한다.

(3) 진출입부의 이미지 부각, 상징성 강화 등을 위해 가로시설물, 도로표지, 안내시설에 대한 통합적인 계획을 수립한다.

제5절 특정경관계획의 경관설계지침

6-5-1. 경관설계지침의 적용 및 수준

(1) 유형별 경관설계지침이나 구성요소별 경관설계지침 중 하나를 선택하여 제시할 수 있다. 다만 필요한 경우 두가지 경관설계지침을 함께 제시할 수 있다.

(2) 유형별 경관설계지침은 동일한 경관유형 (산림, 수변, 가로, 농산어촌, 역사문화, 시가지 등)에 대한 경관 설계의 방향, 원칙, 기법, 설계사항 등을 포함한다.

(3) 요소별 경관설계지침은 경관계획의 실행을 위한 건축물, 오픈스페이스, 옥외광고물, 공공시설물, 색채, 야간조명 등의 경관구성요소별 규모, 배치, 형태, 재료, 색채 등에 관한 설계사항 등을 포함한다.

(4) 특정경관계획의 경관설계지침은 중경이나 근경에서 고려해야 할 계획내용을 내용을 구체적으로 제시한다.

(5) 특정경관계획의 경관설계지침은 지구단위계획에 반영될 수 있는 수준으로 제시한다.

(6) 경관설계지침은 모든 대상과 계획에 공통적으로 적용되는 지침과 특정 대상이나 계획에만 적용되는 지침으로 구분하여 제시할 수 있다.

(7) 특정경관계획의 경관설계와 관련된 별도의 법정 지침이나 기준이 있는 경우에는 이를 따른다.

(8) 다음에 제시된 '6-5-2. 구성요소별 경관설계지침'은 부분적으로 선택하여 적용할 수 있다.

6-5-2. 구성요소별 경관설계지침

(1) 건축물 경관설계지침

① 건축물의 통일 또는 강조 등 경관 창출이 필요한 경우에 규제 또는 관리 등의 경관설계지침을 제시할 수 있다.

② 지역이미지 형성을 위한 스카이라인, 랜드마크, 통경축, 지붕형태 등의 경관설계지침을 제시할 수 있다.

③ 가로의 연속성 확보를 위한 건축선, 건축형태, 광고물, 아케이드 등의 계획방향을 제시할 수 있다.

④ 건물과의 조화를 위한 외관, 출입구, 경계부, 조경 등의 계획방향을 제시할 수 있다.

⑤ 공동주택, 단독주택, 상업시설, 근린생활시설, 공공시설, 도시지원시설 등 필요한 용지에 대해 건축물 경관설계지침을 작성할 수 있다. 지침의 요소로는 건축물의 규모 및 배치에 관한 사항, 건축물의 형태 및 외관에 관한 사항, 외부공간에 관한 사항 등에 대해 작성할 수 있다.

가. 공동주택 경관설계지침은 다음에 필요한 사항을 제시할 수 있다.

㉠ 스카이라인, 건축선, 통경축, 주동형태, 중저층 배치구간, 탑상형 배치구간, 단지경계부 처리, 부속동의 위치 등 건축물의 규모 및 배치

㉡ 주동길이, 지붕형태, 부속동, 필로티, 색채 등 건축물의 형태 및 외관

㉢ 단지입구, 공공조경, 모임광장, 숲길, 담장, 지상주차, 보행자 통로 등의 외부공간 등

나. 단독주택 경관설계지침은 다음에 필요한 사항을 제시할 수 있다.

㉠ 건축선, 배치, 길이 등 건축물의 규모 및 배치

㉡ 지붕, 창문, 발코니, 형태, 색채, 재료 등 건축물의 형태 및 외관

㉢ 전면공지, 담장, 대문, 주차장 등 외부공간에 관한 사항 등

다. 상업 및 근린생활시설 경관설계지침은 다음에 필요한 사항을 제시할 수 있다.

㉠ 건축선, 배치방향, 필지크기 등 건축물의 규모 및 배치에 관한 사항

㉡ 입면설계, 1층부 높이, 아케이드, 지붕, 색채 등 건축물의 형태 및 외관에 관한 사항

㉢ 공개공지, 전면공지, 담장, 진출입구, 공공통로, 주차장 등 외부공간에 관한 사항 등

라. 공공건축물 경관설계지침은 다음에 필요한 사항을 제시할 수 있다.

㉠ 건축물의 규모 및 배치에 관한 사항으로서 건축선, 배치방향 등의 요소

㉡ 건축물 형태 및 외관에 관한 사항으로 형태, 재료, 색채, 지붕 등의 요소

㉢ 외부공간에 관한 사항으로서 공개공지, 조경, 입구, 경계부 등의 요소

(2) 오픈스페이스 경관설계지침

① 원경, 중경, 근경을 고려한 오픈스페이스의 기본방향을 계획한다.

② 원경의 녹지축 형성을 위한 공원, 녹지, 도로, 수변 등의 경관설계지침을 작성할 수 있다.

③ 중경에서 보이는 가로의 연속성 형성을 위한 상징가로, 보행자 전용도로 등의 경관설계지침을 작성할 수 있다.

④ 근경에서 보이는 건축물 외부공간 형성을 위한 공개공지, 공공공지, 경계부, 상업몰 등의 경관설계지침을 작성할 수 있다.

⑤ 세부요소로는 도입 테마, 도입수종의 종류와 크기와 배치, 공간의 형태와 설계 등에 대해 작성할

수 있다.

(3) 옥외광고물 경관설계지침

① 용도지역, 가로 및 건축물 등의 특성을 고려하여 조화로운 경관을 형성하기 위한 광고물 종류, 형태, 색채, 재료 등의 관리요소와 기본방향을 제시한다.

② 원경에서 보이는 가로의 상징성을 확보하기 위한 광고물 종류, 광고물 요소 등의 경관설계지침을 작성할 수 있다.

③ 중경에서 보이는 건물과 조화성 형성을 위한 광고물 종류, 형태, 색채, 소재 등의 경관설계지침을 작성할 수 있다.

④ 근경에서 보이는 업소의 특성을 연출하기 위한 광고물 종류별 형태, 소재, 색채, 조명 등의 경관설계지침을 작성할 수 있다.

⑤ 옥외광고물을 관리할 지역을 유도 및 규제수준의 관리등급에 따라 일반지역과 특정구역 등으로 구분하여 다르게 계획한다.

⑥ 관리지역별로 가로형 간판 등(가로형, 돌출형, 지주이용형, 창문이용형 광고물 등)의 설치 가능한 광고물 종류를 구분하고, 이에 대한 상세도를 작성할 수 있다. 또한 각 종류별 설치위치, 수량, 크기, 색채, 재료, 서체, 조명 등의 항목별 지침을 계획할 수 있다.

⑦ 필요한 경우 차양막, 전자식광고물, 현수막 등의 설치계획을 정할 수 있다.

(4) 공공시설물 경관설계지침

① 가로시설물의 통일성이 필요한 요소에 대한 경관설계지침을 제시할 수 있다.

② 가로의 가로등, 포장, 휴지통, 사인 등의 계획방향을 제시할 수 있다.

③ 공공시설물의 시설별로 공통형태, 공통색채, 공통재료, 공통그래픽 등을 제시할 수 있다.

④ 가로시설물은 교통시설, 조명시설, 휴게시설, 공공시설, 안내시설, 편의시설 등으로 구분하여 배치, 형태, 규모 등에 대한 가이드라인을 제시할 수 있다

⑤ 랜드마크, 교량, 옹벽, 방음벽, 포장 등의 형태, 색상, 재료 등에 대한 지침을 제시할 수 있다.

⑥ 쾌적하고 안전한 가로경관 창출을 위해 가능한 가로시설물을 통합하여 설치하도록 통합설치지침을 제시할 수 있다.

(5) 색채 경관설계지침

① 원경에서 보이는 테마색, 지붕색, 사용색 범위 등의 계획방향을 제시한다.

② 중경에서 보이는 가로 또는 권역의 요소별 색채범위, 부위별 색채범위 등의 계획방향을 제시한다.

③ 근경에서 보이는 건축물 및 시설물에 대한 주조색 범위, 보조색 범위, 강조색 범위 등의 계획방향을 제시한다.

④ 건축물 용도별, 시설물 유형별 사용색의 범위 및 색채기준을 제시할 수 있다. 건축물은 공동주택용지, 단독주택용지, 상업업무용지, 도시지원시설용지, 공공시설용지 등으로 구분하여 색채기준을 제시할 수 있다. 시설물은 안내시스템, 가로시설물, 교량 등으로 구분하여 색채기준을 제시할 수 있다.

⑤ 지침작성시 색채표기 단위는 먼셀, NCS 등 국제표준규격을 사용한다.

가. 건축물 색채 경관설계지침

㉠ 건축물 색채 경관설계지침를 위한 권역별 구분을 할 수 있다. 권역구분은 경관권역과 일치시킬 수 있으며, 권역구분도를 제시하여야 한다.

㉡ 주조색, 보조색, 윤곽색, 강조색 등의 사용색 범위를 제시하도록 한다. 공동주택, 단독주택, 상업용지 등 용도별로 구분하여 제시할 수 있다.

㉢ 공동주택 측벽의 설계 방향과 내용을 제시하도록 한다.

나. 시설물 색채 경관설계지침

㉠ 시설물을 그림과 배경으로서 역할을 하는 요소로 분류한다. 그림의 역할이 강한 요소로는 버스정류장, 상징타워, 게이트 등이 있으며, 강조색을 사용할 수 있다. 배경의 역할이 강한 요소로는 전화부스, 가로등, 펜스, 휴지통, 의자, 보도포장 등이 있으며, 윤곽색을 사용할 수 있다.

㉡ 윤곽색과 강조색의 사용색 범위를 제시하고, 사인시스템에 적용할 색채범위 및 지침을 제시할 수 있다.

(6) 야간 경관설계지침

① 야간경관 구성요소를 도시적 차원, 지역적 차원, 요소적 차원으로 분류하여 야간경관을 수립할 수 있는 지표를 제시한다.

㉠ 면 또는 선적으로 나타나고 지역 내에서 영향이 큰 야간경관 요소는 지역적 차원에서 검토되어야 한다.

㉡ 도시의 구조적 특성을 반영하거나 도시의 전체에 상호 영향을 미치는 야간경관요소는 도시적 차원에서 검토되어야 한다.

㉢ 단위요소로서 조망대상이 되거나 주요 조망점, 랜드마크적 특성이 강한 야간경관요소는 단위요소적 차원에서 검토되어야 한다.

② 야간경관계획은 연출, 유도, 규제 등으로 구분하여 제시한다.

㉠ 야간경관 연출을 위해 랜드마크, 건축물, 도로, 가로 등의 지침을 제시할 수 있다.

㉡ 상업광고조명의 합리적 규제를 위하여 운영중인 법적·제도적인 조치를 계획에 반영할 수 있다.

제6절 실행계획

6-6-1. 특정경관계획의 실행계획은 제7장의 내용에 따른다.

제7장 실행계획

제1절 실행계획의 성격 및 내용적 범위

7-1-1. 실행계획은 경관계획의 내용을 구체적으로 실행하기 위한 방안을 제시하는 것으로, 경관계획의 내용 및 지역의 경관특성 등에 따라 다음 각 호 중에서 필요한 사항을 선택하여 제시한다.

(1) 경관계획에서 제안된 지역, 지구 및 구역 등의 지정 등에 관한 사항

(2) 경관조례의 제정 및 개정에 관한 사항

(3) 지구단위계획 등 관련 계획에 따른 관리에 관한 사항

(4) 경관사업 추진에 관한 사항 (사업 유형 및 핵심 내용)

(5) 경관협정의 적용 및 운영방안

(6) 경관관리 실행조직 및 행정체계에 관한 사항

(7) 단계별 사업계획 수립

(8) 예산 및 재정계획 수립

7-1-2. 실행계획의 작성을 위해서는 다음 사항들이 함께 검토되어야 한다.

(1) 경관계획대상지역이 관할구역 전체 또는 일부인지, 또는 특정경관유형이나 특정경관요소에 대한 계획인지에 따라 수립지침 제6장 제2절 이후의 실행계획 수립지침 중 해당되거나 필요한 지침을 선택적으로 적용한다.

(2) 도시, 농어촌, 자연, 역사문화 등의 경관 관련 법률에 따른 제도·계획 등에 반영 및 연계할 사항을 도출하고 그 추진방안을 제시한다.

제2절 경관관련 지역, 지구 및 구역 등의 적용 및 연계방안

7-2-1. 경관계획의 내용을 실행하기 위해 필요한 경우 타 법령에서 규정하고 있는 경관 관련 지역, 지구 및 구역 등을 지정하여 관리하는 방안을 제안한다.

7-2-2.「국토의 계획 및 이용에 관한 법률」에 따른 경관지구, 미관지구, 고도지구 및 보존지구, 「농어촌정비법」에 따른 마을정비구역,「임업 및 산촌진흥촉진에 관한 법률」의 산촌진흥구역, 「자연공원법」에 따른 공원자연보존지구 및 공원자연환경지구,「자연경관보전법」에 따른 생태경관보전지역,「해양생태계의 보전 및 관리에 관한 법률」의 해양경관보호구역,「문화예술진흥법」에 따른 문화지구 등 도시, 농산어촌, 자연경관 및 역사문화 경관 관련 법률에서 규정하고 있는 경관 관련 지역, 지구 및 구역 등의 적용 및 연계 관리방안 등을 검토하여 제시한다.

7-2-3 관련 법률에 따른 경관 관련 지역, 지구 및 구역은 해당 법률의 지정절차에 따라 지구 지정을 위한 행정절차와 담당자를 적시하여 제안하도록 한다.

7-2-4. 제안된 경관 관련 지역, 지구 및 구역의 경관관리는 경관특성이나 관리수단 등을 고려하여 해당 지구에 대한 경관계획을 수립하고 그에 따라 관리하도록 하며, 별도의 지역, 지구 및 구역의 지정 및 관리운영계획서를 마련한다.

7-2-5. 지역, 지구 및 구역 지정을 통한 경관규제는 경관보전 등 공공의 이익을 위해 목적이 달성되는 범위 내에서 개인의 재산권이 최대한 보장될 수 있도록 해야 한다. 또한, 건축의 자유를 유지하면서 도시경관을 확보할 수 있어야 하며, 규제에 따른 개선효과가 직접적이고, 지속적으로 개선을 유도하는 방향이어야 한다.

제3절 경관조례의 제정 및 개정 등의 제안

7-3-1. 경관관리를 위한 경관계획, 경관사업, 경관협정, 경관위원회 등에 대해 경관법의 규정에 맞도록 경관조례의 구성과 내용을 신설하거나 조정하도록 방안을 제시한다.

7-3-2. 경관지구·미관지구·중점경관관리구역의 관리 등 경관계획의 내용을 실행하기 위해 경관조례에 반영할 규제사항, 지방자치단체의 유도·지원에 관한 사항 등을 제시한다.

7-3-3. 중요 경관자원의 보존 및 활용을 위한 관리 및 지원계획 중 경관조례 및 타 법령에 따른 경관 관련 조례에 반영할 사항을 제시한다.

7-3-4. 도시계획조례 등 타 법령에 따른 경관 관련 조례와의 경관조례와의 관계를 고려하여 서로 보완되도록 하며, 경관조례 외에 타 법령에 따른 경관 관련 조례에 반영해야 할 사항을 제안한다.

제4절 지구단위계획 등 관련 계획과의 연계방안

7-4-1. 지구단위계획 수립 등 도시·군관리계획에 반영할 사항을 제시한다.

(1) 경관계획과 도시계획, 도시개발, 공공시설정비, 역사적 건축물의 보존 등의 도시관리체계간 연계성·정합성을 확보한다.

(2) 지구단위계획은 토지이용을 합리화·구체화하고, 도시 또는 농산어촌의 기능의 증진, 미관의 개선 및 양호한 환경을 확보하기 위해 수립하는 계획이므로 중점경관관리구역 중 지구단위계획을 수립하여 경관을 관리하기 위한 대상을 설정하고, 지구단위계획에 의해 관리할 사항을 제시한다.

(3) 지구단위계획의 경관상세계획 내용과 연계하여 경관협정이나 경관사업 등의 적용 등을 검토하고, 이에 대한 지원 방안을 검토한다.

7-4-2. 농어촌 생활환경정비계획, 자연환경 및 경관보전 시책, 자연경관기본계획, 산림기본계획, 산림경관관리 시책, 고도보전계획 등 관련 법률에서 규정하고 있는 경관 관련 계획 및 시책과의 연계사항을 도출한다.

제5절 경관사업 추진에 관한 사항

7-5-1. 경관사업은 관할구역 내 경관을 보전, 관리 및 형성하기 위한 사업으로, 중점경관관리구역의 관리, 중요 경관자원의 보전·활용, 경관위해요소의 정비 등 경관계획의 내용을 실행하기 위해 추진해야 할 경관사업을 제시한다.

7-5-2. 경관사업 선정시 기존에 진행되고 있는 택지개발사업, 농어촌생활환경정비사업, 문화·역사마을가꾸기사업, 경관림 조성관리사업, 사방사업 등 경관법 및 관련 법에서 규정하고 있는 경관 관련 사업의 적용방법 및 연계방안을 함께 제시한다.

7-5-3. 경관사업은 사업의 시급성과 효과성을 고려하되 중점경관관리구역 및 관련 사업을 통해 재정지원을 받을 수 있는 사업을 우선적으로 선정하고, 지방자치단체의 특성에 맞는 경관형성 및 관리를 위한 경관사업 지정 방법 및 절차를 제시한다.

7-5-4. 경관사업은 경관계획에 근거하거나 별도의 사업계획을 수립하여 추진할 수 있으며, 사업주체는 공공과 민간을 함께 고려한다.

7-5-5. 경관사업추진협의체의 조직, 운영 및 업무 등에 관하여 필요한 사항을 경관사업 추진 단계별·주체별로 제시하고, 필요시 조례에 반영할 사항을 제시한다. 특히, 공공이 추진하는 경관사업은 관련 사업부서와 경관관리부서가 다를 수 있으므로 부서 간의 협의를 제도화 할 수 있는 방안을 제시한다.

제6절 경관협정의 적용 및 운영에 관한 사항

7-6-1. 경관계획의 내용을 실행하기 위해 필요한 경우 경관협정을 제안하고, 대상지역 안의 토

지소유자 등이 경관협정을 적극적으로 추진할 수 있도록 유도 및 지원방안을 제시한다.

7-6-2. 주민의 자율적인 경관협정을 유도할 수 있도록 민간제안 내용을 적극적으로 수용할 수 있는 다양한 방안을 검토·제시한다.

7-6-3. 경관법에 따른 경관협정 뿐만 아니라 관련법에 규정하고 있는 녹지보전협정, 경관협약, 경관보전직접지불제, 문화유산보전협약 등 다양한 경관 관련 협약 등의 적용방법 및 연계방안이 검토·제시되어야 한다.

7-6-4. 경관협정을 추진해야 할 대상구역의 명칭, 위치와 범위, 목적 및 내용, 경관협정의 체결 및 실행을 위한 기술, 행정 및 재정적 지원체계를 마련하고, 조례에 반영해야 할 사항들을 제시한다.

제7절 경관관련 자문 및 심의에 관한 사항

7-7-1. 경관계획의 내용에 따라 경관을 보존, 관리 및 형성하기 위하여 필요한 경우 경관위원회 심의를 비롯, 건축심의, 공동주택심의, 자연경관심의, 산지의 이용 및 보전심의, 농어촌정비심의, 고도보존심의 등 각종 경관 관련 위원회에서 심의·자문을 통해 관리해야 할 사항을 검토·제시한다.

제8절 단계별 추진계획 수립

7-8-1. 단계별 계획 수립을 위해서는 대상 사업에 대한 사업우선순위 평가기준을 마련하도록 하고, 그에 따라 사업을 장기, 중기, 단기 등의 단계를 구분하되, 사업의 단계는 도시·군기본계획, 도시관리계획 등의 기간과 일치시켜 계획의 실효성을 높이도록 조정하고, 구체적인 사업계획은 연차별 집행계획 수준으로 작성사업이 용이하게 추진될 수 있도록 한다.

7-8-2. 경관은 단기간에 조성되거나 일회성 계획으로 이루어 낼 수 없는 속성을 가지고 있으므로 도시비전을 고려하여 장기적인 안목에서 점진적으로 경관을 형성해 나아가야 하며, 그 중에서도 우선순위가 높은 사업으로부터 단계별 점진적인 추진되도록 계획이 제시되어야 한다.

7-8-3. 시각적인 대상을 다루는 계획 내용과 더불어 관련된 각종 시민활동에 대한 지원과 다양한 프로그램 등의 비물리적 계획내용도 중요한 사안이므로 이를 단계별 계획에 포함하여 수립해야 한다.

제9절 예산계획 수립

7-9-1. 사업비 산정

(1) 추진해야 할 핵심 사업은 구체적인 사업목록, 공사내역별 규모 등에 대하여 총량 및 기준단가를 제시하여 현실적인 사업비 산정이 되도록 하고, 산정된 사업비에 대하여 사전에 감독기관 등이 검토할 수 있도록 한다.

7-9-2. 사업비 확보

(1) 소요예산을 충당하기 위한 체계화된 재정계획을 수립하며, 현실적인 사업비 확보가 가능하도록 한다.

(2) 재정계획에는 다음의 내용을 구체화하여 포함한다.

① 재원별 사용가능 예산계획

② 공공, 민간의 재원구분

③ 구체적 예산확보방안

④ 사업별 집행계획

(3) 경관사업의 재원마련 방안

① 예산 지원계획

② 개별 사업비용 마련방안(사업자, 수익자 부담)

③ 기타 재원조달방안 제시

7-9-3. 사업비 부담

(1) 사업비 부담은 재정계획에 따라 분담하는 것을 원칙으로 작성한다.

(2) 경관사업과 관련 있는 타 사업의 예산 집행과 연계시킬 수 있는 방안을 검토한다. 예컨대 경관가로조성사업의 경우 해당 도로관련 예산과 연계하여 수립할 수 있다.

(3) 경관사업에 소요되는 사업비는 개별 사업의 특성에 따라 크게 차이가 발생할 수 있고, 구체적 사업비 산출이 어려운 경우에는 관련 자료와 기존 계획보고서상의 집행계획 등을 참고하여 사업비를 추정토록 한다.

(4) 사업비는 조사설계비와 공사비, 기타 부대비용 등으로 구성하되 보상비는 제외한다.

제10절 경관관리 실행조직 및 실행체계에 관한 사항

7-10-1. 경관계획의 효과적인 실행을 위해 지방자치단체의 전담 행정조직이나 경관추진협의체의 설립 및 운영과 실행방법 등에 관한 사항을 제시해야 한다.

제8장 도서의 작성

제1절 규격 및 작성기준

8-1-1. 공통사항

(1) 용지규격은 A4(210mm×297mm)로 하고, 인쇄는 양면으로 한다.

(2) 계획서의 표지에는 계획수립연도, 최종목표년도 및 해당 지자체명을 표시하여 지자체별 자율적으로 작성한다.

(3) 계획서는 계획내용을 함축적으로 표현하도록 한다.

(4) 계획서의 내용은 가급적 도표와 그림을 삽입하여 홍보효과를 높일 수 있도록 작성한다.

(5) 경관조사자료 등은 별도의 책자와 CD로 작성, 제출한다.

제2절 도면의 작성수준

8-2-1. 경관기본구상도

(1) 경관기본구상도는 경관계획대상지역의 전반적인 경관골격에 대한 구상으로 양호한 경관을 보전, 관리 및 형성 등의 방향을 설정한 도면이다.

(2) 경관기본구상, 중요경관자원, 경관권역, 경관축, 경관거점 등의 계획대상과 범위를 표시한다.

(3) 경관기본구상도는 계획대상을 모두 포함하도록 하며, 계획대상과 범위를 명확하게 구분하

여야 하고, 범례를 통하여 도면의 이해가 쉽도록 작성한다.

(4) 경관기본구상도는 계획대상지역의 규모에 따라 계획의 내용을 표현하기에 적당한 축적 수준을 선택하여 작성한다.

8-2-2. 경관계획도

(1) 경관계획도는 향후 경관의 보존, 관리 및 형성의 방향 설정을 위해 계획대상의 규모 및 특성에 따라 보전·관리 및 형성의 대상과 목표를 제시하는 도면이다.

(2) 경관권역, 경관축, 경관거점, 중점경관관리구역, 경관지구 및 미관지구 등을 구체적으로 파악할 수 있도록 표기하고, 필요시 범례를 추가하여 이해가 쉽도록 작성한다.

(3) 경관계획도는 계획대상지역의 규모에 따라 계획의 내용을 표현하기에 적당한 축적 수준을 선택하여 작성한다.

(4) 경관시뮬레이션

① 경관계획의 주요 내용을 시각적으로 표현하기 위해서 조망대상과 시각회랑, 보전 및 관리대상 등의 표현이 명확하게 표현되도록 시뮬레이션을 작성할 수 있다.

② 경관시뮬레이션은 도로, 공원, 전망대, 교차로 등의 조망점에서 사람 눈높이에서 보이는 조망을 위주로 제작한다.

③ 관할구역전체를 대상으로 계획하는 경관계획의 경관시뮬레이션은 시각회랑, 조망축 등의 설정 등과 같은 형태와 규모 등을 판단하기 위한 자료로 활용하기 위해 작성한다. 지형, 도로 및 건물의 형태, 높이, 녹지 등에 대한 단순한 형태의 모델링을 제작하여 사용한다.

④ 관할구역 일부 또는 특정경관유형이나 특정경관요소에 대해 계획하는 특정경관계획의 경우, 주요 조망점에서의 조망과 경관축, 경관거점 등의 주요 대상에 대한 경관 변화를 판단하거나 예시에 필요할 경우에만 작성한다.

⑤ 효율적·객관적인 경관시뮬레이션을 위해 국토공간계획지원체계(KOPSS)의 경관계획지원모형이 구축된 시·군의 경우에는 이를 적극 활용한다.

8-2-3. 경관지침도

(1) 경관지침도란 시·군 경관계획에서 제시한 경관보전·관리 및 형성 측면에서 경관관리가 필요한 대상에 대한 경관 지침사항을 표현하는 도면이다.

(2) 경관권역, 경관축, 경관거점, 중점경관관리구역, 경관지구 및 미관지구와 관련된 계획내용 및 가이드라인을 파악할 수 있도록 표기하고 필요시 범례를 추가하여 이해가 쉽도록 경관지침도를 작성한다.

(3) 지침의 내용을 충분히 표시할 수 있는 수준의 축척을 사용하여 작성한다.

(4) 지역의 지정 범위가 넓어 계획의 내용을 상세하게 기술할 필요가 있다고 판단되는 경우에는 별도의 세부 도면을 작성하여야 한다.

(5) 규제가 필요한 경우 규제요소와 규제지역 등을 표시한 도면을 작성하여야 한다.

제9장 행정사항

9-1. (재검토기한) 「훈령·예규 등의 발령 및 관리에 관한 규정」(대통령훈령 제248호)에 따라 이 훈령 발령 후의 법령이나 현실여건의 변화 등을 검토하여 이 훈령의 폐지, 개정 등의 조치를 하여야 하는 기한은 2017년 11월 5일까지로 한다.

부칙

제1조(시행일) 이 고시는 발령한 날부터 시행한다.

제2조(중점경관관리구역 도면 작성시점에 관한 적용례) 4-4-5 (3) 및 (4)와 5-4-5 (3) 및 (4)의 개정규정을 적용함에 있어서 부칙 제1조의 시행일 이후에 「경관법」 제7조제1항에 따른 경관계획을 수립하거나 변경하는 경우부터 적용한다.

제3조(중점경관관리구역 도면 작성에 관한 경과조치) 부칙 제1조의 시행일 이전에 「경관법」 제11조제1항에 따른 공청회를 개최한 경우에는 종전의 규정에 따를 수 있다.

경관 심의 운영 지침

국토교통부 고시 제99호

2014. 2.

국토교통부(건축문화경관과)

제정 2014년 2월 27 일 국토교통부 고시 제99호

경관 심의 운영 지침

제1장 총 칙

제1절 목적

1-1-1. 이 지침은 경관 심의 대상 건축물 및 시설물 등이 주변의 경관과 조화를 이루어 아름답고 지역성 있는 경관을 형성할 수 있도록 경관에 관한 검토·심의를 수행하는데 필요한 사항을 정하여 품격 있는 국토경관을 조성하는데 기여함을 목적으로 한다.

제2절 적용범위

1-2-1. 이 지침은 중앙행정기관, 지방자치단체에서 승인·인허가 하거나, 건설기술관리법 제2조제5호에 따른 발주청이 실시하는 사회기반시설사업, 개발사업 및 건축물에 대하여 해당기관 소속으로 두는 경관위원회를 개최하여 경관에 관한 검토·심의(이하 "경관 심의"라 한다)를 수행할 때 적용한다.

1-2-2. 경관법(이하 "법"이라 한다) 제29조에 따라 시·도지사등 소속으로 둔 경관위원회에서 법 제30조 및 해당 지자체 조례 등에 근거하여 사회기반시설사업, 개발사업 및 건축물에 대하여 심의 또는 자문을 하는 경우에 이 지침을 적용한다.

1-2-3. 이 지침에 따른 경관 심의 이후 경관 심의 대상 사업에 대한 실시설계 또는 실시계획을 수립하는 경우에는, 경관 심의 결과를 반영하여 실시설계 또는 실시계획의 내용을 정하거나 구체적인 경관상세계획을 수립하여야 한다.

1-2-4. 경관 심의에 관하여 경관법령과 이 지침에서 정하지 않은 사항에 대해서는 해당 기관별로 기관의 특성 및 지역 여건에 맞게 합리적으로 정하여 운영할 수 있다.

1-2-5. 이 지침에 따른 경관 심의를 거친 사업의 계획은 경관 심의 이후 단계에서 이루어지는 도시계획위원회 심의, 건축위원회 심의, 환경영향평가 등을 통해 조정될 수 있다.

제2장 사회기반시설사업의 경관 심의

제1절 경관 심의 대상

2-1-1. 사회기반시설사업의 경우 경관 심의 대상은 다음 같다.

(1) 총 사업비가 500억원 이상인 도로·철도시설·도시철도시설사업

① 「도로법」에 따른 도로 사업

② 「철도건설법」에 따른 철도건설 사업

③ 「도시철도법」에 따른 도시철도시설 사업

(2) 총 사업비가 300억원 이상인 「하천법」에 따른 하천시설 사업

(3) 그 밖에 관할지역의 경관관리를 위하여 해당 지방자치단체의 조례로 정하는 사회기반시설 사업(위 (1)호 및 (2)호의 사업에 대하여 조례로 규모를 달리 정할 수 있다). 이 경우, 사회기반시설 사업의 승인 또는 시행 주체가 해당 지방자치단체인 사업에 한정한다.

제2절 경관 심의 시기

2-2-1. 사회기반시설사업의 유형별 경관 심의 시기는 다음 각 호를 원칙으로 하되, 경관위원회에서 사업의 특성을 고려하여 기본설계 완료 전에 심의를 마치기 어렵다고 인정하는 경우에는 실시설계를 완료하기 전에 마쳐야 한다.

(1) 도로, 철도시설 및 도시철도시설

① 「건설기술관리법 시행령」 제60조에 따른 기본설계를 완료하기 전

② 단, 동법 시행령 제60조 제1항 각 호 외의 부분 단서에 따라 별도로 기본설계를 하지 아니하거나, 「건설기술관리법 시행령」 제62조 제2항에 따라 기본설계의 내용을 포함하여 실시설계를 하는 경우에는 실시설계를 완료하기 전

③ 그 밖에 기본설계 단계에서의 계획이 구체성 부족 등의 이유로 경관위원회에서 심의가 어렵다고 인정하는 경우에는 실시설계를 완료하기 전

(2) 하천시설

① 「하천법」제8조에 따른 하천관리청이 시행하는 경우에는 「하천법」제27조에 따른 하천공사시행계획(실시설계도서 포함)의 수립 전

② 「하천법」제8조에 따른 하천관리청이 아닌 자가 시행하는 경우에는 「하천법」제30조제1항에 따른 허가 전

2-2-2. 경관 심의 이후 실시설계 등의 과정에서 노선 등 경관에 관한 주요한 사항이 변경된 경우, 필요시 변경된 사항에 대한 경관위원회의 검토·자문·심의 등을 추가적으로 실시할 수 있다.

제3절 경관 심의 기준

2-3-1. 사회기반시설 사업의 경관 심의 시에는 다음의 사항을 중심으로 경관 측면의 적정성과 타당성을 검토하며, 사업의 특성 및 지역 여건 등을 고려하여 별도의 세부 심의기준을 정할 수 있다.

(1) 현황조사 및 분석

대상지와 주변 경관자원 및 경관특성에 대한 분석

(2) 기본구상

① 규모, 노선, 선형 및 구조 계획

② 구간 또는 영역별 설계방향

③ 경관상 중요한 장소에 대한 설계방향

(3) 주요시설의 설계 방향

경관상 중요한 시설의 규모, 배치, 형태 등의 설계 방향

제4절 경관 심의 도서 작성방법

2-4-1. 사회기반시설사업의 경관 심의 도서는 다음 각 항목으로 구성하며, 각 항목별 작성방법은 별표 2와 같다.

(1) 표지

(2) 목차

(3) 사업개요

(4) 현황조사 및 분석

(5) 기본구상

(6) 주요 시설의 설계방향

경관 사전 검토 결과 또는 이전 경관 심의 결과와 그에 대한 반영사항(경관사전 검토를 거쳤거나 재심의를 받은 경우에 한정한다)

2-4-2. 용지규격은 A4(210㎜×297㎜)로 하고 30면 이내로 작성하는 것을 원칙으로 한다.

2-4-3. 심의도서는 계획내용을 간결하게 표현하고 가급적 도표와 그림을 활용하여 시각화하여 작성한다.

2-4-4. 기초자료 및 현황자료는 가능한 최신의 것을 사용하며, 별도의 기초자료를 활용할 경우 출처를 명시한다.

2-4-5. 도면은 계획대상과 범위를 명확하게 구분하여야 하고 계획대상지역의 규모에 따라 축척은 통용되는 수준으로 작성하며, 범례를 통하여 도면의 이해가 쉽도록 작성한다.

2-4-6. 심의도서는 가능한 알기 쉽고 이해하기 쉽도록 작성하여야 하며, 구체적인 자료를 제시하여야 할 필요가 있는 경우에는 부록으로 제출한다.

제3장 개발사업의 경관 심의

제1절 경관 심의 대상

3-1-1. 경관 심의 대상인 개발사업은 별표 1의 사업 중 다음 각 호의 어느 하나에 해당하는 개발사업을 말한다.

(1) 「국토의 계획 및 이용에 관한 법률」 제6조제1호에 따른 도시지역(이하 이 항에서 "도시지역"이라 한다)에서 시행하는 개발사업 대상지역 면적이 3만제곱미터 이상인 개발사업

(2) 도시지역 외의 지역에서 시행하는 개발사업 대상지역 면적이 30만제곱미터 이상인 개발사업

(3) 제1호 및 제2호에도 불구하고 별표 1의 제3호다목에 해당하는 개발사업의 경우에는 개발사업 대상지역 면적이 20만제곱미터 이상인 개발사업

제2절 경관 심의 시기 및 주체

3-2-1. 경관 심의의 시기는 별표 1과 같다. 이 경우 경관 심의는 도시계획위원회 또는 건축위원회 등 다른 위원회의 심의에 앞서 실시하거나, 경관법 제29조제3항에 따라 관련 위원회와 공동으로 심의 하는 것을 원칙으로 한다.

3-2-2. 경관 심의 이후 실시계획 수립 등의 과정에서 사업 계획의 변경이 발생한 경우 및 각종 개발계획 또는 각종 구역, 지구 등의 변경승인, 변경수립, 변경결정, 변경 또는 변경 지정의 경우에는 경관 심의를 받아야 한다. 다만, 각 사업별 소관 법령에서 경미한 사항의 변경으로 보아 개발계획의 승인, 수립 및 구역·지구 등의 지정과 같은 절차를 거치지 않도록 하는 경우에는 그러하지 아니하다.

3-2-3. 경관 심의는 심의 대상 사업별 개발계획의 승인, 수립 및 구역·지구의 지정 등을 하는 기관 소속 경관위원회에서 실시한다. 다만, 중앙행정기관에서 개발계획의 승인, 수립 및 구역·지구의 지정 등을 하는 경우에는 별표 1에서 정한 중앙행정기관 소속의 위원회에서 경관 심의를 실시한다.

제3절 경관 심의 기준

3-3-1. 개발사업의 경관 심의 시에는 다음의 사항을 중심으로 계획의 경관 측면의 적정성과 타당성을 검토하며, 사업의 특성 및 지역 여건 등을 고려하여 별도의 세부 심의기준을 정할 수 있다.

(1) 경관현황조사 및 분석

대상지와 주변 경관자원 및 경관특성에 대한 분석

(2) 경관계획의 기본방향 및 목표

경관의 보전·관리·형성에 관한 기본방향, 목표 및 전략

(3) 경관 기본구상

토지이용 및 가로체계 등 공간의 골격 설정 및 각 공간별 계획방향

(4) 주요 경관요소의 계획방향

① 건축물, 가로, 공원 및 녹지, 스카이라인 등의 계획방향

② 야간경관, 색채, 공공시설물, 옥외광고물 등의 계획방향(필요시)

(5)그 밖의 사항

관련 계획과의 연계 및 실현가능성 등

제4절 경관 심의 도서 작성방법

3-4-1. 개발사업의 경관 심의 도서는 다음 각 항목으로 구성하며, 각 항목별 작성방법은 별표 3과 같다.

(1) 표지

(2) 목차

(3) 사업개요

(4) 경관 현황조사 및 분석

(5) 경관계획의 기본방향 및 목표

(6) 경관 기본구상

(7) 경관 부문별 계획

3-4-2. 용지규격은 A4(210㎜×297㎜)로 하고 30면 이내로 작성하는 것을 원칙으로 한다.

3-4-3. 심의도서는 계획내용을 간결하게 표현하고 가급적 도표와 그림을 활용하여 시각화하여 작성한다.

3-4-4. 기초자료 및 현황자료는 가능한 최신의 것을 사용하며, 별도의 기초자료를 활용할 경우 출처를 명시한다.

3-4-5. 도면은 계획대상과 범위를 명확하게 구분하여야 하고 계획대상지역의 규모에 따라 축척은 이해될 수 있는 수준으로 작성하며, 범례를 통하여 도면의 이해가 쉽도록 작성한다.

3-4-6. 심의도서는 가능한 알기 쉽고 이해하기 쉽도록 작성하여야 하며, 구체적인 자료를 제시하여야 할 필요가 있는 경우에는 부록으로 제출한다.

3-4-7. 법 제27조제3항 및 영 제20조제1항에 따라 사전경관계획을 수립하는 경우에는 개발계획에 포함된 경관계획 또는 사전경관계획을 경관 심의 도서로 갈음할 수 있다. 다만, 이 경우 그 내용은 [부록 1]의 대규모 개발사업의 사전경관계획 수립 매뉴얼을 따른다.

제4장 건축물의 경관 심의

제1절 경관 심의 대상 및 시기

4-1-1. 건축물에 대해 경관 심의를 시행하는 경우 다음 각 호에 해당하는 건축물에 우선 적용하되, 건축물의 특성 및 지역 여건 등에 따라 심의대상을 달리 정할 수 있다.

(1) 경관지구의 건축물(해당 지방자치단체의 조례로 정하는 건축물은 제외한다)

(2) 중점경관관리구역의 건축물로서 해당 지방자치단체의 조례로 정하는 건축물

(3) 지방자치단체,「공공기관의 운영에 관한 법률」에 따른 공공기관 또는「지방공기업법」에 따른 지방공기업이 건축하는 건축물로서 해당 지방자치단체의 조례로 정하는 건축물

(4) 그 밖에 관할지역의 경관관리를 위하여 필요한 건축물로서 해당 지방자치단체의 조례로 정하는 건축물

4-1-2. 건축물의 경관 심의는 건축법 제11조에 따라 건축 허가를 하기 전에 해당 건축물의 허가권자 소속 경관위원회에서 심의하되,「건축법 시행령」 제5조의5제1항제4호 각 목 외의 부분 후단에 따라 도에 두는 지방건축위원회의 건축 심의를 하는 경우에는 도지사 소속으로 설치하는 경관위원회의 심의를 거쳐야 한다.

제2절 경관 심의 기준

4-2-1. 건축물의 경관 심의 시에는 다음 사항을 중심으로 경관 측면의 적정성과 타당성을 검토하며, 지자체별로 해당 지역의 특성과 여건을 반영한 구체적인 건축물 경관 심의 기준을 작성하여 운영한다.

(1) 현황분석

① 상위계획 및 관련계획의 검토

② 주변의 건축물 및 경관자원의 특성에 대한 조사

(2) 배치/규모/형태계획

① 주변 경관 및 인접 건축물을 고려한 건축물 배치, 규모, 형태, 입면 등 계획

② 구릉지 등 지형에 따른 배치 계획

(3) 외부공간 계획

① 인접가로 특성에 적합한 외부공간 계획

② 가로, 외부공간 및 건축물의 통합적 계획

(4) 옥외광고물 계획(해당되는 경우에 한정함)

건축물과의 조화 및 주변 지역 특성을 감안한 계획

(5) 외부조명 계획(해당되는 경우에 한정함)

건축물과의 조화 및 주변 지역 특성을 감안한 계획

4-2-2.「국토의 계획 및 이용에 관한 법률」에 따른 지구단위계획 또는 경관지구·미관지구의 도시관리계획, 법에 따른 중점경관관리구역 관리계획(지자체 경관계획에 포함) 등이 수립되어 있는 경우에는 4-2-1에 따른 구체적인 건축물 경관 심의 기준 마련시 해당 계획의 내용을 반영한다.

제3절 경관 심의 도서 작성방법

4-3-1. 건축물의 경관 심의 도서는 다음 각 항목으로 구성하며, 각 항목별 작성방법은 별표 4와 같다.

(1) 표지

(2) 목차

(3) 건축물 개요

(4) 현황분석

(5) 배치, 규모 및 형태, 입면계획

(6) 외부공간계획

(7) 옥외광고물계획

(8) 야간경관계획

4-3-2. 용지규격은 A4(210㎜×297㎜)로 하고 30면 이내로 작성하는 것을 원칙으로 한다.

4-3-3. 심의도서는 계획내용을 간결하게 표현하고 가급적 도표와 그림을 활용하여 시각화하여 작성한다.

4-3-4. 기초자료 및 현황자료는 가능한 최신의 것을 사용하며, 별도의 기초자료를 활용할 경우 출처를 명시한다.

4-3-5. 도면은 계획대상과 범위를 명확하게 구분하여야 하고 계획대상지역의 규모에 따라 축척은 이해될 수 있는 수준으로 작성하며, 범례를 통하여 도면의 이해가 쉽도록 작성한다.

4-3-6. 단위의 표시기준은 미터법을 사용한다.

4-3-7. 심의도서는 가능한 알기 쉽고 이해하기 쉽도록 작성하여야 하며, 구체적인 자료를 제시

하여야 할 필요가 있는 경우에는 부록으로 제출한다.

제4절 건축법 기준의 완화적용계획서 작성방법

4-4-1. 건축법 완화적용계획서는 다음 각 사항을 포함하여야 하며 작성방법은 별표 5와 같다.

(1) 법 제28조 제3항에 따라「건축법」의 기준을 완화 적용할 것을 요청하는 사항

(2) 완화적용 사유 및 예상효과

(3) 공사 및 유지·관리 등에 관한 계획

(4) 대상건축물의 개략설계도서 및 배치도

제5장 경관 심의 절차

제1절 사전 검토 절차(임의)

5-1-1. 해당 사업의 담당부서 또는 사업주체의 요청이 있는 경우에는 경관 심의 이전에 사전 검토를 수행할 수 있으며, 이 경우 사전 검토 절차는 다음과 같다.

(1) 사전 검토 안내 및 요청

① (안내) 경관 심의 대상 사업의 담당부서 또는 발주부서는 효율적인 경관 심의 준비를 위하여 사전 검토 절차를 활용할 수 있음을 사업자 및 설계자에게 반드시 안내하여야 한다.

② (요청시기) 설계 최종안이 도출된 이후에 경관 심의를 받을 경우 발생할 수 있는 시행착오와 그에 따른 부담을 줄이기 위해, 해당 사업의 담당기관(담당부서)은 최종 설계(안)이 도출되기 이전 초기 단계에서 경관위원회의 사전 검토를 요청할 수 있다.

(2) 사전 검토 신청시 제출 서류

① 경관 사전 검토 신청서 [별지 제1호 서식]

② 경관 사전 검토 도서 (별표 2 및 별표 3의 경관 심의 도서 작성방법을 준용하여 작성가능한 항목에 대해 작성한다.)

③ 경관체크리스트 [별지 제3호부터 제7호까지](체크리스트는 경관 심의 운영 기관별 지역적 특성 및 경관계획, 사업 특성 등에 맞게 수정할 수 있다. 이하 같다.)

(3) 사전 검토 실시

① 경관 심의 담당부서에서는 심의대상의 성격을 고려하여 경관위원회 위원 중 적정한 3인을 사전 검토 위원으로 선정하고, 사전 검토 회의를 개최한다.

② 사전 검토 회의는 특별한 사유가 없으면 요청받은 날로부터 20일 이내에 개최한다.

(4) 사전 검토 결과 반영 등

① 해당 사업의 담당부서 또는 설계자는 사전 검토 위원이 검토·제시한 의견에 대하여 반영 등의 조치를 하여야 하며, 사전 검토 후 20일 이내에 사전 검토 조치계획서를 경관담당부서에 제출한다.

② 사전 검토 위원은 제1항에 따라 제출받은 사전 검토 조치계획서를 검토하여 필요한 경우 재검토회의를 요청할 수 있다. 단, 사업일정 지연 등을 최소화하기 위해 사전 검토 회의는 총 3회 내외로 한다.

제2절 경관 심의 절차

5-2-1. 경관 심의 절차는 다음과 같다.

(1) 경관 심의 신청

해당 사업의 담당기관(담당부서)은 다음의 심의서류를 작성하여 경관 심의 담당부서에 제출한다. 사전 검토를 거친 경우에는 심의서류와 함께 사전 검토 결과 및 조치계획을 함께 제출한다.

(가)경관 심의신청서 [별지 제2호 서식]

(나)경관 심의 도서 별표 2부터 별표 4까지

(다)경관체크리스트 [별지 제3호부터 제7호까지 서식]

(2) 경관위원회 개최

① 경관 심의 담당부서에서는 경관 심의 서류의 충족여부를 검토한 후 경관위원회를 개최한다.

② 사전 검토를 실시한 경우 심의의 연속성 및 효율성 제고를 위해 사전 검토 위원이 2명 이상 참석하도록 한다.

③ 경관 심의는 심의의 객관성·효율성 및 관련 계획과의 연속성을 확보하기 위해 해당 지역의 도시기본계획·도시관리계획·경관계획 및 [별지 제3호 부터 제7호까지 서식]의 체크리스트를 중심으로 검토한다.

④ 경관위원회는 특별한 사유가 없으면 요청한 날로부터 30일 이내에 개최한다.

⑤ 국토공간계획지원체계(KOPSS)의 경관계획지원모형이 구축되어 있는 지역의 경우 3차원 시뮬레이션을 통한 심의의 객관성 제고 등을 위해 이를 적극 활용한다.

⑥ 경관 심의를 개최하는 경우 각 위원들은 경관위원회의 의견을 심의위원용 경관체크리스트[별지 제8호부터 제12호까지 서식]에 작성하여 제출한다.

⑦ 경관위원회는 필요한 경우 경관 심의를 신청한 기관(부서)의 의견을 들을 수 있다.

(3) 심의결과

① 심의결과는 다음 각 호 중 하나로 정한다. 단, 5-1-1에 따른 사전 검토를 거친 경우에는 원안의결 또는 조건부의결 중 하나로 정한다.

(가)원안의결: 원안대로 가결

(나)조건부의결: 원안에 일부 조건을 부여하여 가결

(다)재검토의결: 원안을 재검토하여 차기위원회에 재상정토록 의결

(라)반려: 관련법규에 위반하거나 심의요건이 불충분할 경우 (심의 상정 전 요건 미비도 반려 가능)

② 심의결과 유형은 사업 특성 등을 고려하여 추가하거나 세분화할 수 있다.

(예) 보고의결(원안의 미비점 보완 및 검토 확인 후 차기위원회에 보고하도록 의결), 유보(회의가 유회되거나 충분한 검토가 필요한 경우 또는 타 관련 계획 등과의 연계 검토가 필요한 경우 의결 보류), 의견제시 등

(4) 심의의견 정리

심의결과에 따라 조건부 또는 재검토 의결을 하는 경우 위원장은 각각의 부과하는 조건과 재검토 요구사항에 대하여 출석위원 과반수 이상의 동의를 얻어 종합·조정하여 정한다. 이 경우 조건과 재검토 요

구사항은 사업자의 부담 증가를 충분히 고려하여야 하며, 지나치게 포괄적인 의견 또는 과도하게 엄격한 의견을 제시하는 것은 지양하고, 조건 부과나 재검토 요구시에는 대안을 함께 제시하여야 한다.

(5) 재심의

① 심의 내용의 연속을 확보하고 심의로 인한 사업일정 지연을 최소화하기 위하여, 재심의시 가급적 당초 심의위원의 3분의 2이상을 포함하여 경관위원회를 구성한다.

② 재심의를 하는 경우에는 심의위원의 변경에도 불구하고 심의의견은 종전 심의 결과와 일관성을 유지하여야 한다.

(6) 심의결과 처리

① 사업주체는 심의결과를 통보받은 경우 그 심의결과에 대한 조치내용을 경관 심의 담당부서에 제출하여야 한다.

② 경관 심의 담당부서는 경관 심의의 투명성과 객관성을 높이기 위하여 경관위원회 회의를 마친 후 10일 이내에 회의에 참석한 위원 명단 및 회의 결과를 인터넷 홈페이지에 공개하여야 한다. 다만, 법 제29조제3항에 따라 다른 법률에 따라 설치된 위원회와 공동으로 심의한 경우에는 해당 법률에서 규정한 공개 기준에 따라야 한다.

제6장 경관위원회의 구성 · 운영 등

제1절 경관위원회 구성 · 운영

6-1-1. 법 제29조제1항 단서 및 영 제22조제1호에 따른 국토교통부장관 소속 경관위원회의 기능은「국토의 계획 및 이용에 관한 법률」제106조에 따라 국토교통부에 두는 중앙도시계획위원회가 수행한다.

6-1-2. 경관위원회는 경관법 시행령(이하 "영"이라 한다.) 제18조에 따라 다음과 같이 구성·운영하며, 그 밖에 필요한 세부사항은 기관별 여건에 따라 별도로 정할 수 있다.

(1) 경관위원회는 위원장 1명을 포함한 10명 이상 70명 이내의 위원으로 구성한다.(다만, 경관위원회 전체회의는 위원장 및 부위원장을 포함한 10명 이상 22명 이내로 한다.)

(2) 경관위원회의 위원장은 위원 중에서 호선(互選)한다.

(3) 경관위원회의 위원은 다음 각 호의 어느 하나에 해당하는 사람 중에서 임명하거나 위촉한다. 이 경우 ③호에 해당하는 위원의 수는 전체 위원의 2분의 1 이상이어야 한다.

① 해당 지방자치단체 지방의회(행정시 및 경제자유구역청의 경우에는 행정시 및 경제자유구역청이 소속한 시·도의 지방의회를 말한다)의 의원

② 해당 지방자치단체 또는 경관계획과 관련이 있는 행정기관의 공무원

③ 건축·도시·조경·토목·교통·환경·문화·농림·디자인·옥외광고 등 경관계획 관련 분야에 관한 학식과 경험이 풍부한 사람

(4) 위 (3)항 ③호에 해당하는 위원의 임기는 2년으로 하되, 연임할 수 있다. 다만,위원의 사임 등으로 새로 위촉된 위원의 임기는 전임위원 임기의 남은 기간으로 한다.

(5) 경관위원회의 위원장은 위원회의 업무를 총괄하며, 위원회를 소집하고 그 의장이 된다.

(6) 경관위원회에 간사 1명과 서기 약간 명을 둘 수 있으며, 간사와 서기는 위원장이 임명한다.

(7) 경관위원회는 구성위원(위원장 및 부위원장과 위원장이 회의 시마다 지정하는 8명이상 20명 이내의 위원) 과반수의 출석으로 개의(開議)하고, 출석위원 과반수의 찬성으로 의결한다.

6-1-3. 위원의 제척·기피·회피

(1) 경관위원회 위원 중 어느 하나에 해당되는 위원에 대하여는 해당 안건의 심의에서 제척된다.

① 위원이 해당 심의대상에 용역(하도급을 포함한다)·자문·연구 또는 그 밖의 방법으로 직접적으로 관여한 경우

② 위원이 해당 심의 대상사업의 시행 등으로 이해당사자(대리관계를 포함한다)가 되는 경우

③ 최근 3년 이내 해당 심의대상의 용역수행 업체에 임원 또는 직원으로 재직한 경우(사외이사 포함)

④ 그 밖에 심의대상과 직접적인 이해관계가 있다고 인정되는 경우

(2) 심의당사자는 위원에게 심의의 공정을 기대하기 어려운 사정이 있는 경우에는 기피신청을 할 수 있다.

(3) 심의위원은 제1항 및 제2항의 사유에 해당하면 스스로 그 안건의 심의에서 회피하여야 한다.

6-1-4. 경관위원회의 효율적 운영을 위해 필요하다고 인정하는 경우에는 다음과 같이 소위원회를 구성·운영할 수 있으며, 그 밖에 필요한 세부사항은 기관별 여건에 따라 별도로 정할 수 있다.

(1) 소위원회는 위원장 1인을 포함한 7인 이상의 위원으로 구성한다.

(2) 소위원회의 장은 경관위원회의 위원장 또는 부위원장이나 경관위원회의 위원장이 지명하는 위원이 된다.

(3) 소위원회는 구성위원 과반수의 출석으로 개의하고, 구성위원 과반수의 찬성으로 의결한다.

제2절 공동위원회 구성 · 운영

6-2-1. 사업일정 지연 등을 최소화하기 위하여 경관 심의를 다음 각 호에 해당하는 다른 법률에 따라 시행하는 위원회의 검토·자문·심의 등과 통합하여 공동으로 개최할 수 있다. 이 경우, 공동위원회 위원 중 경관위원회 위원이 1/3이상 이어야 하며, 경관에 관하여는 경관 심의기준에 따라 검토한다.

(1) 「건설기술관리법」에 따른 설계자문위원회

(2) 「국토의 계획 및 이용에 관한 법률」에 따른 도시계획위원회(동법 제30조제3항에 따른 도시·건축공동위원회를 포함한다.)

(3) 「건축법」에 따른 건축위원회

(4) 경관 심의 대상이 되는 개발사업의 근거 법률에 따른 위원회

(5) 그 밖에 지자체 조례로 정하는 위원회

제3절 그 밖의 사항

6-3-1. 경관 심의를 시행하는 기관에서는 해당 연도에 시행한 경관 심의 결과를 분석하여 다음

연년도 2월말까지 심의 건수, 심의 결과 등을 정리하여 해당기관의 홈페이지에 게재한다.

제7장 행정사항

7-1-1.(재검토기한) 「훈령·예규 등의 발령 및 관리에 관한 규정」(대통령훈령 제248호)에 따라 이 훈령 발령 후의 법령이나 현실여건의 변화 등을 검토하여 이 훈령의 폐지, 개정 등의 조치를 하여야 하는 기한은 2017년 2월 26까지로 한다.

부칙

이 지침은 고시한 날부터 시행한다.

[별표 1]

경관 심의 대상 개발사업별 심의 시기 및 심의 주체

(영 제19조 및 지침 3-2-2 관련)

구분	경관 심의 대상 개발사업	심의 시기	중앙행정기관 소속 심의 주체
1. 도시의 개발	가. 「공공기관 지방이전에 따른 혁신도시 건설 및 지원에 관한 특별법」 제2조제5호에 따른 혁신도시개발사업	「공공기관 지방이전에 따른 혁신도시 건설 및 지원에 관한 특별법」 제11조에 따른 혁신도시 개발계획의 승인 전	중앙 도시계획 위원회
	나. 「공공주택건설 등에 관한 특별법」 제2조제3호가목에 따른 공공주택지구조성사업	「공공주택건설 등에 관한 특별법」 제17조에 따른 공공주택지구계획의 승인 전	공공주택 통합심의 위원회
	다. 「도시개발법」 제2조제1항제2호에 따른 도시개발사업	「도시개발법」 제3조에 따른 도시개발구역의 지정 전. 다만, 「도시개발법」 제4조제1항 단서에 따라 도시개발구역을 지정한 후에 개발계획을 수립하는 경우에는 개발계획의 수립 전을 말한다.	중앙 도시계획 위원회
	라. 「도시 및 주거환경정비법」 제2조제2호에 따른 정비사업(주거환경개선사업은 제외한다)	「도시 및 주거환경정비법」 제4조에 따른 정비계획의 수립 및 정비구역의 지정 전	-
	마. 「도시재정비 촉진을 위한 특별법」 제2조제2호에 따른 재정비촉진사업	「도시재정비 촉진을 위한 특별법」 제12조에 따른 재정비촉진계획의 결정 전	-
	바. 「도청이전을 위한 도시건설 및 지원에 관한 특별법」 제2조제5호에 따른 도청이전신도시 개발사업	「도청이전을 위한 도시건설 및 지원에 관한 특별법」 제13조에 따른 도청이전신도시 개발계획의 승인 전	-
	사. 「물류시설의 개발 및 운영에 관한 법률」 제2조제9호에 따른 물류단지개발사업	「물류시설의 개발 및 운영에 관한 법률」 제22조에 따른 물류단지개발계획의 수립 및 물류단지의 지정 전	중앙도시계획 위원회
	아. 「역세권의 개발 및 이용에 관한 법률」 제2조제2호에 따른 역세권개발사업	「역세권의 개발 및 이용에 관한 법률」 제4조 및 제7조에 따른 역세권개발구역의 지정 및 역세권개발사업 계획의 수립 전	중앙도시계획 위원회
	자. 「주택법」 제16조에 따른 주택건설사업 및 대지조성사업	「주택법」 제16조에 따른 사업계획의 승인 전	중앙도시계획 위원회
	차. 「택지개발촉진법」 제2조제4호에 따른 택지개발사업	「택지개발촉진법」 제3조 및 제8조에 따른 택지개발지구의 지정 및 택지개발계획의 수립 전	중앙도시계획 위원회
2. 산업 단지의 조성	가. 「산업입지 및 개발에 관한 법률」 제2조제9호에 따른 산업단지개발사업	「산업입지 및 개발에 관한 법률」 제6조, 제7조, 제7조의2 및 제8조에 따른 산업단지개발계획의 수립 및 산업단지의 지정 전	중앙도시계획 위원회
	나. 「산업입지 및 개발에 관한 법률」 제2조제11호에 따른 산업단지 재생사업	「산업입지 및 개발에 관한 법률」 제39조의2에 따른 산업단지 재생계획의 수립 및 재생사업지구의 지정 전	중앙도시계획 위원회
	다. 「산업입지 및 개발에 관한 법률」 제2조제12호에 따른 준산업단지의 정비사업	「산업입지 및 개발에 관한 법률」 제8조의3에 따른 준산업단지 정비계획의 수립 및 준산업단지의 지정 전	중앙도시계획 위원회
	라. 「산업단지 인 · 허가 절차 간소화를 위한 특례법」 제2조제3호에 따른 국가산업단지, 일반산업단지, 도시첨단산업단지, 농공단지의 개발사업	「산업단지 인 · 허가 절차 간소화를 위한 특례법」 제15조제1항에 따른 산업단지계획의 수립 또는 승인 전	중앙산업 단지계획 심의위원회
	마. 「연구개발특구의 육성에 관한 특별법」 제2조제1호에 따른 연구개발특구의 개발사업	「연구개발특구의 육성에 관한 특별법」 제6조의2에 따른 특구개발계획의 수립 전	연구개발 특구위원회
	바. 「중소기업진흥에 관한 법률」 제29조 및 제31조에 따른 단지조성사업	「중소기업진흥에 관한 법률」 제31조에 따른 단지조성사업의 실시계획의 승인 전	-

3. 특정 지역의 개발	가. 「경제자유구역의 지정 및 운영에 관한 특별법」 제2조제1호에 따른 경제자유구역에서 실시되는 개발사업	「경제자유구역의 지정 및 운영에 관한 특별법」 제4조제4항에 따른 경제자유구역개발계획의 확정 및 경제자유구역의 지정 전	경제자유구역위원회
	나. 「기업도시개발 특별법」 제2조제3호에 따른 기업도시개발사업	「기업도시개발 특별법」 제11조에 따른 기업도시개발계획의 승인 전	중앙도시계획위원회
	다. 「농어촌정비법」 제101조에 따른 마을정비구역에서 시행하는 같은 법 제2조제10호에 따른 생활환경정비사업	「농어촌정비법」 제101조에 따른 마을정비계획의 수립 및 마을정비구역의 지정 전	-
	라. 「농업생산기반시설 및 주변지역 활용에 관한 특별법」 제2조제5호에 따른 농업생산기반시설 및 주변지역 활용사업	「농업생산기반시설 및 주변지역 활용에 관한 특별법」 제5조제2항에 따른 도시 · 군관리계획의 결정 전	-
	마. 「동 · 서 · 남해안 및 내륙권 발전 특별법」 제2조제4호에 따른 해안권 또는 내륙권 개발사업	「동 · 서 · 남해안 및 내륙권 발전 특별법」 제7조에 따른 개발구역의 지정 전	중앙도시계획위원회
	바. 「지역균형개발 및 지방중소기업 육성에 관한 법률」 제4조에 따른 광역개발권역에서 시행하는 지역개발사업	「지역균형개발 및 지방중소기업 육성에 관한 법률」 제5조에 따른 광역개발사업계획 수립 전	중앙도시계획위원회
	사. 「지역균형개발 및 지방중소기업 육성에 관한 법률」 제9조에 따른 개발촉진지구에서 시행되는 지역개발사업	「지역균형개발 및 지방중소기업 육성에 관한 법률」 제14조에 따른 개발촉진지구 개발계획의 수립 전	중앙도시계획위원회
	아. 「지역균형개발 및 지방중소기업 육성에 관한 법률」 제26조의3에 따른 특정지역에서 시행되는 지역개발사업	「지역균형개발 및 지방중소기업 육성에 관한 법률」 제26조의4에 따른 특정지역개발계획의 수립 전	중앙도시계획위원회
	자. 「지역균형개발 및 지방중소기업 육성에 관한 법률」 제38조의2에 따른 지역종합개발지구에서 시행하는 개발사업	「지역균형개발 및 지방중소기업 육성에 관한 법률」 제38조의3에 따른 지역종합개발지구 개발계획 수립 전	중앙도시계획위원회
	차. 「친수구역 활용에 관한 특별법」 제2조제3호에 따른 친수구역조성사업	「친수구역 활용에 관한 특별법」 제4조제1항에 따른 친수구역의 지정 전. 다만, 「친수구역 활용에 관한 특별법」 제4조제2항 단서에 따라 친수구역을 지정한 후에 사업계획을 수립하는 경우에는 사업계획의 수립 전을 말한다.	중앙도시계획위원회
4. 관광단지의 개발	가. 「관광진흥법」 제2조제6호 및 제7호에 따른 관광지 및 관광단지의 조성사업	「관광진흥법」 제54조에 따른 관광지 및 관광단지 조성계획의 승인 전	-
	나. 「온천법」 제10조에 따른 온천개발사업	「온천법」 제10조제1항에 따른 온천개발계획의 승인 전	-
5. 항만의 건설	「항만법」 제2조제8호에 따른 항만재개발사업	「항만법」 제54조에 따른 항만재개발사업계획 수립 전	중앙항만정책심의회
6. 교통시설의 개발	「국가통합교통체계효율화법」 제2조제15호 가목 및 나목에 따른 국가기간복합환승센터 및 광역복합환승센터의 개발사업	「국가통합교통체계효율화법」 제45조에 따른 복합환승센터의 개발에 관한 계획의 수립 및 복합환승센터의 지정 전	중앙도시계획위원회

비고: 위 표의 심의 시기란에서 각종 개발계획의 승인, 수립, 결정, 확정 또는 각종 구역, 지구 등의 지정은 같은 절차를 거치는 변경승인, 변경수립, 변경결정, 변경 또는 변경 지정을 포함한다.

사회기반시설사업의 경관 심의 도서 작성방법

<table>
<tr><th>항목</th><th colspan="2">작성방법</th></tr>
<tr><td>표지</td><td colspan="2">○ 사업명, 재심 여부, 제출일자 등을 기재한다.</td></tr>
<tr><td>목차</td><td colspan="2">○ 심의도서 내용의 순서를 기재한다.</td></tr>
<tr><td>Ⅰ. 사업개요</td><td colspan="2">○ 사업명, 사업의 위치 및 규모, 사업기간 등을 기재한다.
○ 주요 사업추진사항과 추진계획, 타 위원회 심의여부 및 결과 등 개략적인 사업 추진경위를 기술한다.</td></tr>
<tr><td rowspan="2">Ⅱ. 현황조사 및 분석</td><td>경관 관련 계획</td><td>○ (분석항목 및 범위) 대상지 및 대상지 주변에 영향을 미치는 경관 관련 계획을 조사 · 분석한다.
- 경관계획, 지방자치단체에서 운영되고 있는 경관설계지침 또는 디자인가이드라인
- 그 외의 도시기본계획 및 관리계획, 경관계획시 구축된 각종자료, 국가 및 지방자치단체에서 운영되고 있는 관련 계획
○ (분석방법) 문헌조사 등을 통해 관련 계획 중에서 대상지에 관한 내용을 간략히 정리하여 기술한다.</td></tr>
<tr><td>경관 자원 및 경관 특성</td><td>○ (분석항목 및 범위) 대상지를 포함한 주변지역의 지형적 특성, 주요 건축물 · 시설물 · 공공공간, 도시구조 등 사업 추진시 고려해야 할 주요 경관자원 및 경관특성에 대해 조사 · 분석한다.
○ (분석방법) 문헌조사, 현지조사 등을 통해 조사 · 분석한 내용을 종합적으로 표현한 현황분석도를 작성한다.
- 사업 추진에 필요하지 않은 자료의 나열은 지양한다.
- 기존 자료 중 주변 지역의 현황과 관련된 내용이 있으면 이를 최대한 활용하며, 이 경우 가장 최근의 자료를 인용하며 그 출처를 표기한다.
- 현황분석종합도에는 2차원 지형도 및 항공사진 위에 해당 사업에 영향을 미치는 주요한 사항과 공간적 범위를 표기하며 주요한 장소에서는 사진을 찍어 함께 제시한다.</td></tr>
<tr><td>Ⅲ. 기본방향</td><td colspan="2">○ 사회기반시설사업으로 인한 대상지의 장래의 모습을 예상하고 아름답고 쾌적한 환경을 유도할 수 있도록 경관의 형성 및 관리에 관한 내용을 중심으로 기본방향을 제시한다.</td></tr>
<tr><td>Ⅳ. 기본구상</td><td colspan="2">○ (기재사항) 사회기반시설의 전체적인 선형 및 구조, 구간 또는 영역별 설계 방향, 경관상 주요한 장소에 대한 설계방향을 제시한다.
○ (기재방법) 경관 기본구상에 대한 고려사항을 기술하고 이와 같은 내용을 표현한 개략적인 도면 또는 스케치를 첨부한다.
- 전체적인 선형 및 구조는 평면도, 횡단면도 등으로 설명하며, 대상지를 포함한 주변지역도 포함하여 표현한다.
- 사업으로 인해 새롭게 발생 · 변화되는 경관을 예측하기 위해 지형도와 항공사진에 선형을 표기하여 현황과 비교한다.
- 필요한 경우 사업지역의 주변 현황 및 이동속도 등 특성에 따라 영역을 나누어 평면도에 각 영역별 설계 방향을 설정한 다이어그램을 작성하고 사례사진 등 예시를 첨부한다.
- 경사지 또는 중요한 경관자원과 인접한 공간, 이용이 집중될 것으로 예상되는 공간 등 경관상 중요하다고 판단되는 장소에 대한 간략한 단면도와 스케치를 작성한다.
- 이동속도에 따른 시설 이용자가 바라보는 연속경관 이미지, 해당 시설이 통과하는 주변지역에서 해당 시설을 바라보았을 때의 조망 등을 제시한다.
- 도면의 축적은 전체적인 선형 및 구조, 구간 또는 영역별 설계방향, 경관상 중요한 장소에 대한 설계방향 등 설명하고자 하는 내용을 충분히 이해할 수 있는 축적을 선택하여 표현한다.</td></tr>
</table>

V. 주요 시설의 설계방향	○ (기재사항) 도로, 철도, 하천 등 각각의 사회기반시설과 관련된 주요 시설에 대한 규모, 배치, 형태 등의 설계방향을 제시한다. - 경관적으로 영향을 미치는 주요 시설, 공작물 및 장소를 선정한다. * 주변지역과의 관계에서 도로의 조성으로 인해 경관에 중요한 영향을 미치는 구간이나 시설을 의미함. 예를 들어 '장소'는 도시진입부 등, '주요 시설'은 교량, 터널, 교차로, 휴게시설, 방음시설 등이 될 수 있음 - 이용 특성 및 주요 공간 특성을 고려한 주요 시설의 규모, 배치, 형태 제시 등을 제시한다. ○ (기재방법) 주요 시설에 대한 설계방향을 기술하고 이와 같은 내용을 표현한 관련 도면 및 이미지를 첨부한다. - 배치도, 스케치, 이미지 등을 첨부하여 설명하며, 대상지를 포함한 주변지역도 포함하여 표현한다. - 필요한 경우 대안을 제시하여 장 · 단점 비교표 또는 도면을 작성하여 설명한다. - 도면의 축적은 각 시설에 따라 배치, 규모, 형태 등 설명하고자 하는 내용을 충분히 이해할 수 있는 축적을 선택하여 표현한다. - 야간경관계획이 필요한 경우, 이용자의 안전과 기능 및 주변의 전체적인 야간경관과의 조화를 고려한 주요 시설에 대한 조명의 위치, 종류, 조도, 휘도, 색상 등을 기재하고 예시도를 작성한다.
그 밖의 사항	○ 사전 검토 또는 경관 심의 결과와 그에 대한 반영사항(경관사전 검토를 거쳤거나 재심의를 받은 경우에 한정한다)

[별표 3]

개발사업의 경관 심의 도서 작성방법

항목		작성방법
표지		○ 사업명, 재심 여부, 제출일자 등을 기재한다.
목차		○ 심의도서 내용의 순서를 기재한다.
Ⅰ. 사업개요		○ 사업명, 사업의 위치 및 규모, 사업기간 등을 기재한다. ○ 주요 사업추진사항과 추진계획, 타 위원회 심의여부 및 결과 등 개략적인 사업 추진경위를 기술한다.
Ⅱ. 현황 조사 및 분석	경관 관련 계획	○ (분석항목 및 범위) 대상지 및 대상지 주변에 영향을 미치는 경관 관련 계획을 조사 · 분석한다. - 지방자치단체의 경관계획 및 도시, 경관관련 계획 - 그 외의 도시기본계획 및 관리계획, 경관계획시 구축된 각종자료, 국가 및 지방자치단체에서 운영되고 있는 관련 계획 ○ (분석방법) 문헌조사 등을 통해 관련 계획 중에서 대상지에 관한 내용을 간략히 정리하여 기술한다.
	경관자원 및 경관특성	○ (분석항목 및 범위) 대상지를 포함한 주변 지역의 지형적 특성, 주요 건축물 · 시설물 · 공공공간, 도시구조(교통접근성 등 입지여건, 도시 및 생활권의 성격 등) 등 사업 추진시 고려해야 할 주요 경관자원 및 경관 특성에 대해 조사 · 분석한다. ○ (분석방법) 문헌조사, 현지조사 등을 통해 조사 · 분석한 내용을 종합적으로 표현한 현황분석도를 작성한다. - 사업 추진에 필요하지 않은 자료의 나열은 지양한다. - 기존 자료 중 주변 지역의 현황과 관련된 내용이 있으면 이를 최대한 활용하며, 이 경우 가장 최근의 자료를 인용하며 그 출처를 표기한다. - 현황분석도는 2차원적인 지형도 또는 항공사진 위에 해당 사업에 영향을 미치는 주요한 사항과 공간적 범위를 표기하며 주요한 장소에서는 사진을 찍어 함께 제시한다.
Ⅲ. 기본 방향 및 목표		○ 개발사업으로 인한 대상지의 장래의 모습을 예상하고 아름답고 쾌적한 환경을 유도할 수 있도록 경관의 관리, 형성에 관한 내용을 중심으로 기본방향을 제시한다. ○ 기본방향을 실현하기 위한 목표 및 전략을 기술한다.
Ⅳ. 경관기본 구상		○ (기재사항) 대상지의 토지이용 및 가로체계 등을 고려하여 면, 선, 점 등 주요한 공간의 골격을 설정하고 각 공간별로 계획방향을 설정한다. ○ (기재방법) 경관 기본구상에 대한 고려사항을 기술하고 이와 같은 내용을 표현한 관련 도면을 첨부한다. - 가로체계 설정, 공간 특성에 따른 영역의 설정, 주요 시설 및 프로그램 배치 또는 결절점 등 경관상 중요한 지점을 점, 선, 면의 다이어그램으로 표현한다. - 도면은 전체 대상지의 골격 등 설명하고자 하는 내용을 충분히 이해할 수 있는 축적을 선택하여 표현한다.

V. 경관 부문별 계획	○ (기재사항) 건축물, 가로, 공원 및 녹지 등 주요 경관요소에 대한 기본방향 및 경관상 고려할 사항을 제시한다. - 주변 지역의 건축물 높이, 지형 · 지세 등 현황을 감안하여 전체적인 지역경관을 향상시킬 수 있는 건축물의 규모와 형태 - 가로체계 설정에 따른 각 가로 위계별 특성 및 계획 방향 - 공원 및 녹지의 위치 및 이용 특성에 따른 계획 방향 등 ○ (기재방법) 배치도, 스카이라인 계획도, 오픈스페이스 계획도, 주요 가로의 단면도 등을 통해 표현한다. - 배치도에는 건축물, 가로, 공원 및 녹지 등 주요 경관 요소를 간략한 선으로 표현하여 채색하고, 주변을 포함하여 대지 및 도로 주요 지점의 표고 값을 기재한다. - 스카이라인 계획도는 2개 이상의 주요 횡단면의 윤곽을 간략히 표현한다. - 공원 및 녹지 계획도는 각 장소의 규모, 위치, 여건 등을 파악하여 종류 및 위계를 구분하여 토지이용계획도에 채색하여 표현하고 각 공원 및 녹지의 기본방향을 간략한 글과 예시도(스케치 또는 사례사진 등)로 설명한다.
그 밖의 사항	○ 사전 검토 또는 경관 심의 결과와 그에 대한 반영사항(경관 사전 검토를 거쳤거나 재심의를 받은 경우에 한정한다)

[별표 4]

건축물의 경관 심의 도서 작성방법

<table>
<tr><th>항목</th><th colspan="2">작성방법</th></tr>
<tr><td>표지</td><td colspan="2">○ 사업명, 재심 여부, 제출일자 등을 기재한다.</td></tr>
<tr><td>목차</td><td colspan="2">○ 심의도서 내용의 순서를 기재한다.</td></tr>
<tr><td>Ⅰ.
건축물
개요</td><td colspan="2">○ 건축물의 위치 및 규모, 용도 등을 기재한다.
○ 추진일정, 타 위원회 심의여부 및 결과 등 개략적인 추진 경위를 기술한다.</td></tr>
<tr><td rowspan="2">Ⅱ.
현황분석</td><td>경관
관련
계획</td><td>○ (분석항목 및 범위) 대지 및 주변에 영향을 미치는 경관 관련 계획을 조사 · 분석한다.
- 해당 지자체의 경관계획, 경관 · 미관지구의 관리계획, 지구단위계획, 경관중점관리구역의 관리계획 등
- 해당 지자체에서 운영하는 경관설계지침 또는 디자인가이드라인
- 그 밖에 해당 지자체에서 운영하는 도시, 경관, 건축 관련 계획 등
○ (분석방법) 문헌조사 등을 통해 관련 계획 중에서 대상지에 관한 내용을 간략히 정리하여 기술한다.</td></tr>
<tr><td>경관자원
및
경관특성</td><td>○ (분석항목 및 범위) 주변 지역의 건축물, 지형, 가로 및 외부공간 등 건축물 설계시 고려해야 할 주요 경관자원 및 경관 특성에 대해 조사 · 분석한다.
○ (분석방법) 문헌조사, 현지조사 등을 통해 조사 · 분석한 내용을 종합적으로 표현한 현황분석도를 작성한다.
- 해당 건축물의 설계에 필요하지 않은 자료의 나열은 지양한다.
- 기존 자료 중 주변 지역의 현황과 관련된 내용이 있으면 이를 최대한 활용하며, 이 경우 가장 최근의 자료를 인용하며 그 출처를 표기한다.
- 현황분석도는 2차원적인 지형도 또는 현황사진에 해당 건축물의 설계에 영향을 미치는 주요한 사항을 기재한다.</td></tr>
<tr><td>Ⅲ.
배치 ·
규모 ·
형태계획</td><td colspan="2">○ (기재사항) 배치/규모/형태 계획에 있어서의 경관을 위한 고려사항을 제시한다. (아래의 예시 참고)
- 주변의 경관 및 인접 건축물 등의 경관특성과의 조화(건축선, 높이, 형태, 재료 등)
- 구릉지의 경우 지나친 옹벽발생을 지양하고 주변 지형에 순응하도록 배치
- 대규모 건축물의 경우, 저층 · 중층 · 고층부로 구분한 건축계획을 통하여 다양한 도시경관 창출 및 휴먼스케일의 보행환경 확보
- 연속적 가로경관 형성을 위한 건축물의 입면 디자인 계획
- 획일적이거나 과장된 디자인, 자극적인 색채 등은 지양
- 보행환경을 저해하지 않도록 동선 계획(차량, 주차, 보행)
- 옥상설비 및 부속설비가 경관을 저해하지 않도록 계획
○ (기재방법) 배치/규모/형태 계획에 있어서의 고려사항을 기술하고 그 내용을 표현한 관련 도면을 첨부한다.
- 배치도, 입면도, 스케치 등으로 설명하며, 대상지를 포함한 주변지역을 포함하여 표현한다.
- 도면은 설명하고자 하는 내용을 충분히 이해할 수 있는 축적을 선택하여 표현한다.</td></tr>
<tr><td>Ⅳ.
외부공간
계획</td><td colspan="2">○ (기재사항) 외부공간계획에 있어서의 경관을 위한 고려사항을 제시한다. (아래의 예시 참고)
- 보행가로 및 인접한 외부공간과의 연속성 · 접근성
- 가로에서의 개방성 등 가로경관 고려
○ (기재방법) 외부공간계획에 있어서의 경관을 위한 고려사항을 기술하고 이와 같은 내용을 표현한 관련 도면을 첨부한다.
- 배치도 등으로 설명하며, 대상지를 포함한 주변지역을 포함하여 표현한다.
- 도면은 설명하고자 하는 내용을 충분히 이해할 수 있는 축적을 선택하여 표현한다.</td></tr>
</table>

Ⅴ. 옥외광고물계획 (해당하는 경우에 한정함)	○ (기재사항) 옥외광고물 계획에 있어서의 경관을 위한 고려사항을 제시한다. (아래의 예시 참고) - 건축물 입면과 옥외광고물의 통합적 계획을 통한 조화 - 해당 지역의 특성을 고려한 계획(크기, 위치, 소재, 색채 등) - 해당 지자체의 옥외광고물 가이드라인 등 준수 ○ (기재방법) 옥외광고물계획에 있어서의 경관을 위한 고려사항을 기술하고 이와 같은 내용을 표현한 관련 도면을 첨부한다. - 옥외광고물의 위치 및 크기 등을 입면도에 표현하여 설명한다. - 도면은 설명하고자 하는 내용을 충분히 이해할 수 있는 축적을 선택하여 표현한다.
Ⅵ. 야간경관계획(해당하는 경우에 한정함)	○ (기재사항) 건축물 외부에 야간경관 조명 등을 설치하는 경우 경관을 위한 고려사항을 제시한다. (아래의 예시 참고) - 주변 경관특성을 고려한 계획 - 불필요한 조명 지양 - 해당 지자체의 야간경관 가이드라인 등 준수 ○ (기재방법) 야간경관계획에 있어서의 경관을 위한 고려사항을 기술하고 이와 같은 내용을 표현한 관련 도면을 첨부하도록 한다. - 조명의 위치 및 종류, 조도, 휘도, 색상 등을 기재한다. - 도면은 설명하고자 하는 내용을 충분히 이해할 수 있는 축적을 선택하여 표현한다.
그 밖의 사항	○ 경관 사전 검토 결과 또는 이전 경관 심의 결과와 그에 대한 반영사항(경관 사전 검토를 거쳤거나 재심의를 받은 경우에 한정한다)

[별표 5]

건축법 완화적용계획서

<table>
<tr><td rowspan="2">대지위치</td><td>대지위치</td><td>지 번</td></tr>
<tr><td>용도지역</td><td>면 적 ㎡</td></tr>
</table>

I. 완화적용 대상건축물

<table>
<tr><td colspan="4">1. 전체 개요</td></tr>
<tr><td>건축물명</td><td></td><td>건 축 주</td><td></td></tr>
<tr><td>건축면적</td><td>㎡</td><td>연면적 합계</td><td>㎡</td></tr>
<tr><td>건 폐 율</td><td>%</td><td>용 적 률</td><td>%</td></tr>
<tr><td colspan="4">2. 동별 개요</td></tr>
<tr><td>동 별</td><td>용 도</td><td>구 조</td><td>지상층수</td></tr>
<tr><td></td><td></td><td></td><td></td></tr>
<tr><td></td><td></td><td></td><td></td></tr>
</table>

II. 완화 적용사항

동 별	완화적용사항	적용사유	예상효과

III. 관리계획

동 별	공사계획	유지 · 관리계획

IV. 그 밖의 참고사항

V. 개략설계도 및 배치도

[별지 제1호 서식]

경관 사전 검토 신청서

<table>
<tr><td rowspan="3">신청인</td><td>상 호(명 칭)</td><td></td><td>사업자등록번호</td><td></td></tr>
<tr><td>성 명(대표자)</td><td colspan="3"></td></tr>
<tr><td>주 소(사무실)</td><td colspan="3">(☏)</td></tr>
<tr><td rowspan="4">사업구분</td><td>구 분</td><td colspan="3">□신규 □변경</td></tr>
<tr><td>대상시설</td><td colspan="3"></td></tr>
<tr><td>사 업 명</td><td colspan="3"></td></tr>
<tr><td>사업위치</td><td colspan="3"></td></tr>
<tr><td>신청내용</td><td colspan="4"></td></tr>
<tr><td colspan="5">「경관 심의 운영 지침」에 따라 경관위원회 심의를 신청합니다.

년 월 일

신청자 : (서명 또는 날인)

검토기관장 귀하</td></tr>
<tr><td colspan="5">구비서류
1. 경관 사전 검토 도서
2. 경관체크리스트</td></tr>
</table>

[별지 제2호 서식]

경관 심의 신청서

<table>
<tr><td rowspan="3">신
청
인</td><td>상 호(명 칭)</td><td></td><td>사업자등록번호</td><td></td></tr>
<tr><td>성 명(대표자)</td><td colspan="3"></td></tr>
<tr><td>주 소(사무실)</td><td colspan="3">(☏)</td></tr>
<tr><td rowspan="4">사
업
구
분</td><td>구 분</td><td colspan="3">□신규 □변경</td></tr>
<tr><td>대상시설</td><td colspan="3"></td></tr>
<tr><td>사 업 명</td><td colspan="3"></td></tr>
<tr><td>사업위치</td><td colspan="3"></td></tr>
<tr><td>신
청
내
용</td><td colspan="4"></td></tr>
<tr><td colspan="5">「경관 심의 운영 지침」에 따라 경관위원회 심의를 신청합니다.

년 월 일

신청자 : (서명 또는 날인)

심의기관장 귀하</td></tr>
<tr><td colspan="5">구비서류
1. 경관 심의 도서 1부
2. 재심의 신청 취지 및 사유 1부(재심의 경우에 한정함)
3. 그 밖에 심의에 필요한 자료(필요한 경우에 한정함)</td></tr>
</table>

[별지 제3호 서식]

도로의 경관체크리스트(사업자용)

사업명:

구분	검토항목	반영	미반영	해당 없음
기본방향	주변 경관과 조화되는 도로 조성			
	자연환경을 고려한 지속가능한 도로 조성			
	시각적 연속성과 조망을 고려한 도로 조성			
기본구상	도로 선형은 주변의 도시구조 및 경관요소와 조화를 고려하여 계획			
	산지, 구릉, 수변 등 지형적 특성을 고려하여 도로선형과 도로구조를 계획			
	유연한 주행 및 보행행태를 고려한 변화감 있는 연속경관 계획			
	도로 주변의 자연환경, 건축물, 인공물 등의 규모를 고려하여 지역 주민들에게 위화감을 주지 않는 적정한 규모 계획			
	공원 및 녹지 등 지역의 주요 공공공간과 기존 도로망과의 연계를 고려하여 계획			
주요시설 설계방향	도로가 교차되는 곳, 주요 진입부 등은 방향성이 쉽게 인지되도록 설계			
	이동속도에 따라 도로의 연속성을 인지할 수 있도록 시설물의 배치, 규모 등을 계획			
	주요 시설물의 규모와 비례, 재료, 색채 등은 도로 주변의 자연환경, 건축물, 인공물 등의 규모를 고려하여 조화를 이루도록 설계			
	주행자의 안전한 운행을 위한 시각적 연계성 및 조망을 고려하여 도로에서 외부로의 시각적 개방감을 확보			
	이동경로에 따른 경관의 연속성 및 일관성이 유지되도록 설계			
	가로등, 신호등, 전신주, 도로표지판, 시설안내판 등 가로시설물은 보행환경 및 경관을 고려하여 통합지주로 계획			
	가로시설물 및 주변시설물이 전체적으로 통일감을 가지도록 설계			
야간경관계획 (필요시)	야간조명은 도로이용자의 안전과 기능을 고려하고 도시의 전체적인 야간경관을 고려하여 일관성이 유지되도록 계획			
	해당 시설 및 공간의 특성을 고려하여 디자인하되, 과다한 연출은 지양			

[사업자 의견*]

* 미반영 또는 해당없음에 대한 구체적인 설명, 특별히 강조하고자 하는 사항에 대한 부연 설명을 작성

[별지 제4호 서식]

철도시설의 경관체크리스트(사업자용)

사업명:

구분	검토항목	반영	미반영	해당 없음
기본 방향	지역경관의 특성과 주변지역의 경관을 고려한 아름다운 철도 조성			
	경관의 시각적 연속성과 조망성이 확보되는 철도 조성			
	지역경관을 선도하는 관문으로서 인지가 쉽고 이용이 편리한 철도역사 조성			
기본 구상	철도선형은 주변의 도시구조 및 경관요소와의 조화를 고려하여 계획			
	산지, 구릉, 수변 등 지형적 특성을 고려하여 철도 선형과 구조를 계획			
	유연한 주행과 변화감 있는 연속경관(시퀀스)을 즐길 수 있는 선형계획			
	철도 주변의 자연환경, 건축물, 인공물 등의 규모를 고려하여 지역주민들에게 위화감을 주지않는 적정한 규모(스케일) 계획			
	철도가 통과하는 지역의 녹지 등 공공공간과 기존 철도망, 도로망 등과의 연계를 고려하여 계획			
주요 시설 설계 방향	주요 시설물의 규모와 비례, 재료, 색채 등은 철도 주변의 자연환경, 건축물, 인공물 등의 규모를 고려하여 조화를 이루도록 설계			
	역사 및 교량, 터널 등 인공구조물은 시각적 개방감을 확보할 수 있도록 주변으로의 조망을 고려하여 디자인			
	철도역사는 지역의 고유한 자연 및 역사, 문화적 자원 등과 연계하여 지역의 특색이 나타나도록 계획			
	역사의 외부공간은 이용자의 편의를 고려하여 문화교류, 만남, 모임, 휴식 등의 활동이 이루어질 수 있도록 디자인			
야간경관 계획 (필요시)	야간조명은 이용자의 안전과 다양한 활동을 고려하여 디자인하되, 과다한 연출은 지양			
	역사와 주변 건축물 및 각종시설물의 조명은 주변 경관을 저해하지 않고 상호 조화를 이루도록 디자인			
[사업자 의견*]				

* 미반영 또는 해당없음에 대한 구체적인 설명, 특별히 강조하고자 하는 사항에 대한 부연 설명을 작성

[별지 제5호 서식]

하천시설의 경관체크리스트(사업자용)

사업명:

구분	검토항목	반영	미반영	해당 없음
기본 방향	주변의 경관과 연계되고 조화로운 하천경관을 형성			
	하천의 시각적인 연속성과 조망이 확보되도록 하천경관을 형성			
	친수공간은 접근성과 쾌적성을 고려하여 조성			
기본 구상	하천의 미지형을 최대한 살리고 주변 경관과 시각적 연속성을 갖도록 계획			
	기존 오픈스페이스 및 공원 녹지와 연계하여 계획			
	주요 조망지점에서부터 하천으로의 조망권을 확보할 수 있도록 시각적인 조망축을 설정하여 하천으로의 개방감을 확보			
	하천구역과 주변의 토지이용, 도로, 건축물 등을 연계하여 일체적으로 계획			
	계절적 변화와 시간에 따라 변화하는 다양한 하천경관을 연출			
주요시설 설계방향	하천 내 인공시설물 설치를 지양하되, 불가피하게 인공구조물을 설치할 경우 과도한 디자인을 지양하고, 자연경관 변화를 최소화			
	공공시설물 등 하천 관련 시설물을 일관성있게 디자인			
	친수공간을 조성하거나, 조망점, 하천트레일을 정비하는 경우에는 보행자의 접근성을 고려하여 설치			
	인공구조물은 시각적 개방감을 확보할 수 있도록 조망을 고려			
	댐 공간 및 부속시설은 경관 및 기능, 생태적 특성을 고려하여 디자인			

[사업자 의견*]

* 미반영 또는 해당없음에 대한 구체적인 설명, 특별히 강조하고자 하는 사항에 대한 부연 설명을 작성

[별지 제6호 서식]

개발사업의 경관체크리스트(사업자용)

사업명:

<table>
<tr><th>구분</th><th>검토항목</th><th>반영</th><th>미반영</th><th>해당 없음</th></tr>
<tr><td rowspan="3">기본방향 및 목표</td><td>고유한 지역 현황을 반영하고 우수한 경관자원을 보존 · 활용</td><td></td><td></td><td></td></tr>
<tr><td>대상지를 포함한 지역 전체의 경관을 향상시키기 위한 계획 수립</td><td></td><td></td><td></td></tr>
<tr><td>기본방향에 따라 실현가능하고 일관된 목표 및 전략 수립</td><td></td><td></td><td></td></tr>
<tr><td rowspan="5">경관 기본 구상 (경관 구조의 설정)</td><td>경관을 고려하여 밀도, 용도배치 등 토지이용계획과 교통처리계획 등을 설정</td><td></td><td></td><td></td></tr>
<tr><td>개발사업 규모, 장소의 특성 및 이용자를 고려한 경관구조(권역, 축, 거점) 설정</td><td></td><td></td><td></td></tr>
<tr><td>경관구조별 장소성 · 조화성 확보 및 특성화</td><td></td><td></td><td></td></tr>
<tr><td>토지이용, 지형 · 지세, 주변 지역의 스카이라인 등을 고려한 조화로운 스카이라인 형성</td><td></td><td></td><td></td></tr>
<tr><td>주변 맥락과 상징성을 고려한 주요 진입부, 경관거점 및 결절부 계획</td><td></td><td></td><td></td></tr>
<tr><td rowspan="7">경관 부문별 계획 (도시 공간 구조의 입체적 기본 구상)</td><td>주변 지역의 가로체계, 토지이용 등의 현황 및 계획을 고려하여 인접한 건축물, 가로, 공원 및 녹지와 연계</td><td></td><td></td><td></td></tr>
<tr><td>경관구조의 위계 및 특성 등을 고려한 건축물, 가로, 공원, 녹지 등의 계획</td><td></td><td></td><td></td></tr>
<tr><td>커뮤니티 활동을 활성화하고 휴먼 스케일을 고려한 보행환경 및 가로경관 계획</td><td></td><td></td><td></td></tr>
<tr><td>주변 여건, 규모, 위치 등에 따른 이용자 특성을 고려한 공원 및 녹지 등 오픈스페이스 계획</td><td></td><td></td><td></td></tr>
<tr><td>토지이용, 지형 · 지세, 주변 지역의 스카이라인, 대상지의 정체성 등을 고려한 건축물의 배치, 형태, 규모 계획</td><td></td><td></td><td></td></tr>
<tr><td>건축물, 가로, 공원 및 녹지를 유기적으로 연계하여 통합적 · 입체적으로 계획</td><td></td><td></td><td></td></tr>
<tr><td>가로등, 신호등, 전신주, 도로표지판, 시설안내판 등 가로시설물은 보행환경 및 경관을 고려하여 통합지주로 계획</td><td></td><td></td><td></td></tr>
<tr><td colspan="5">[사업자 의견*]</td></tr>
</table>

* 미반영 또는 해당없음에 대한 구체적인 설명, 특별히 강조하고자 하는 사항에 대한 부연 설명을 작성

[별지 제7호 서식]

건축물의 경관체크리스트(사업자용)

사업명:

구분	검토항목	반영	미반영	해당 없음
배치 · 규모 · 형태 · 입면 계획	지역의 장소성 및 인접 건축물과의 연속성을 확보하는 등 주변과 조화로운 계획(건축선, 스카이라인, 형태, 입면 등)			
	구릉지의 경우 지나친 옹벽발생을 지양하고 주변 지형에 순응한 배치			
	건축물로 인해 기존 보행자들의 통행이 단절되지 않도록 주변 가로체계를 고려하여 배치하고, 필요시 공공보행통로를 계획			
	대규모 건축물의 경우 기단부를 설치하거나 전면부를 분절하는 등 휴먼스케일의 보행환경 조성			
	획일적이거나 과장된 디자인, 자극적인 색채 등은 지양			
	옥상설비 및 부속설비가 경관을 저해하지 않도록 계획			
외부 공간 계획	장애인, 노인 등 보행약자의 접근, 이용, 이동에 불편이 없도록 무장애 설계(Barrier free) 적용			
	담장, 울타리 등은 주변 건축물 및 지역특성과 조화되는 색채, 재료, 디자인 등 사용			
	건축물의 진입부 및 저층부는 가능한 경우 이용자 · 보행자를 위해 공원(쌈지공원, 도심형 공원 등), 광장 등으로 계획			
	건축물 진입부에 이용자의 시각을 방해하는 과도한 시설물 설치 지양			
	보행환경을 저해하지 않도록 차량 · 주차 · 보행 동선을 계획하고, 가로와 인접한 부분이나 주 보행로와 인접한 부분에는 주차장 설치 지양			
	공개공지의 경우 인접한 건축물 공개공지의 특성과 입지를 고려하여 통합적 이용이 가능하도록 계획			
	공개공간은 보행로와의 연계 등 다양한 계획기법을 통한 공공성 확보			
옥외광고물 계획 (필요시)	건축물의 입면과의 통합적 계획 및 해당 지역의 특성에 대한 배려			
	해당 지자체의 옥외광고물 가이드라인, 지침 등 준수			
야간 경관계획 (필요시)	건축물의 용도 및 주변지역의 특성을 고려한 조도 · 휘도 · 색채 등을 계획하되, 과도한 연출은 지양			
[사업자 의견*]				

* 미반영 또는 해당없음에 대한 구체적인 설명, 특별히 강조하고자 하는 사항에 대한 부연 설명을 작성

[별지 제8호 서식]

도로의 경관체크리스트(심의위원용)

사업명:

구분	검토항목
기본방향	주변 경관과 조화되는 도로 조성
	자연환경을 고려한 지속가능한 도로 조성
	시각적 연속성과 조망을 고려한 도로 조성
기본구상	도로 선형은 주변의 도시구조 및 경관요소와 조화를 고려하여 계획
	산지, 구릉, 수변 등 지형적 특성을 고려하여 도로선형과 도로구조를 계획
	유연한 주행 및 보행행태를 고려한 변화감 있는 연속경관 계획
	도로 주변의 자연환경, 건축물, 인공물 등의 규모를 고려하여 지역주민들에게 위화감을 주지 않는 적정한 규모 계획
	공원 및 녹지 등 지역의 주요 공공공간과 기존 도로망과의 연계를 고려하여 계획
주요시설 설계방향	도로가 교차되는 곳, 주요 진입부 등은 방향성이 쉽게 인지되도록 설계
	이동속도에 따라 도로의 연속성을 인지할 수 있도록 시설물의 배치, 규모 등을 계획
	주요 시설물의 규모와 비례, 재료, 색채 등은 도로 주변의 자연환경, 건축물, 인공물 등의 규모를 고려하여 조화를 이루도록 설계
	주행자의 안전한 운행을 위한 시각적 연계성 및 조망을 고려하여 도로에서 외부로의 시각적 개방감을 확보
	이동경로에 따른 경관의 연속성 및 일관성이 유지되도록 설계
	가로등, 신호등, 전신주, 도로표지판, 시설안내판 등 가로시설물은 보행환경 및 경관을 고려하여 통합지주로 계획
	가로시설물 및 주변시설물이 전체적으로 통일감을 가지도록 설계
야간경관 계획 (필요시)	야간조명은 도로이용자의 안전과 기능을 고려하고 도시의 전체적인 야간경관을 고려하여 일관성이 유지되도록 계획
	해당 시설 및 공간의 특성을 고려하여 디자인하되, 과다한 연출은 지양

[심의의견*]

심의위원: (인)

* 경관체크리스트 검토항목을 기준으로 의견 제시

[별지 제9호 서식]

철도시설의 경관체크리스트(심의위원용)

사업명:

구분	검토항목
기본방향	지역경관의 특성과 주변지역의 경관을 고려한 아름다운 철도 조성
	경관의 시각적 연속성과 조망성이 확보되는 철도 조성
	지역경관을 선도하는 관문으로서 인지가 쉽고 이용이 편리한 철도역사 조성
기본방향	철도선형은 주변의 도시구조 및 경관요소와의 조화를 고려하여 계획
	산지, 구릉, 수변 등 지형적 특성을 고려하여 철도 선형과 구조를 계획
	유연한 주행과 변화감 있는 연속경관(시퀀스)을 즐길 수 있는 선형계획
	철도 주변의 자연환경, 건축물, 인공물 등의 규모를 고려하여 지역주민들에게 위화감을 주지않는 적정한 규모(스케일) 계획
	철도가 통과하는 지역의 녹지 등 공공공간과 기존 철도망, 도로망 등과의 연계를 고려하여 계획
주요시설 설계방향	주요 시설물의 규모와 비례, 재료, 색채 등은 철도 주변의 자연환경, 건축물, 인공물 등의 규모를 고려하여 조화를 이루도록 설계
	역사 및 교량, 터널 등 인공구조물은 시각적 개방감을 확보할 수 있도록 주변으로의 조망을 고려하여 디자인
	철도역사는 지역의 고유한 자연 및 역사, 문화적 자원 등과 연계하여 지역의 특색이 나타나도록 계획
	역사의 외부공간은 이용자의 편의를 고려하여 문화교류, 만남, 모임, 휴식 등의 활동이 이루어질 수 있도록 디자인
야간경관 계획 (필요시)	야간조명은 이용자의 안전과 다양한 활동을 고려하여 디자인하되, 과다한 연출은 지양
	역사와 주변 건축물 및 각종시설물의 조명은 주변 경관을 저해하지 않고 상호 조화를 이루도록 디자인

[심의의견*]

심의위원: (인)

* 경관체크리스트 검토항목을 기준으로 의견 제시

[별지 제10호 서식]

하천시설의 경관체크리스트(심의위원용)

사업명:

구분	검토항목
기본 방향	주변의 경관과 연계되고 조화로운 하천경관을 형성
	하천의 시각적인 연속성과 조망이 확보되도록 하천경관을 형성
	친수공간은 접근성과 쾌적성을 고려하여 조성
기본 구상	하천의 미지형을 최대한 살리고 주변 경관과 시각적 연속성을 갖도록 계획
	기존 오픈스페이스 및 공원 녹지와 연계하여 계획
	주요 조망지점에서부터 하천으로의 조망권을 확보할 수 있도록 시각적인 조망축을 설정하여 하천으로의 개방감을 확보
	하천구역과 주변의 토지이용, 도로, 건축물 등을 연계하여 일체적으로 계획
	계절적 변화와 시간에 따라 변화하는 다양한 하천경관을 연출
주요 시설 설계 방향	하천 내 인공시설물 설치를 지양하되, 불가피하게 인공구조물을 설치할 경우 과도한 디자인을 지양하고, 자연경관 변화를 최소화
	공공시설물 등 하천 관련 시설물을 일관성있게 디자인
	친수공간을 조성하거나, 조망점, 하천트레일을 정비하는 경우에는 보행자의 접근성을 고려하여 설치
	인공구조물은 시각적 개방감을 확보할 수 있도록 조망을 고려
	댐 공간 및 부속시설은 경관 및 기능, 생태적 특성을 고려하여 디자인

[심의의견*]

심의위원: (인)

* 경관체크리스트 검토항목을 기준으로 의견 제시

[별지 제11호 서식]

개발사업의 경관체크리스트(심의위원용)

사업명:

구분	검토항목
기본방향 및 목표	고유한 지역 현황을 반영하고 우수한 경관자원을 보존 · 활용
	대상지를 포함한 지역 전체의 경관을 향상시키기 위한 계획 수립
	기본방향에 따라 실현가능하고 일관된 목표 및 전략 수립
경관 기본구상 (경관구조의 설정)	경관을 고려하여 밀도, 용도배치 등 토지이용계획과 교통처리계획 등을 설정
	개발사업 규모, 장소의 특성 및 이용자를 고려한 경관구조(권역, 축, 거점) 설정
	경관구조별 장소성 · 조화성 확보 및 특성화
	토지이용, 지형 · 지세, 주변 지역의 스카이라인 등을 고려한 조화로운 스카이라인 형성
	주변 맥락과 상징성을 고려한 주요 진입부, 경관거점 및 결절부 계획
경관부문별 계획 (도시공간구조의 입체적 기본구상)	주변 지역의 가로체계, 토지이용 등의 현황 및 계획을 고려하여 인접한 건축물, 가로, 공원 및 녹지와 연계
	경관구조의 위계 및 특성 등을 고려한 건축물, 가로, 공원, 녹지 등의 계획
	커뮤니티 활동을 활성화하고 휴먼 스케일을 고려한 보행환경 및 가로경관 계획
	주변 여건, 규모, 위치 등에 따른 이용자 특성을 고려한 공원 및 녹지 등 오픈스페이스 계획
	토지이용, 지형 · 지세, 주변 지역의 스카이라인, 대상지의 정체성 등을 고려한 건축물의 배치, 형태, 규모 계획
	건축물, 가로, 공원 및 녹지를 유기적으로 연계하여 통합적 · 입체적으로 계획
	가로등, 신호등, 전신주, 도로표지판, 시설안내판 등 가로시설물은 보행환경 및 경관을 고려하여 통합 지주로 계획

[심의의견*]

심의위원: (인)

* 경관체크리스트 검토항목을 기준으로 의견 제시

[별지 제12호 서식]

건축물의 경관체크리스트(심의위원용)

사업명:

구분	검토항목
배치 · 규모 · 형태 입면 계획	지역의 장소성 및 인접 건축물과의 연속성을 확보하는 등 주변과 조화로운 계획(건축선, 스카이라인, 형태, 입면 등)
	구릉지의 경우 지나친 옹벽발생을 지양하고 주변 지형에 순응한 배치
	건축물로 인해 기존 보행자들의 통행이 단절되지 않도록 주변 가로체계를 고려하여 배치하고, 필요시 공공보행통로를 계획
	대규모 건축물의 경우 기단부를 설치하거나 전면부를 분절하는 등 휴먼스케일의 보행환경 조성
	획일적이거나 과장된 디자인, 자극적인 색채 등은 지양
	옥상설비 및 부속설비가 경관을 저해하지 않도록 계획
외부공간 계획	장애인, 노인 등 보행약자의 접근, 이용, 이동에 불편이 없도록 무장애설계(Barrier free) 적용
	담장, 울타리 등은 주변 건축물 및 지역특성과 조화되는 색채, 재료, 디자인 등 사용
	건축물의 진입부 및 저층부는 가능한 경우 이용자 · 보행자를 위해 공원(쌈지공원, 도심형 공원 등), 광장 등으로 계획
	건축물 진입부에 이용자의 시각을 방해하는 과도한 시설물 설치 지양
	보행환경을 저해하지 않도록 차량 · 주차 · 보행 동선을 계획하고, 가로와 인접한 부분이나 주 보행로와 인접한 부분에는 주차장 설치 지양
	공개공지의 경우 인접한 건축물 공개공지의 특성과 입지를 고려하여 통합적 이용이 가능하도록 계획
	공개공간은 보행로와의 연계 등 다양한 계획기법을 통한 공공성 확보
옥외광고물 계획 (필요시)	건축물의 입면과의 통합적 계획 및 해당 지역의 특성에 대한 배려
	해당 지자체의 옥외광고물 가이드라인, 지침 등 준수
야간경관계획 (필요시)	건축물의 용도 및 주변지역의 특성을 고려한 조도 · 휘도 · 색채 등을 계획하되, 과도한 연출은 지양

[심의의견*]

심의위원: (인)

* 경관체크리스트 검토항목을 기준으로 의견 제시

[부록]

대규모 개발사업의 사전경관계획 수립 매뉴얼

제1장 총 칙

제1절 목적

1-1-1. 이 매뉴얼은 경관법 시행령 제20조제1항에 해당하는 개발사업 수행시 아름답고 조화로운 경관을 창출할 수 있도록 초기 계획 수립단계에서 경관계획을 수립하는 경우에 필요한 사항을 정하는 데 그 목적이 있다.

제2절 적용범위

1-2-1. 이 매뉴얼은 중앙행정기관 및 지방자치단체가 추진하거나 승인·인허가 하는 지침 경관법 시행령 제20조제1항에 해당하는 개발사업에 대하여 초기 계획단계에서 별도의 경관계획을 수립하거나 개발계획에 경관계획을 포함하여 수립하는 경우에 적용할 수 있다.

1-2-2. 지침 3-4-7에 따라 대규모 개발사업에 대한 경관 심의 신청서류로 경관 심의 도서 대신 초기 계획단계에서 별도로 수립한 경관계획 또는 개발계획에 포함된 경관계획(이하 "사전경관계획"이라 한다.)을 제출하고자 하는 경우에는 동 매뉴얼에 따라 사전경관계획을 작성한다.

1-2-3. 사전경관계획을 수립하는 과정에서 우수한 경관을 창출하기 위하여 필요하다고 판단되는 경우에는 해당 시·도지사 또는 시장·군수·구청장에게「건축법」제69조에 따른 특별건축구역 지정을 제안할 수 있다. 이 경우, 특별건축구역 지정절차는 건축법 제71조에 따르며, 특별건축구역의 지정 신청 자료 작성시 사전경관계획을 활용할 수 있다.

제3절 사전경관계획의 의의

1-3-1. 사전경관계획은 대규모 개발사업을 추진하는데 있어 초기 단계에서 경관을 적극적으로 검토하여 고려할 수 있도록 개발사업에 따른 지구의 지정이나 사업계획의 승인 등을 받기 전에 수립하는 지침적 성격의 계획이다.

1-3-2. 사전경관계획은 개발사업과 관련된 행위가 그 지역의 도시맥락적 특성을 반영하고 주변 경관과 조화 및 균형을 이루도록 하여 지역 전체의 건전하고 지속가능한 발전을 도모할 수 있도록 하는 계획이다.

1-3-3. 사전경관계획은 개발계획의 종합적인 방향을 제시하는 기본계획의 성격을 갖는다.

1-3-4. 사전경관계획은 도시공간의 건축물, 가로, 공원 및 녹지 등 주요 경관 요소에 대한 통합적인 구상을 바탕으로 한 3차원의 입체적 계획이다.

제4절 사전경관계획과 다른 계획과의 관계

1-4-1. 법에 따른 경관계획, 국토의 계획 및 이용에 관한 법률에 따른 도시관리계획 등 타 법령에 따라 해당 지역에 대해 수립된 경관 관련 계획이 있는 경우 사전경관계획에 그 내용을 반영한다.

1-4-2. 해당 개발사업에 관하여 법률에 따른 경관 관련 규정 또는 지침이 있는 경우 사전경관계획에 그 내용을 반영한다.

1-4-3. 사전경관계획과 관련하여 법 및 이 매뉴얼에서 정하지 아니한 사항에 대하여는 중앙행정기관 또는 지방자치단체에서 기관 및 지역 여건에 따라 별도로 정할 수 있다.

제2장 사전경관계획의 내용과 작성원칙

제1절 사전경관계획의 내용

2-1-1. 사전경관계획은 다음 각 호의 사항을 포함하여 작성한다.

(1) 경관계획의 개요

(2) 경관현황 조사 및 분석

(3)경관계획의 기본방향 및 목표 설정

(4) 경관구조의 설정

(5) 주요 경관요소를 고려한 입체적 도시공간구조 기본구상

(6) 종합계획도(마스터플랜)

(7) 조감도

(8) 경관통합지침도

(9) 실행계획

제2절 사전경관계획의 기본원칙

2-2-1. 계획을 통하여 각종 개발사업의 해당 도시 및 지역의 공익적 발전을 도모하는 등 공공성을 확보한다.

2-2-2. 상위 및 관련 계획과 정합성을 확보하고, 해당 개발사업에 대한 사업계획의 부문별 계획과 상호 연계한다.

2-2-3. 고유한 지역경관특성을 반영하고 우수한 경관자원을 보존·활용하여 독창적이고 차별화된 계획을 수립한다.

2-2-4. 주변 환경 및 지역의 특성과의 조화를 고려한 지속가능한 계획을 수립한다.

2-2-5. 행정, 지역주민, 사업시행자 등 다양한 이해관계자의 의견을 수렴한 합리적인 계획을 수립한다.

2-2-6. 사례와 예시를 적절히 활용하고 실천 가능하게 작성한다.

제1절 경관계획의 개요

3-1-1. 사업 개요

(1) 사업명, 사업위치, 규모, 사업기간, 추진경위 등을 기재한다.

(2) 사전경관계획을 통하여 달성하고자 하는 사업의 목적을 작성한다.

3-1-2. 경관계획의 범위

(1) 공간적 범위는 예정된 개발사업구역 전체를 대상으로 한다.

(2) 시간적 범위는 사전경관계획의 내용이 시작되는 시작연도와 계획에 따른 사업이 완성, 종료되는 목표연도를 제시한다.

제2절 경관현황조사 및 분석

3-2-1. 경관현황조사의 대상

(1) 도시 및 생활권의 성격·역할, 도로 등 입지여건, 주요 경관자원 등 대상지역의 경관에 큰 영향을 미치는 사항을 중심으로 조사하며, 계획수립에 필요하지 않은 자료의 나열은 지양한다.

(2) 긍정적·기회적인 자원뿐만 아니라 경관에 부정적·제약적인 자원을 함께 조사하고, 지역이미지, 지명유래, 역사문화자원, 축제·행사등 비물적 경관자원도 포함하여 조사한다.

(3) 필요시 해당 사업과 유사하거나 관련이 있는 국내·외 사례의 경관계획, 계획기법, 관련 규정 등을 조사하여 개발과정과 그 결과로부터 특성을 파악하고 시사점을 도출하여 적용 가능성을 검토한다.

3-2-2. 경관현황조사의 범위

(1) 개발사업 지역의 경관에 영향을 줄 수 있다고 인정되는 주변 지역이나 개발사업으로 인해 경관상 영향을 받을 것으로 예상되는 생활권 등을 포함하여 조사한다.

(2) 기존 자료 중 주변 지역의 경관현황과 관련된 내용이 있는 경우 이를 최대한 활용하며, 가장 최근의 자료를 인용하고 그 출처를 표기하여야 한다.

3-2-3. 경관현황분석 방법

(1) 도시기본계획, 경관계획 등 상위계획에서 다루고 있는 대상지의 계획방향을 정리하고 키워드와 계획의 주안점을 작성한다.

(2) 경관현황분석을 위한 도면은 대상지를 한눈에 볼 수 있는 주요 지점에서 촬영한 사진이나 3차원적인 지형도 위에 지형·지세, 도로, 공원·녹지, 학교, 공공시설, 관련계획 등 사전경관계획에 영향을 미치는 사항을 가필(加筆)하고 관련된 정보를 간략한 도식과 글로 표기하여 작성한다. 계획대상과 범위를 명확하게 표시하고 범례를 통하여 도면의 이해가 쉽도록 작성한다.

(3) 대상지 및 주변지역의 현황을 종합한 결과에 따른 경관계획 측면의 긍정적, 부정적, 기회적, 제약적 요인을 분석하고, 도출된 전략은 기본방향 및 목표 설정시 반영한다.

제3절 경관계획의 기본방향 및 목표

3-3-1. 기본방향의 설정

(1) 개발사업으로 인한 대상지의 장래의 모습을 예상하고 아름답고 쾌적한 환경을 유도할 수

있도록 경관의 관리, 형성에 관한 내용을 중심으로 기본방향을 제시한다.

(2) 경관현황분석의 결과를 고려하여 개발사업의 특성에 적합한 기본방향을 제시한다.

3-3-2. 목표의 설정

(1) 기본방향을 달성하기 위해 개발사업이 지향하여야 할 일관된 목표를 제시한다.

(2) 실현가능한 계획이 되도록 각 목표별 전략을 수립하며 실행하기 위한 범위와 방법을 구체적으로 기술한다.

3-3-3. 전략의 수립

(1) 사전경관계획의 기본방향 및 목표를 구현하고 실행하기 위한 전략을 수립한다.

(2) 전략은 추상적으로 설정하지 않으며, 실행하기 위한 범위와 대상, 추진단계 및 장단기별 세부전략 등을 제시할 수 있어야 한다.

제4절 경관구조의 설정

3-4-1. 경관구조의 설정 방향

(1) 경관구조의 설정이란 대상지 전체를 면, 선, 점적인 부분 또는 요소로 나누어 주요 골격과 각 장소별 특성 및 위계 등 계획방향을 정하는 것이다.

(2) 지형·지세 및 도로, 공원·녹지 등 주변 지역의 현황 및 대상지의 공간특성을 반영하고 기본방향 및 목표에 부합하도록 설정한다.

(3) 개발계획의 주요 지표의 설정, 밀도계획, 주택계획 등 인구수용계획, 토지이용계획, 교통처리계획과 연계하여 합리적으로 수립할 수 있도록 한다.

(4) 여러 생활권을 포함하는 대규모 개발사업의 경우 권역, 축, 거점 등 큰 규모의 경관구조를 설정한 후 블록별, 장소별로 세부구조를 다시 설정한다.

3-4-2. 권역, 축, 거점의 설정

(1) 장소성 형성 및 특성화를 위해 생활권 및 토지이용, 경관자원의 분포 등에 따라 동질적인 특성을 지닌 공간을 권역으로 설정하고 각 권역별 계획방향 및 개념을 정한다.

(2) 동질한 경관이 선의 형태로 연속하여 형성되거나 형성될 잠재력이 있는 산림, 녹지, 수계, 시가지, 도로, 가로 등을 축으로 설정하고 각 축에 따른 계획방향 및 개념을 정한다.

(3) 우세한 경관이 점적으로 위치하여 경관적 특성을 부여하는데 중요한 역할을 하거나 잠재성이 있는 장소를 거점으로 설정하고 각 거점에 대한 계획방향 및 개념을 정한다.

(4) 권역 또는 영역, 축 또는 가로, 거점 또는 주요 결절점을 2차원적인 지형도 위에 도식화된 개념 다이어그램으로 표현한다.

3-4-3. 블록별, 장소별 세부구조의 설정

(1) 블록별·장소별로 공간의 이용특성, 시설물의 용도, 예상되는 이용자 특성을 파악하여 개념을 설정하고 개념도 및 사례사진을 이용하여 지향해야 할 이미지를 제시한다.

(2) 각 블록별·장소별 계획방향에 따라 가로의 형태, 구조, 체계와 필지 규모, 형태, 특성화를 위한 프로그램 도입 등을 계획한다.

제5절 주요 경관요소를 고려한 입체적 도시공간구조 기본구상

3-5-1. 입체적 도시공간구조 기본구상의 방향

(1) 경관구조의 설정에 따른 위계 및 성격을 고려하여 건축물, 가로, 공원 및 녹지 등 주요 경관요소의 계획방향을 수립한다.

(2) 경관구조의 설정, 건축물, 가로, 공원 및 녹지를 통합적, 입체적으로 표현하여 한눈에 알아보기 쉽게 한다.

3-5-2. 건축물 경관계획

(1) 주변 지역의 건축물 높이, 지형·지세 등 현황을 감안하여 전체적인 지역경관을 향상시킬 수 있도록 건축물의 규모와 형태를 설정한다.

(2) 주변 지역의 필지 및 건축물 규모가 대상지의 계획과 현격하게 차이날 것으로 예상될 경우 보행자의 가로경관을 감안하여 건축물을 분절하는 등 적정 형태 및 규모를 제시한다.

(3) 대상지 주변부에 기존 시가지가 인접하지 않은 경우에는 자연환경 및 경관 형성에 초점을 맞추어 스카이라인을 계획한다.

(4) 3차원적인 조감도 위에 개략적인 지붕선과 주요 건축물의 계획 높이를 기재한 스카이라인 개념도와 장변 및 단변의 단면도를 작성한다.

(5) 건축물 형태는 주요 블록의 용도, 장소의 특성, 가로의 위계, 오픈스페이스의 성격 등 경관구조별 위계 및 특성에 대응하도록 계획한다.

(6) 주요 진입부 또는 거점 및 결절부의 건축물, 랜드마크, 공공건축물 등 다수의 이용이 예상되고 경관적으로 중요한 건축물은 전체 스카이라인 계획의 맥락과 상징성을 고려하여 계획한다.

(7) 가로와의 유기성 및 주변 건축물과의 조화 및 연속성을 고려하기 위해 필요한 경우 건축물 저층부, 지붕형태의 방향을 설정하고 개념도 또는 예시도를 작성하며, 이 경우 스케치, 사례사진 등을 활용한다.

3-5-3. 가로경관계획

(1) 경관구조의 설정에 따른 가로 위계별 차별화된 계획을 수립한다.

(2) 가로별로 개념을 정하고 사례사진 또는 스케치를 기재한다.

(3) 주요 위치에서는 횡단면도를 작성한다. 횡단면도에서는 전체 가로의 폭, 공개공지, 보도, 장애물구역, 식재공간, 차로 등 공간의 특성이 드러나도록 표현하고 사람, 자동차 등으로 스케일을 가늠할 수 있도록 한다.

3-5-4. 공원 및 녹지 경관계획

(1) 경관구조를 감안하여 공원 및 녹지에 대한 세부적인 위치 및 형태를 계획하고 이를 구조 체계와 효율적으로 연계하여 공공의 이용이 원활하도록 계획한다. 특히 위계가 높은 가로변의 경우 공원 및 녹지를 통합 배치하여 보행자 공간을 확장할 수 있도록 한다.

(2) 공원 및 녹지는 기능 및 주제에 따라 다양한 목적에 의해 구분될 수 있으며, 경관을 차별화할 필요가 있는 경우 경관계획의 개념을 정하고 스케치, 사례사진 등 예시도를 작성한다.

3-5-5. 그 밖의 계획

(1) 야간경관계획, 색채계획, 공공시설물계획, 옥외광고물계획 등 해당 개발사업의 사전경관계획 특성 상 필요하다고 판단되는 그 밖의 사항에 대하여 계획방향을 수립하고 스케치, 사례

사진 등 예시도를 작성한다.

제6절 종합계획도

3-6-1. 종합계획도란 경관구조의 설정, 건축물, 가로, 공원 및 녹지를 표현한 평면적인 계획안(마스터플랜)으로, 선과 몇 가지의 패턴 및 색채를 사용하여 간략히 표현한다.

3-6-2. 가로의 경우 경계선을 그린 후 필지 또는 가로 부분을 채색하거나 가로수로 경계부를 표현한다.

3-6-3. 건축물의 경우 외곽선을 강조하고 그림자를 표현하여 배치 및 대강의 규모·형태·높이 등을 알 수 있게 하며 건축물 중 강조하여야 할 대상 또는 부분은 채색하거나 재질을 다르게 표현하는 등 구분이 되도록 한다.

3-6-4. 공원 및 녹지에는 패턴을 넣거나 식재 및 보행로 등을 표현하여 보행동선 등 이용방향이 보일 수 있도록 한다.

3-6-5. 개발사업의 규모가 큰 경우에는 건축물의 그림자, 공원 및 녹지의 패턴, 보행동선 등 구체적인 사항은 생략하고 간단히 표현한다.

제7절 조감도

3-7-1. 조감도 또는 모형은 개발사업으로 인한 지형, 건축물, 가로, 공원 및 녹지 등 경관의 변화를 예측하기 위한 것으로 주변지역까지 포함하여 작성한다.

3-7-2. 조감도 작성 시에는 전체적인 경관 구조의 설정 및 주요 경관요소의 입체적 구상이 잘 읽히는 전망을 잡아 3차원 컴퓨터 모델링 또는 스케치를 한다. 이 경우 과도한 그래픽은 지양하고 가로, 공원 및 녹지, 건축물, 주변 자연환경이 구분될 수 있도록 최소한의 색채 또는 재질만 사용하여 표현한다.

3-7-3. 조감도는 필요시 모형으로 대체할 수 있으며, 이 경우 종합계획도를 바탕으로 배치, 형태 및 크기, 지형이 읽힐 수 있도록 하고 건축물의 형태는 단순하게 제작한다.

제8절 경관통합지침도

3-8-1. 경관통합지침도는 실시계획 또는 지구단위계획 수립시 필요한 계획 및 설계방향에 대해 기존에 주로 글로만 작성되었던 것을 3차원 도면에 위치 및 범위를 함께 표기하여 계획내용을 쉽게 알아볼 수 있도록 하는 것이다.

3-8-2. 경관통합지침도는 주요한 장소 또는 유형을 선정하고, 필요한 건축물, 가로, 공원 및 녹지 등 주요 경관 요소에 대한 계획 및 설계방향을 3차원 계획도(조감도 또는 투시도)에 작성한다.

3-8-3. 경관통합지침도의 바탕이 되는 3차원 계획도는 색채 및 패턴 사용을 최소화하여 간략한 선으로 표현한다. 그리고 지침이 적용되는 부분을 다른 색채 또는 패턴을 사용하여 표기하고 지시선을 사용하여 계획방향 등 지침을 기술한다.

제9절 실행계획

3-9-1. 개발사업의 추진 단계별로 사전경관계획의 내용을 반영하여 구체적으로 실행하기 위한 방안(총괄계획가 자문, 지구단위계획에 의한 관리방안, 경관협정의 적용 및 운영방안 등)을 제시한다.

제1절 개발사업 유형별 고려사항

4-1-1. 산업단지

(1) 「산업입지 및 개발에 관한 법률」에 따른 산업단지 개발사업(국가산업단지, 일반산업단지, 도시첨단산업단지, 농공단지)과 준산업단지, 산업단지 재생사업지구, 「중소기업진흥에 관한 법률」에 따른 단지조성사업, 「물류시설의 개발 및 운영에 관한 법률」에 따른 물류단지개발, 「산업단지 인·허가절차 간소화를 위한 특례법」에 따른 국가산업단지, 일반산업단지, 도시첨단산업단지, 농공단지 등이 이에 해당된다.

(2) 지구 및 단지 경계부에 대한 안전과 미관을 함께 고려한다.

(3) 대상지에 조성되는 시설이 기존의 단순한 공장형 입지형태에서 벗어나 경관형성 요소가 될 수 있도록 창의적인 경관계획을 유도하며 필요시 경관특화를 위한 야간경관계획을 수립한다.

4-1-2. 관광단지

(1) 「관광진흥법에 의한 관광사업, 관광단지의 조성사업, 「온천법」에 의한 온천개발사업 등이 이에 해당된다.

(2) 지역의 지형·지세 등 주변 자연경관과 건축물 등 인공경관을 고려하여 주변지역과 조화되고 통일성을 갖는 단지가 될 수 있도록 계획한다. 특히 입지대상지 주변에 농산어촌이 분포되어 있거나 역사·문화자원 등이 있을 경우 이를 고려하여 연계·활용방안을 마련한다.

(3) 주변 지역에 관광자원 및 관련된 계획이 있으면 이를 검토하여 반영한다.

(4) 관광단지에 조성되는 시설이 지역의 랜드마크가 될 수 있도록 창의적인 단지설계 또는 건축물 디자인을 유도하며, 관광단지 경관의 특화를 위한 야간경관계획 등 다양한 계획을 고려하여 계획한다.

4-1-3. 농어촌 개발

(1) 「농어촌정비법」에 따른 생활환경정비사업 및 「농업생산기반시설 및 주변지역 활용에 관한 특별법」에 따른 농업생산기반시설 및 주변지역 활용사업이 이에 해당된다.

(2) 「농어촌정비법」제5조에 따른 농어촌경관관리계획과 연계하여 수립하며, 개발 대상지 및 개발의 목적과 관련 있는 상위 계획 및 관련 계획을 검토하여 반영한다.

(3) 개발대상지 주변의 자연경관과 인공경관 등 주변 경관자원 뿐 아니라 대상지역의 인구구조, 가구구조 등 사회적 여건의 종합적 고려를 통해 도시지역과 차별되고 농어촌지역의 특성이 나타날 수 있도록 계획한다.

(4) 농어촌의 생활환경 개선 및 기반시설 확충을 목적으로 추진하는 농어촌정비사업은 지역주민의 특성을 고려하여 계획하며, 농어촌 지역의 자연환경을 훼손하지 않고 주변 자연경관 및 주거지와 조화되는 색채 및 규모가 될 수 있도록 계획한다.

(5) 농어촌의 경제적 발전을 위해 추진되는 개발사업은 개발로 인해 주변 자연환경이 훼손되지 않도록 해야 하며, 농어촌경관관리계획 수립 시 사업시행에 따른 주변 자연환경 변화에 대한 예측 및 대응방안이 마련될 수 있도록 한다.

4-1-4. 항만

(1) 「항만법」에 따른 항만재개발사업이 이에 해당된다.

(2) 해안으로의 접근체계를 고려하여 골격을 형성한다.

(3) 바다를 매개로 한 다양한 여가활동이 이루어지는 공간이자 푸른 바다와 정박되어 있는 흰색 또는 목재 선박들이 만들어 내는 독특하고 특색 있는 경관을 경험할 수 있는 해안공간의 특성을 잘 살려 계획한다.

(4) 바다와 육지에서 바라보는 경관을 각각 고려하여 계획한다.

4-1-5. 복합환승센터

(1) 「국가통합교통체계효율화법」에 의한 국가기간복합환승센터 및 광역복합환승센터가 이에 해당된다.

(2) 복합환승센터는 열차·항공기·선박·지하철·버스 등을 이용하는 승객들이 지역을 방문하거나 떠날 때 이용하게 되는 지역의 관문인 동시에 랜드마크로서 지역의 첫 인상을 결정하는 시설이므로 지역 관문으로서의 인지성을 부각시킬 수 있는 계획방향을 제시한다.

(3) 복합환승센터는 교통 뿐 아니라 상업·업무·문화 등의 기능을 포함하는 지역의 중요한 공공재로서 사람들이 많이 모이고 다양한 활동이 일어나는 장소이므로 공공성을 확보할 수 있도록 계획한다.

(4) 복합환승센터는 환승시설과 환승지원시설 등 다양한 시설이 복합적이고 입체적인 거대 구조물로 조성되기 때문에 입지에 따른 공간구조와 경관변화를 고려하여 주변지역과 조화로운 경관형성을 유도할 수 있도록 계획한다.

제2절 도서의 규격 및 작성기준

4-2-1. 용지규격은 A4(210㎜×297㎜)로 하고 30면 이내로 작성하는 것을 원칙으로 한다.

4-2-2. 계획서는 계획내용을 간결하게 표현하고 가급적 도표와 그림을 활용하여 시각화하여 작성한다.

4-2-3. 기초자료 및 현황자료는 가능한 최신의 것을 사용하며, 별도의 기초자료를 활용할 경우 출처를 명시한다.

4-2-4. 도면은 계획대상과 범위를 명확하게 구분하여야 하고 계획대상의 규모 및 도면에서 표현하고자 하는 내용에 따라 이해가 가능한 축척을 선택하여 작성하며, 범례를 통하여 도면의 이해가 쉽도록 작성한다.

4-2-5. 일반인이 알기 쉽도록 작성하여야 하고 계획의 내용과 용어사용, 도면표현이 분명하여야 한다.

4-2-6. 단위의 표시기준은 미터법을 사용한다.

경관 심의 운영 규정

국토교통부

제정 2014.10.22. 국토교통부 훈령 제440호
개정 2015.03.05. 국토교통부 훈령 제496호

경관 심의 운영 규정

제1조(목적) 이 규정은 「경관법」 제29조제1항 단서, 「경관법 시행령」 제1호나목 및 「경관 심의 운영 지침」 6-1-1에 따라 「국토의 계획 및 이용에 관한 법률」 제106조에 따른 '중앙도시계획위원회'가 수행하는 경관심의의 운영에 관한 사항을 정함을 목적으로 한다.

제2조(위원회의 명칭 및 분과위원회) 중앙도시계획위원회가 국토교통부 경관심의를 수행할 경우에도 위원회의 명칭은 '중앙도시계획위원회'로 하며, 「국토의 계획 및 이용에 관한 법률」 제110조에 따른 분과위원회도 동일하게 운영한다.

제3조(심의의 명칭) 중앙도시계획위원회가 수행하는 국토교통부 경관심의의 명칭은 '국토교통부 경관심의'(이하 "경관심의"라 한다.)로 한다.

제4조(경관 심의 대상 및 시기) 경관심의 대상 및 심의시기는 다음 각 호와 같다.

① 「경관법 시행령」 별표의 사업으로서 「경관법 시행령」 제19조제1항 각 호의 어느 하나에 해당하는 개발사업 중 국토교통부장관이 지구의 지정이나 사업계획의 승인을 하는 개발사업에 대하여 지정이나 승인 등을 하기 전에 심의한다.

② 「경관법」 제6조제4항에 따라 국토교통부장관이 경관정책기본계획을 수립하거나 변경하려는 경우에는 중앙행정기관의 장과 협의 및 공청회 등의 의견 수렴 후에 경관정책기본계획 수립 또는 변경안을 심의한다.

③ 「경관법」 제16조제3항에 따라 국토교통부장관이 「경관법」 제16조제2항에 따른 경관사업의 시행을 승인하기 전에 「경관법 시행령」 제8조제1항에 따른 경관사업 사업계획서를 심의한다.

제5조(경관 심의의 기준)

① 제4조제1항에 따른 개발사업에 대한 경관심의는 「경관 심의 운영 지침」 별지 제11호 '개발사업의 경관체크리스트'의 검토항목을 고려하여 심의한다.

② 제4조제3항에 따른 경관사업에 대한 사업계획서 심의는 「경관법 시행령」 제8조제2항 각 호의 사항을 고려하여 심의한다.

제6조(중앙도시계획위원회심의 대상 개발사업의 경관심의 운영)

① 제4조제1항에 따른 개발사업 중 「국토의 계획 및 이용에 관한 법률」 제8조, 제9조 및 제59조에 따라 중앙도시계획위원회 심의를 거쳐야 하는 개발사업에 대한 경관심의는 중앙도시계획위원회 심의 또는 「국토의 계획 및 이용에 관한 법률 시행령」 제109조에 따른 분과위원회(1분과·2분과) 심의와 동시에 실시한다. 다만, 선행되는 중앙도시계획위원회 또는 분과위원회 심의결과에 따라 개발계획 내용이 달라질 우려가 있어 개발계획 확정 후 경관심의를 실시하는 것이 합리적인 경우에는 도시정책과장과 건축문화경관과장이 협의하여 분리하여 실시할 수 있다.

② 제1항의 심의결과 경관심의만 재심의하게 될 경우에는 최초로 심의한 위원회에서 경관심의를 심의·의결하며, 제1항의 단서에 따라 경관심의를 분리하여 심의할 경우에는 선행되는 심의를 의결한 중앙도시계획위원회 또는 분과위원회에서 경관심의를 심의·의결한다.

③ 경관심의 안건은 별도로 작성하지 않으며 중앙도시계획위원회 또는 분과위원회 심의안건에 경관심의 내용을 포함하여 안건을 작성한다. 다만, 제1항의 단서에 따라 경관심의를 분리하여 심의할 경우에는 그러하지 아니하다.

④ 「경관 심의 운영 지침」 5-2-1의 (2)-⑥에서 각 심의위원은 심의의견을 심의위원용 경관체크리스트에 작성하여 제출하도록 하고 있으나, 같은 지침 6-1-2에 근거하여 여건에 따라 운영방식을 별도로 정할 수 있으므로, 중앙도시계획위원회의 심의 운영방식 여건을 고려하여 중앙도시계획위원회의 위원 및 분과위원회의 위원은 심의위원용 경관체크리스트를 작성·제출하지 않는다.

⑤ 제1항에 따라 동시에 실시하는 심의의 경우에 해당 위원장은 경관심의와 경관심의 외 심의의 결과를 명확히 구분하여 의결하여야 한다.

제7조(개발사업, 경관정책기본계획 및 경관사업의 사업계획서 심의 운영) 제4조제1항에 따른 개발사업 중 제6조제1항을 적용받지 않는 개발사업, 제4조제2항에 따른 경관정책기본계획 및 제3항에 따른 경관사업에 대한 사업계획서 심의는 「국토의 계획 및 이용에 관한 법률 시행령」 제109조제1항제1호의 제1분과위원회에서 심의·의결한다.

제8조(경관 전문위원 임명)

① 「국토의 계획 및 이용에 관한 법률」 제111조에 따른 중앙도시계획위원회에 두는 전문위원 중 1인을 경관심의를 위한 전문위원(이하 "경관 전문위원"이라 한다.)으로 둘 수 있다.

② 경관 전문위원은 경관, 도시계획, 건축, 토목, 조경 등 경관심의와 관련된 분야에 관한 학식과 경험이 풍부한 자 중에서 국토교통부장관이 임명한다.

③ 그 밖에 경관 전문위원에 관하여는 「국토의 계획 및 이용에 관한 법률」이 정하는 중앙도시계획위원회 전문위원에 관한 사항을 따른다.

제9조(사회기반시설 발주청이 구성한 경관위원회)

① 「경관법」 제26조제3항에 따라 발주청이 구성한 경관과 관련된 위원회의 심의를 거쳐 국토교통부 경관심의를 받지 않는 경우에 심의 결과를 제출하여야 하는 경관위원회는 중앙도시계획위원회로 한다.

② 건축문화경관과장은 제1항에 따라 중앙도시계획위원회에 제출하여야 하는 심의 결과를 접

수받아 관리하며, 중앙도시계획위원회 위원장이 요청하는 경우 위원회에 보고하여야 한다.

제10조(경관 심의 업무처리 절차 및 사무분장)

① 경관심의 신청은 심의대상사업 소관과장이 접수하여 건축문화경관과장의 협조를 받아 검토하고 도시정책과장이 경관심의 절차를 이행한다. 다만, 제7조에 따른 경관심의는 건축문화경관과장이 절차를 이행한다.

② 제6조에 따른 경관심의의 효율적인 수행을 위해 건축문화경관과장, 도시정책과장 및 심의대상사업 소관과장은 다음 각 호와 같이 경관심의와 관련한 사무를 분장한다.

1. 건축문화경관과장은 다음 각 목의 사항을 분장한다.

가. 경관전문위원 지원 등 안건작성 협조 및 안건상정 협조

나. 경관심의안건 구성 적절성·통일성 등 검토 협조

다. 경관 전문위원 임명 등 운영·관리(전문위원 의견서 작성 등)

라. 경관심의 결과 정리

마. 제9조제1항에 따른 발주청의 경관심의 결과 접수·관리

2. 도시정책과장은 다음 각 목의 사항을 분장한다.

가. 중앙도시계획위원회 및 분과위원회 경관심의 운영

나. 중앙도시계획위원회 및 분과위원회 심의 회의록 작성

3. 심의대상사업 소관과장은 다음 각목의 사항을 분장한다.

가. 경관심의 신청 접수

나. 경관심의 안건 작성

다. 경관심의 안건 상정 요청(건축문화경관과장 협조 후 도시정책과장에게 요청)

라. 경관심의 결과 통보

제11조(다른 법률과의 관계) 경관심의 운영과 관련하여 이 규정에서 정하지 않은 사항은 「국토의 계획 및 이용에 관한 법률」 및 「중앙도시계획위원회 운영세칙」이 정하는 바에 따른다.

부칙

이 규정은 발령한 날부터 시행한다.

참고문헌

〈관련 도서〉

국토해양부(2012) 경관심의제도 운영 및 경관제도 내실화 방안 연구, 국토해양부

대한주택공사, 한국도시설계학회, 한국조경학회(2006) 경관법 제정을 위한 연구, 건설교통부

(사)한국경관협의회(2008) 경관법과 경관계획, 보문당

(사)한국도시설계학회(2009) 도시설계 전략으로서의 도시경관계획, 발언

〈관련 법령〉

경관법, 법률 제13426호, 2015.7.24., 타법개정, 시행 2016.1.25.

경관법시행령, 대통령령 제25751호, 2014.11.19., 타법개정, 시행 2014.11.19.

경관계획수립지침, 개정 2015.3.11., 국토교통부 고시 제2015-145호

경관심의운영지침, 제정 2014.2.27., 국토교통부 고시 제99호

경관심의운영규정, 개정 2015.3.05., 국토교통부 훈령 제496호